仙宫圣境

闽海民间信仰宫庙建筑空间解析

庞 骏 张 杰 著

东南大学出版社
SOUTHEAST UNIVERSITY PRESS
·南京·

图书在版编目(CIP)数据

仙宫圣境 ：闽海民间信仰宫庙建筑空间解析/ 庞骏，张杰著. —南京 ：东南大学出版社，2023. 9

ISBN 978 - 7 - 5766 - 0850 - 2

Ⅰ. ①仙… Ⅱ. ①庞… ②张… Ⅲ. ①寺庙-建筑空间-研究-福建 Ⅳ. ①TU252

中国国家版本馆 CIP 数据核字(2023)第 161518 号

责任编辑：杨 凡　　责任校对：张万莹　　封面设计：毕 真　　责任印制：周荣虎

仙宫圣境 **闽海民间信仰宫庙建筑空间解析**

Xiangong Shengjing **Minhai Minjian Xinyang Gongmiao Jianzhu Kongjian Jiexi**

著　　者	庞 骏 张 杰
出版发行	东南大学出版社
出 版 人	白云飞
网　　址	http://www. seupress. com
社　　址	南京市四牌楼 2 号(邮编：210096)
经　　销	全国新华书店
排　　版	南京布克文化发展有限公司
印　　刷	江阴金马印刷有限公司
开　　本	889mm×1194mm 1/16
印　　张	11. 25
字　　数	428 千字
版　　次	2023 年 9 月第 1 版
印　　次	2023 年 9 月第 1 次印刷
书　　号	ISBN 978 - 7 - 5766 - 0850 - 2
定　　价	79. 00 元

序

福建与台湾隔海相望，早在远古时期两岸的交往就已经开始。由于历史上前往台湾的移民主要来自福建的泉州、漳州地区，而且绝大多数都是普通劳动者，因此，闽台文化区的形成与闽南人移居台湾，并在台湾开垦奋斗、传承和发展闽南文化有着密切关系。闽台文化是指生活在闽、台两地人民所共同创造的，以闽方言为主要载体的区域文化，既是中国传统文化的重要组成部分，又富有鲜明的区域文化特色——海洋文化。

闽台同属一个文化区，都是中华文化的重要组成部分。闽台文化作为一种富有特色的地方文化，它与两岸民众的日常生活是息息相关的，并且在人们的生产与社会生活中不断被丰富和发展。闽台文化所包含的内容多种多样，诸如语言、节庆习俗、神明信仰、戏剧曲艺、聚落营造技艺、民居建筑文化等等，都是人们所熟悉和容易感受到的。

对于闽台两地传统聚落及建筑的研究，现有的成果主要有：泉州历史文化中心主编的《泉州古建筑》(1991)、曹春平的《闽南传统建筑》(2006)、林从华的《缘与源：闽台传统建筑与历史渊源》(2006)、戴志坚的《闽台民居建筑的渊源与形态》(2013)以及李乾朗、阎亚宁、徐裕健的《台湾民居》(2009)、李乾朗的《台湾建筑史》(2012)等，这些成果多从历史、地理、考古、民系等角度展开了深入的研究，其丰富的研究成果和多元的研究视角，对闽台两地传统聚落及建筑研究贡献良多，也为进一步深入和拓展研究打下了坚实基础。

张杰博士主编的"闽台传统聚落空间形态研究丛书"是一套系统介绍闽台两地聚落、民居、宫庙、园林等聚落建筑空间营建技艺的丛书，是基于空间分析的研究方法，以移民文化为线索，以聚落现场调查、古今文献整理解读为依托，对闽台两地的聚落及其建筑空间、文化等进行系统比较研究，以期深入探究闽台两聚落空间形态特征、发展规律、建筑营造技艺及其内在文化，进一步拓展闽台聚落及传统建筑遗产构成，充实其文化内涵的完整性、真实性，以此，对移民文化下闽台聚落保护、传统建筑遗产保护做出贡献。

闽台两地文化源远流长，现存历史文化遗存极其丰富，我曾多次赴闽台两地开展实地调研，对闽台两地印象深刻。两地都拥有许多挚爱家乡、热爱传统文化的老居民，特别是些老归侨，对老城堡、老历史遗存怀有强烈的感情。他们自发地出资、出力，组织起同村居民修缮宗庙、老屋及一些历史遗迹，并寻觅到同济大学国家历史文化名城研究中心请求帮助他们制定保护规划。张杰博士是我的学生，以他为首的团队认真做了福全、永宁、土坑等一系列的名镇、名村保护规划与文物建筑保护规划，并都顺利地通过了评审，他的工程实践为本套丛书提供了有力的支撑。

通过闽南地区大量的工程实践，张杰博士独具慧眼，他观察到闽南聚落所蕴含的丰富建筑文化资源远不是保护规划所能涵盖的。于是，近十年来，他带领学生们对闽台两地的传统聚落与建筑做了更深入的、大量的实地调查和研究，拓展了规划技术层面以外的内容，以移民文化为线索，以城镇空间为线索研究了各类空间演变，解读、分析以及探讨了聚落保护与发展及旅游活动等诸多方面，言之有物，析之有理。他先后完成了《海防古所——福全历史文化名村空间解析》《闽台传统聚落保护与旅游开发》《穿越永宁卫》等一系列的学术成果。张杰的"闽台聚落研究"先后获得了国家社会科学基金、教育部人文社会科学基金、上海市设计学Ⅳ类高峰学科开放基金等六项国家、省部级基金的资助，其成果丰富。

张杰博士治学严谨、学术端正，他的丛书必将有益于学科的发展，诚用心之人，费心成事。赞其用心，欣然命笔为序。

阮仪三

目 录

引言 探索闽海民间信仰空间表现、传承与创新实践

中国民间信仰是数千年文明发展过程中的客观存在。根据《辞海》的定义，民间信仰是"民间流行的某种精神观念，某种有形物体信奉敬仰的心理和行为，包括民间普遍的俗信以至一般的迷信。它不像宗教信仰有明确的传人、严格的教义、严密的组织等，也不像宗教信仰更多地强调自我修行。它的思想基础主要是万物有灵论，故信奉的对象较为庞杂，所体现的主要是唯心论，但也含有唯物主义的成分，特别是民间流行的天地日月等自然信仰"❶。可见，《辞海》的定义认为民间信仰还处于万物有灵的自然崇拜阶段。我国早期民俗学家钟敬文先生指出，民间信仰是在人类长期的历史发展过程中，在民众中自发产生的一套神明崇拜观念、行为习惯和相应的仪式制度❷。陈勤建指出，民间信仰既是民间文化的一种，也是普通民众日常生活的重要组成部分❸。乌丙安在《中国民俗学》一书中将民俗事象分为四大类，即经济的民俗、社会的民俗、信仰的民俗以及游艺的民俗，其中"信仰的民俗"与本书探讨的民间信仰较接近❹。张祝平认为，民间信仰主要是指在长期的历史发展中广大民众自发产生的有关神明崇拜的观念、行为、禁忌、仪式等信仰习俗惯制，也称信仰民俗❺。漳州市地方志编纂委员会编写的《漳台传统民俗》❻，对福建漳州、台湾地区的民俗事象和涉及地方信仰的民俗分类和记述更为详细和全面。

本书关于当代闽海民间信仰发展特征的第一个基本认识是民间信仰作为一种社会历史文化和精神现象在我国数千年历史上的起伏变化较大，延续性超强。近代以来，民间信仰发展比较自由，国家干预较少；新中国成立后由于各种原因开始受到冷落，尤其是20世纪60年代开始的"破四旧"运动❼中大量民间信仰场所、神明塑像、文物字画等被毁禁，民间信仰也由此跌至历史低谷。20世纪80年代以来，随着我国改革开放的巨大成功和社会经济文化变迁，民间信仰出现日益复兴的热潮，在民间显示出顽强的生命力和社会适应性。民间信仰复兴与实践成为政府和学界研究的重要领域。张祝平在总结改革开放40年以来中国民间信仰的发展转型时指出，中国民间信仰"实现了从'封建迷信'到'民俗活动'再到'文化资源'以及'文化遗产'的多元次替换演进，并逐步步入了主流话语体系之中"❽。当代民间信仰除了丰富人们的精神世界、调适心理外，比较明显的发展趋势是正在快速地"资源化"和"遗产化"，主要表现在它的文化象征性和经济实用性方面。正如徐赣丽、黄洁研究认为，当前民间文化的发展转型出现两大趋势：一是资源和资本化，表现为顺应地方振兴和发展需求，民间文化不断被开发为文化资源……二是遗产化，表现为在全球保护非遗的背景下，民间文化迅速从草根上升到国家或民族文化符号。❾

当代民间信仰向政治资源(促进两岸交流、联系海外华人华侨等)、经济资源(促进地方旅游、商贸发展、宗教经济等)以及文化资源(国家级和世界级的物质文化遗产或非物质文化遗产等，后者简称"非

---

❶ 夏征农.辞海[M].上海：上海辞书出版社，2000.

❷ 钟敬文.民俗学概论[M].上海：上海文艺出版社，2009.

❸ 陈勤建.当代民间信仰与民众生活[M].上海：上海世纪出版集团(锦绣文章出版社)，2013.

❹ 乌丙安.中国民俗学[M].沈阳：辽宁大学出版社，1985.

❺ 张祝平.传统民间信仰的生态蕴涵及现代价值转换[J].广西民族研究，2010(3)：63-68.

❻ 漳州市地方志编纂委员会.漳台传统民俗(上、下册)[M].北京：九州出版社，2012.

❼ "四旧"指旧思想、旧文化、旧风俗、旧习惯。1966年6月1日，《人民日报》社论《横扫一切牛鬼蛇神》提出"破除几千年来一切剥削阶级所造成的毒害人民的旧思想、旧文化、旧风俗、旧习惯"，中共八届十一中全会进一步肯定了"破四旧"的提法。

❽ 张祝平.当代中国民间信仰的历史演变与依存逻辑[J].深圳大学学报，2009(6)：24-29；张祝平.中国民间信仰40年：回顾与前瞻[J].西北农林科技大学学报(哲学社会科学版)，2018(6)：1-10.

❾ 徐赣丽，黄洁.资源化与遗产化：当代民间文化的变迁趋势[J].民俗研究，2013(5)：5-12.

遗”)等转化比较明显。例如,仅福建漳州一地有宫庙 4 200 多个,在 2019 年有序开展对台和对外民间交流活动,漳州市民间信仰组织赴台交流共 46 批次、1 015 人次;接待台湾地区参访团 337 批次、18 278人次,有力地推动了两岸关系和平发展,也为服务“一带一路”建设做出积极贡献。

本书关于当代民间信仰发展特征的第二个基本认识是:中国传统文化的守护与传承以乡村聚落为根源,民间信仰是中国传统文化的重要组成部分。民间信仰与中国乡村地方传统聚落里人们的日常生活密切相关,与各种民俗、民间节日相关。乡村传统聚落是人类早期形成并持续进行生活的聚居地,多以古村落、传统村落、历史文化名村等小空间形式出现❶。

人类聚落学创始人、希腊建筑师、城市学家道萨迪亚斯(C. A. Doxiadis,1913—1975 年)在 1950 年代创立人类聚居学理论,“人类聚居”词语来自希腊语 ekistics,英语是 human settlement,国内学者比较熟悉后者词语。随着世界各国城市化进程的加速,传统聚落方面的相关研究渐多,如 Michael Bunce 对乡村聚落的研究❷。我国传统聚落受到国内学者的普遍关注,朱光亚师对古村落保护开发的研究较早❸,吴良镛对城市聚落做了长期而且系统的研究和实践,如北京菊儿胡同的成功改造❹,申秀英、刘沛林等的传统聚落概念是指在特定历史时期形成、保留有一定的聚落形态和生产生活方式,具有独特的地域历史文化特征的古城、古镇、古村❺,以及笔者近年对闽海聚落和移民线路的研究❻。从目前看,我们对西方学者主导的聚落发展模式还缺乏本土化认识和反思。闽海民间信仰是我国重要的地方传统文化表现之一,面对全球化和现代化不断消解地方性,地方需要觉醒并使地方传统文化得以复兴和传承。民间信仰传承可促进地方认同和身份认同,形成特殊的“神缘”社会。在全球化背景下,如何既保持聚落文化空间的民族性和地方性,又主动投身现代化的时代洪流中,把民族文化遗产保护与发展融入时代变革之中,值得学者和社会工作者深入研究。

民间信仰具有群体性、多样性、杂糅性等特征,传统中国存在种类繁多的民间信仰,闽海民间信仰尤甚。闽海区域由于长期的移民文化积累与沉淀,加上闽海工匠传统技艺传承与创造,形成了闽海独具特色的民间信仰文化。

闽海民间信仰氛围极其浓厚,可谓“无庙不成村,无村没有庙”,与我国其他地区的信仰景观呈现迥异。闽海传统聚落中的宫庙建筑数量和类型多,蕴含丰富的文化内涵。更可贵之处在于,闽海大多数地方尤其是闽南的泉州、漳州等地的信仰文化遗产还是活态的,它与民间生活、民间节日、民俗等同声共气,成为蔚为壮观的闽海文化奇观。闽海文化又以闽南文化最为突出,闽南文化以闽越文化为底蕴,以中原文化为主体,以海洋文化为特色,以闽南方言为主要载体。正如深谙闽南文化的泉州籍著名人类学家王铭铭所说,“具有‘灵验’效力的遗产深深烙印在泉州世代祖辈的日常生活中,是当代泉州文化遗产活态现

❶ 庞骏,张杰. 闽台传统聚落保护与旅游开发[M]. 南京:东南大学出版社,2018.

❷ Michael Bunce. Rural Settlement in an Urban World[M]. London:Croom Helm,1981.

❸ 朱光亚,黄滋. 古村落的保护与发展问题[J]. 建筑学报,1999(4):56-47.

❹ 吴良镛. 人居环境科学导论[M]. 北京:中国建筑工业出版社,2001.

❺ 李立. 乡村聚落:形态、类型与演变——以江南地区为例[M]. 南京:东南大学出版社,2007;赵勇. 中国历史文化名镇名村保护理论与方法[M]. 北京:中国建筑工业出版社,2008;李乾朗,阎亚宁,徐裕健. 台湾民居[M]. 北京:中国建筑工业出版社,2009;李贺楠. 中国古代农村聚落区域分布与形态变迁规律性研究[D]. 天津大学,2006;申秀英,刘沛林,邓运员,等. 景观基因图谱:聚落文化景观区系研究的一种新视角[J]. 辽宁大学学报(哲学社会科学版),2006(3):143-148;马新. 原始聚落与公共权力的生成[J]. 山东大学学报(哲学社会科学版),2008(3):91-99;李昕泽,任军. 传统堡寨聚落形成演变的社会文化渊源——以晋陕、闽赣地区为例[J]. 哈尔滨工业大学学报(社会科学版),2008(6):27-33;刘沛林. 中国传统聚落景观基因图谱的构建与应用研究[D]. 北京:北京大学,2011;崔峰,李明,沈志忠. 经济社会发展对海岛型农业聚落文化遗产保护的影响——以连云港西连岛村为例[J]. 中国农史,2014(1):123-131;叶青. 传统聚落型古村落保护与旅游开发探讨——以宝珠传统村落为例[J]. 建设科技,2015(19):80-81.

❻ 张杰. 海防古所——福全历史文化名村空间解析[M]. 南京:东南大学出版社,2014.

状的根基”[1]。王铭铭携英美文化人类学成果对中国本土民族文化进行长期不懈深耕[2],犹如当代的玄奘取经,把外来理论不断移植东土,他指出,“对于人类学者来说,神明信仰和仪式构成了文化的基本特质,也构成了社会形态的象征展示方式。因此,无论采用何种解释体系,人类学者在进入田野调查和民族志与论文写作时,信仰与仪式向来是主要的观察焦点和论题”[3]。马丹丹在《王铭铭的“天下观”研究历程与评论》文中指出王铭铭在对“朝圣”概念的文化翻译中获得了人类学与汉学接轨的动力,找到了“象征一体性”的中国语境。他长期行走于中国乡土上,开启了一种化历史为人类学的象征—符号的思考[4]。张文涛也对王铭铭《西学“中国化”的历史困境》进行评述[5]。民间信仰将是我们解开中国乡村传统文化的钥匙。

通过多年实地调研访谈,我们发现闽海具有类型多样、特色鲜明、文化厚重的传统村落和信仰文化空间。传统乡村是拥有较丰富的物质形态和非物质形态文化遗产的历史村落,从民间信仰空间角度,重点关注传统建筑类与民俗类传统村落建筑空间的保护与发展。遵循“尊重传统、保护优先、深入挖掘、择优发展”的原则,发掘传统村落内的传统文化底蕴,尊重村落特有的传统习俗与生产生活习惯,保护发展现有的非遗项目与民间技艺,将优秀的乡村传统文化持续传承下去,实现从文化价值到经济价值、社会价值等的转化。

本书以中国闽海汉族宫庙建筑空间为主要研究对象。福建省简称“闽”,古有“七闽”“八闽”之称,清代康熙年间收复台湾后,又设台湾府归属福建省,故福建省又有“九闽”之称。由于近代历史和当代中国台湾地区的行政管辖权变化,台湾地区的民间信仰发展较特殊,其学术研究路径与侧重点也与大陆的研究有所不同。故我们的研究以福建省为主,台湾为辅。

全书共七章。第一章为闽海民间信仰宫庙建筑研究现状,简述基本概念、研究内容和方法等。第二章为中国文化与民间信仰相关理论概述。第三章为闽海民间信仰历史与现状概述。第四章为闽海民间信仰宫庙建筑功能分析,主要探讨闽海本土民间信仰空间表现、特征,全国性信仰与闽海地方信仰互动关系。第五章为闽海聚落宫庙建筑空间社会功能实证分析。第六章为闽海宫庙建筑营造技术分析。第七章余论主要介绍闽海民间信仰文化创新模式。

另外,本书民间信仰涉及的祭祀时间皆为中国农历时间,特此说明。

---

[1] 王铭铭.逝去的繁荣:一座老城的历史人类学考察[M].杭州:浙江人民出版社,1999.

[2] 王铭铭.村落视野中的文化与权力——闽台三村五论[M].北京:生活·读书·新知三联书店,1997;王铭铭.民间权威、生活史与群体动力[M].台湾省石碇村的信仰与人生:乡土社会的秩序、公正与权威.北京:中国政法大学出版社,1997;王铭铭.格尔茨的解释人类学[J].教学与研究,1999(4):30-36,80;王铭铭.“朝圣”——历史中的文化翻译[M]//王铭铭.走在乡土上——历史人类学札记.北京:中国人民大学出版社,2003;王铭铭:社会人类学与中国研究[M].桂林:广西师范大学出版社,2005;王铭铭.从礼仪看中国式社会理论[M]//王铭铭.经验与心态———历史、世界想象与社会.桂林:广西师范大学出版社,2007.

[3] 王铭铭.想象的异邦——社会与文化人类学散论[M].上海:上海人民出版社,1998.

[4] 马丹丹.王铭铭的“天下观”研究历程与评论[J].中央民族大学学报(哲学社会科学版),2016(3):18-29.

[5] 张文涛.“文化中国”能走出困境吗?——评王铭铭《西学“中国化”的历史困境》[J].文艺研究,2006(6):131-139.

1 闽海民间信仰宫庙建筑研究现状

1.1 文化整体视角的闽海民间信仰宫庙建筑

1.1.1 中国文化的统一性与多元性

闽海传统聚落民间信仰文化保护与创新是复杂的理论与社会实践问题，对于民间信仰，我们需要从文化角度进行整体分析。

英国人类学家爱德华·泰勒在1871年的代表作《原始文化》初版里对“文化”定义的特点，是把“文化”理解为“复合整体”，不但包括知识、艺术等高雅的、制度化的东西，也包括一直被高雅文化所鄙视的“习俗”[1]。英国诗人托马斯·艾略特在1948年的《关于文化的定义的札记》里提到：“我所说的‘文化’，首先就包括着人类学家关于此词的所有含义：共同生活在一个地域的特定民族的生活方式。该民族的文化见诸文学艺术、社会制度、风俗习惯和宗教。但是这些东西的简单相加并不能构成文化……所有这些东西都是相互作用着，因而要了解其一，就必须了解全体。”[2]围绕文化定义所展开的语言争夺和意义斗争，表明“文化”不是独立的实体，而是讨论社会阶级、政治经济、宗教和艺术等议题的视角、线索和能指[3]。

马克思主义文化理论家安东尼奥·葛兰西(Antonio Gramsci，1891—1937年)提出“民族-大众”(national-popular)概念，借以强调文化和政治学的重要性，对抗庸俗马克思主义的经济决定论。葛兰西把文化和政治重新定义为关系的复杂统一体。葛兰西的文化研究对人们理解文化定位和发挥作用，以及对正统马克思主义的经典理论的理解，如经济基础与上层建筑关系、文化领导权等产生了深刻的影响。

当代英国的新左派马克思主义者、文化思想研究的开创者雷蒙德·威廉斯(Raymond Williams，1921—1988年，有的译作雷蒙·威廉斯)从葛兰西文化意识形态思想吸取养料。威廉斯在《文化与社会1780—1950》(1958)中坚持用历史唯物论来诠释文化的内涵，将“文化”定义为“对一种特殊的生活方式的描述”[4]“一种对共同生活状况的反应”，这种“反应”包括哲学、艺术等诸多形式，文化在本质上是“整个生活方式”，可分为理想的文化、文献的文化和社会的文化三种基本类型。文化实践是物质生产形式，是“社会生产与再生产的建构性力量”[5]。威廉斯一直试图扩展文化的意义并使之与我们的日常生活、与“社会”成为同义词。威廉斯在《关键词：文化与社会的词汇》(Keywords：A Vocabulary of Culture and Society，1976)中探讨了关键词在语言演变过程中词义的变化，以及彼此的相关性和互动性。威廉斯认为语言的活力在于意义的变异性，其包括意义转变的历史、复杂性与不同用法，即创新、过时、限定、衍生、重复、转移等过程[6]。威廉斯的弟子特里·伊格尔顿(Terry Eagleton，1943—)认为“意识形态”是人们在不同时期

---

1. [英]Edward Burnett Tylor. Primitive Culture[M]. Reprint，New York：Harper & Row，1958.
2. [英]托马斯·艾略特. 基督教与文化[M]. 杨民生，陈常锦，译. 成都：四川人民出版社，1989.
3. 单世联. 定义“文化”的立场与关怀——围绕艾略特文化定义的语言争夺和意义斗争[J]. 广东社会科学，2022(3)：59-70.
4. [英]雷蒙德·威廉斯. 漫长的革命[M]. 倪伟，译，上海：上海人民出版社，2013.
5. Raymond Williams. Politics and Literature[M]. London：Verso，1981.
6. 方维规. 关键词方法的意涵和局限——雷蒙·威廉斯《关键词：文化与社会的词汇》重估[J]. 中国社会科学，2019(10)：116-133，206.

的经历，包括对社会的思想、情感和价值等，它是对个体的过去和现在的总结。他的《马克思为什么是对的》一书认为马克思主义是“有史以来对资本主义制度最彻底、最严厉、最全面的批判”，大大改变了我们的世界观❶。伊格尔顿是当代西方文论界继威廉斯之后英国最杰出的马克思主义理论家、文化批评家和文学理论家。他一直以正统的马克思主义者或马克思主义“左派”自居，对马克思主义的坚守和发展使其理论独树一帜，倍受当今国际学术界的关注。他对意识形态概念本身所具有的复杂性的充分开拓和挖掘，才使他对文学与美学问题的研究显得别具一格。伊格尔顿说：“在威廉斯看来，词语是社会实践的浓缩，是历史斗争的定位，是政治智谋和统治策略的容器。”❷借用威廉斯的文化分析理论，闽海民间信仰宫庙建筑的产生、发展与演变是建构在闽海社会经济文化大背景下的，它的兴衰也准确映射出闽海社会的历史变迁❸。资料显示，截至 2003 年底，福建有大小宫庙超过 10 万处，其中面积在 10 平方米以上的有近 25 万处❹。20 世纪 60 年代意大利西方马克思主义学者、“威尼斯学派”代表人物、建筑理论与历史学家曼弗雷多·塔夫里(Manfredo Tafuri)认为：建筑史绝对不是一部线性发展史，也不是一种建筑形式取代另一种的革命史；建筑史是活生生的，并且是开放的，公众和学者可以参与讨论的；建筑理论也非“应用性批评”或“操作性批评”等。塔夫里于 1968 年和 1973 年先后完成《建筑学的理论和与历史》和《建筑与乌托邦》两部名著。他有两个非常鲜明的观点：其一，建筑师本身不能够做建筑史论；因为建筑师受的是建筑设计、建筑学的训练，并没有受过系统的理论、历史的训练，建筑史论是专业史论学者的工作；其二，建筑发展应该用马克思主义理论作为指导，特别是历史唯物主义作指导❺。由于他的观点新颖而激进，在建筑学领域弘扬了马克思主义历史唯物主义，故在西方建筑界中被视为 20 世纪最重要的建筑理论家之一。国内学者对其多有评述，不再赘述❻。

法国的结构主义学者罗兰·巴特(Roland Barthes)在《时尚体系》(1967)中提出了基于时尚的新分析模式：产品(时装)、图像(时装摄影)和词语(时装评论)。该理论转迁到建筑学中就是建筑、图像和词语(建筑评论)。一般来说，隐喻是人类思维活动过程的某种机制，用于理解抽象概念以及事物的重要原则。人们理解复合概念或事物的过程其实就是以隐喻“映射” 的过程，或者说通过中介使得意义得到合乎逻辑的“搬移”，这样就达到了通过其他事物来理解和体验当前的事物。隐喻深深地内化、隐藏于我们的思维结构之中，也就是说，隐喻就是人类思维结构的一部分，管辖着人们日常思维，主宰着人们的一言一行。有语言学家认为：“无论是在语言上还是在思想和行动中，日常生活中隐喻无处不在，我们思想和行为所依据的概念系统本身是以隐喻为基础。”❼从某种意义上来讲，人就是隐喻性的动物。如维特鲁威关于柱式的性别隐喻，中国苯教建筑的胎藏隐喻等。

英国建筑史学家阿德里安·福蒂(Adrian Forty)在《词语与建筑物：现代建筑的语汇》中敏感地意识到词语在建筑研究中的重要位置，福蒂自然地转向了建筑与词语或者语言关系的研究❽。王发堂、王青华在对福蒂的观点解读时指出，当代一些新建筑史研究旨在“从建筑透视文化”，较关注建筑中的社会和文化权力、“地方感”和“场所感”等问题，或可称为“另类建筑史”❾。当然，“另类建筑史”中的“社会”就是新社会史的“社会”，涵盖物质、社会和精神三层次而构成的有机整体的人群，也可以统称为“文化”。

---

❶ [英]特里·伊格尔顿. 马克思为什么是对的[M]. 李杨，任文科，郑义，译. 北京：新星出版社，2011.

❷ [英]特里·伊格尔顿，王尔勃. 纵论雷蒙德·威廉斯[M]//马克思主义美学研究(第 2 辑). 桂林：广西师范大学出版社，1999.

❸ 向玉乔，沈莹. 威廉斯的马克思主义文化分析理论[J]. 湖南大学学报(社会科学版)，2021(4)：113-121.

❹ 林国平. 福建民间信仰的现状、特点和发展趋势[J]. 东南学术，2004(增刊)：213-216；林国平. 福建民间信仰的现状和特点[C]//东南周末讲堂选粹编委会. 东南周末讲堂选粹. 福州：海峡文艺出版社，2009.

❺ [意]塔夫里. 建筑学的理论和历史[M]. 郑时龄，译. 北京：中国建筑工业出版社，2010.

❻ 葛明. 先锋札记——塔夫里阅读[J]. 时代建筑，2003(5)：28-33；卡拉·奇瓦莲，曼弗雷多·塔夫里：从意识形态批判到微观史学[J]. 胡恒，译. 马克思主义美学研究，2008(2)：284-296；肖冰，王甜. 塔氏理论与设计中的类型学[J]. 陕西教育(高教版)，2009(1)：32-35.

❼ [美]乔治·莱考夫，马克·约翰逊. 我们赖以生存的隐喻[M]. 何文忠，译. 杭州：浙江大学出版社，2015.

❽ [英]阿德里安·福蒂. 词语与建筑物：现代建筑的语汇[M]. 李华，武昕，诸葛净，译. 北京：中国建筑工业出版社，2018.

❾ 王发堂，王青华. 另类现代建筑史——《词语与建筑物：现代建筑的语汇》之解读[J]. 世界建筑，2020(11)：59-61，131.

闽海宫庙建筑研究以历史学家、建筑学家、规划学家等的研究居多。目前，有关闽海宫庙建筑研究成果较多，分理论和实践两方面简单介绍。

(1) 对宫庙建筑营造、艺术审美方面的研究

何绵山在《福建寺庙建筑艺术探微》中指出，福建是我国古代建造各种寺庙最多的地区之一，即使在佛教衰竭的宋末元初，仅福州府所辖的各县就建有佛寺 1 500 座以上。虽经天灾人祸等变故，但由于闽海特殊的地理环境，所以至今仍有相当数量的寺观得以保存。如莆田在唐、宋时期全县就有大小寺院庵堂600 多座，经过历代修建保存到今天的仍有近百座，堪为奇迹❶。全国重点文保单位漳州平和城隍庙作为明代漳州宫庙建筑的代表，是现存明代寺庙较为完整的，其彩饰壁画色彩艳丽，题材丰富，带有浓郁的民间特色，明代著名学者黄道周曾有“庙宇仑奂，甲于他邑”的赞语❷。

闽海佛教信仰大约在明代后期传入台湾，由于佛教徒人数不多，大都各自为政，且无力修建寺院，使得早期台湾佛教带有个人色彩，正如《重修台湾省通志(卷三)·住民志·宗教篇》中指出：“缺乏官方的寺院及僧官制之佛教，明代的台湾佛教带有浓厚的个人佛教色彩。”❸

佛寺屋顶脊饰嵌瓷艺术在我国民间建筑工艺表现形式中独树一帜，更在民间传统民居、宫庙、宗祠建筑脊饰中占据着举足轻重的位置。吴潼撰文指出，粤、闽、台地区嵌瓷艺术形成了独特的地域文化，具有强烈的地域性和可辨识度。嵌瓷艺术精华主要集中在装饰题材的建筑造型上，它以内容丰富的故事题材及千姿百态的造型语言表现了民俗民风和对生活的祈望。嵌瓷艺术传达了三地人民坚守传统文化、追寻生存价值的精神，它有着广阔的生存发展空间，潜藏着当今的设计形式感以及多种功用之精髓❹。嵌瓷又叫剪碗，在闽南多用；又叫“剪粘”，在台湾多用；福建普宁又叫“聚饶”或“扣饶”，叫法因地区而异。

陈祖芬在《城厢妈祖宫庙概览与研究》中对典型神明宫庙建筑进行系统分析❺。闽台地区妈祖宫庙屋顶样式丰富，利用灰塑、剪粘及交趾陶等工艺创造出地域性浓厚的装饰艺术，其屋顶装饰题材多样，寓意吉祥，包含了实用功能、美化功能、慰藉功能及教化功能等，蕴含了海洋文化和中原文化等文化内涵。闽台地区妈祖宫庙屋顶装饰艺术具有强烈的艺术生命力和感染力，将随着妈祖文化的发展而不断传承与发展❻。郑捷、黄朝晖认为，莆田湄洲妈祖祖庙是按照中国传统古建筑的营造法式建造的，建筑特色体现了闽海民俗、宗教与文化❼。赵逵等对天后宫与福建会馆也进行了研究❽等。李英妹对闽东宁德天后宫、古田临水宫、柘荣马仙庙等三大女神庙的特征和信仰习俗两个方面进行初步探究，展现了其深厚的文化内涵❾。又如，在对玉皇大帝(天公)庙的研究方面，自宋代以来玉皇大帝成为道教的最高神明，“天上有玉帝，地上有皇帝”，故民间俗称“天公”。闽海石狮朝天寺即在寺院最高处修建“玉皇阁”供奉玉皇大帝，每逢正月初九“玉皇圣诞”(俗称“天公生”)都要举行盛大的殿内祈祷仪式，诵经礼忏等。闽海民间又以腊月二十五日为玉皇出巡日，相传此时玉帝要下到凡界巡视，考察人间善恶，信众要举行接、送玉帝的神圣仪式。

(2) 对宫庙建筑利用与管理的研究

郑振满从社区发展角度对宫庙文化进行实证研究❿，钟建华对闽南民间信仰的联合宫庙现象和功能

---

❶ 何绵山. 福建寺庙建筑艺术探微[J]. 民族艺术，1995(3)：192-196.

❷ 严鑫才. 明代漳州宫庙建筑装饰艺术探寻[J]. 包装世界，2020(1)：7-8.

❸ 何绵山. 闽台佛教亲缘探论——再谈福建人对台湾早期寺庙建造的影响[C]//福建省五缘文化研究会. 五缘文化与两岸关系. 上海：同济大学出版社，2010.

❹ 吴潼. 粤闽台传统宫庙建筑脊饰嵌瓷艺术研究[D]. 景德镇：景德镇陶瓷大学，2016.

❺ 陈祖芬. 城厢妈祖宫庙概览与研究[M]. 上海：上海交通大学出版社，2017.

❻ 陈志玉. 闽台地区妈祖宫庙屋顶装饰艺术探析[J]. 安阳工学院学报. 2020(4)：78-82.

❼ 郑捷，黄朝晖. 妈祖宫庙建筑特征及装饰元素解读——以湄洲妈祖祖庙为重点[J]. 莆田学院学报，2021(4)：18-21.

❽ 赵逵，白梅. 天后宫与福建会馆[M]. 南京：东南大学出版社，2019.

❾ 李英妹. 闽东三大女神宫庙建筑特征及信俗初探[J]. 文物鉴定与鉴赏，2020(18)：22-24.

❿ 郑振满. 乡族国家：多元视野中的闽台传统社会[M]. 北京：生活·读书·新知三联书店，2009.

进行了实证研究❶，范正义、林国平也对闽台宫庙仪式、文化进行了比较研究❷。

宫庙建筑的投资和运作是聚落社区权力模式的反映，旧时村落中新建的宫庙，一来护佑聚落中某一家族的产业，二来便于控制一定的人群，形成一定的社会力量和稳定的村庙建筑❸。例如，佛教寺庙内部存在职责岗位区分。在共同的僧人身份下，也会有不同的细部划分，如学问僧、执事僧、烧茶僧、商僧、武僧等等。宫庙建筑投资人和管理的研究还需加强。

(3) 对台湾宫庙建筑的研究

由于闽台特殊的地缘关系，学者们在20世纪中后期对台湾宫庙建筑的研究较多。台湾的两种信众人数规模较大的民间信仰是妈祖信仰和王爷信仰，本书以二者为主要考察对象。莆田湄洲妈祖祖庙董事会资料和《台湾妈祖宫庙通讯名录》收录的宫庙资料显示，妈祖庙有1 184家。妈祖信俗是世界非物质文化遗产，海内外信众多，宫庙祭祀场所和管理研究较多，后文详述(第四章)。王爷信仰的信众人数和庙宇数量是所有神明中较多的，尤其在台西南部沿海地区，祀奉王爷的庙宇随处可见。据多年前台湾统计部门的统计，台湾的王爷庙已经近千座。仅台南地区就有近150座王爷庙，台南市北门乡南鲲鯓代天府和麻豆镇代天府是举办王爷庙会的两个大本营。

王爷信仰每年皆有固定的祀奉仪式与大型活动。著名学者连横在《台湾通史》中指出，台湾民众信奉的神明在历史上主要是以分香、漂流的形式由闽地传入台湾，并在全岛广泛传播❹。例如，台湾台南开元寺、基隆月眉山派、苗栗法云寺三大佛派均以明末闽地佛教移民传入为根源，僧人纷纷前往福州鼓山受戒，学习佛法。道教也是明末随闽南移民传入台湾的。台湾民间宗教多以斋教为主，虽然影响力不能与佛教、道教相比，但其组织形式严密，社会作用不可低估。

透过政府机关对寺庙调查统计资料的收集、整理、评估、分析，了解台湾民间宗教的某些发展趋势。从资料中可以显现在明清时期、日本侵占时期及光复后迄今的三个阶段中，民间宗教的发展各有不同的特色。第一个阶段是民间宗教从大陆闽粤两地随汉人移民的足迹，移植到台湾的萌芽时期，经由分香、割香等仪式的不断进行，台湾民间宗教和闽粤祖籍地保持着极密切的神缘关系，也可以说就是闽粤民间宗教的异地翻版。第二个阶段因日本政府的政治干涉，切断台湾和闽粤等地的联系，民间宗教开始走上自立发展之路，在日本导入许多纯粹佛教的元素后，台湾民间宗教逐渐形成一个独特的宗教体系。从资料中可以看出若干相关的现象，例如：日本侵占时期佛教寺庙数量的突增、释迦牟尼及观音菩萨庙的大幅增长，以及祖籍神明重要性的下降等。第三个阶段正是台湾遭逢激烈社会文化变迁的冲击之际，民间宗教受到世俗环境的影响，也产生了某些文化变迁的现象，例如，以方言或祖籍地划分的人群共建的乡土神庙，漳州籍人祀开漳圣王的威惠庙❺、安溪籍人祀清水祖师的清水岩、福州籍人祀临水夫人的临水宫及客家伯公庙等，在台湾有分灵庙。

学者们大多认识到台湾宫庙文化是中华传统文化的重要组成部分，实现了社会教化与心灵慰藉等功能，增进了海峡两岸的文化沟通与认同❻。如台南市白河镇河东里信奉保生大帝的显济宫，由最早入垦当地的漳州吴氏祖先草创简庙，"祀奉吴氏先贤保生大帝"。❼

---

❶ 钟建华. 闽南民间信仰之联合宫庙初探——以漳州浦头港"东岗祖宫"为个案[J]. 福州大学学报(哲学社会科学版)，2014(4)：32-37.

❷ 范正义，林国平. 闽台宫庙间的分灵、进香、巡游及其文化意义[J]. 世界宗教研究，2002(3)：131-134.

❸ 陈琮渊. 两岸民间信仰与侨乡社区发展——厦门"闽台小镇"的调查研究[J]. 八桂侨刊，2016(3)：69-74.

❹ 连横. 台湾通史(卷二三，宗教志・神教)[M]. 北京：人民出版社，2011.

❺ "威惠"是北宋徽宗政和三年(1113年)朝廷颁赐的庙额的第一个名称，后世还有其他称谓，例如，在福建有陈圣王庙、圣王宫庙、灵著王庙等，在台湾有广济庙、昭惠庙、灵惠庙、惠济庙、仁和宫、圣天宫等。

❻ 林荣清. 台湾宫庙文化的历史脉络、社会影响与传承保护[J]. 闽台关系研究，2021(3)：102-108.

❼ 洪性荣. 全国佛刹道观总览：保生大帝专辑(下)[M]. 台北：桦林出版社，1987.

1.1.2 闽海宫庙建筑信仰仪式空间方面研究

民间宫庙建筑的性质是一种祭祀建筑、纪念建筑、神性建筑。宫庙建筑物的重要程度首先是选址和位置，其次是建筑形式和风格，再次是人的行动空间和主体价值观念，即意义和象征的揭示。王嵩山、郑容坤等指出，宫庙是民间信仰文化生产与再生产的世俗网络，象征着特定地域的社会认同。在从乡土中国向城镇中国的时空切换中，城镇化建设的土地需求不断影响民间信仰宫庙的物质形态。闽南地区民间信仰宫庙的城镇化迁建实践，揭示了地方政府的维稳思想、房地产开发商的经济诱导、社区的共同体意识以及信教群众的信仰惯习之间的逻辑关联性，并由此塑造了民间信仰宫庙迁建的“多庙合一”“集中安置”“立体共处”三种地方性知识经验，这可为其他地区民间信仰宫庙的迁建治理提供经验借鉴❶。

闽海民间信仰崇拜特殊系统——“境”研究。苏彬彬、朱永春指出：境内居民有相近的神谱，祭祀相同的境主神，并共同建造主神的庙宇“境庙”。各类民间信仰仪式，不仅是民间信仰宫庙的组织方式得以实现的主要途径，还形成特有的仪式空间。明清传统聚落中存在的民间信仰系统与宗族血缘系统，可以平行存在，也可以合而为一。例如，闽南慈济宫（妈祖庙别名）即是一例❷。

从“非遗”角度研究，宫庙仪式中的香灰与香炉成为神圣的结晶与器物而受信众珍惜与膜拜。闽海、台湾民间庙宇文化流行前往老庙或大庙谒祖进香，仪式过程中，庙方或信众无不向老庙神明进贡高级香材，也迎回珍贵的老庙香灰回去供奉。在台湾移民群体中，进香仪式的核心价值在于香火传承，在于获取老庙的历史记忆与象征的灵力。让老庙与新庙得以建立同一性神缘关系，让民间信仰中的人情伦理得以永续传承❸。闽海民间信仰典型文化扩散现象有妈祖信仰、保生大帝等。正如清代道光年间渡台的嘉应州文人吴子光所指出：“闽粤各有土俗，自寓台后已别成异俗，各立私庙。如漳有开漳圣王，泉有龙山寺，潮有三山国王之庙，独天妃庙，无市肆无之，几合闽粤为一家焉。”❹多位学者通过深度访谈和参与观察所获得的妈祖信仰活动仪式、口传和物质文化资料等素材的使用，揭示了近代闽海民众民间信仰生活的诸多细节❺。妈祖信仰既是海峡两岸文化认同的纽带，它也是中华文化的象征，这条坚强的纽带，把台湾同胞以及海外华人华裔紧紧地联接在一起。在国内它主要随着移民沿着海岸线扩散分布并且逐步向内陆扩散，其中有自然、经济条件对它的空间扩散的根本性作用，也受到移民、分香活动、文化认同和妈祖文化多功能性的影响。

1.2 研究内容与方法

本书主要运用建筑学、文化学、社会学等多学科理论和方法分析闽海宫庙建筑空间的主要特征和功能。闽海宫庙建筑文化空间内涵丰富，无论神明祭祀仪式空间，还是各种娱神的公共艺术空间，都体现出地域文化魅力。主要研究方法有二：一是建筑类型学分析法，二是建筑现象学场所分析法。

1.2.1 建筑类型学分析法

本书主要运用建筑类型学理论与方法划分闽海宫庙建筑的主要类型，对不同类型的宫庙建筑进行历

---

❶ 王嵩山. 进香活动看民间信仰与仪式[J]. 民俗曲艺，1983(25)：61-90；郑容坤. 空间位移：闽南民间信仰宫庙的城镇化变迁[J]. 湖北民族大学学报(哲学社会科学版)，2020(4)：145-152.

❷ 苏彬彬，朱永春. 传统聚落中民间信仰建筑的流布、组织及仪式空间——以闽南慈济宫为例[J]. 城市建筑，2017(23)：43-45.

❸ 蒋驰，郑衡泌. 高雄县妈祖信仰的分布、扩散及影响[J]. 海南师范大学学报(自然科学版)，2014(1)：87-93；张珣. 非物质文化遗产：民间信仰的香火观念与进香仪式[J]. 民俗研究，2015，(6)：5-12

❹ 周世跃. 海内外学人论妈祖[M]. 北京：中国社会科学出版社，1992.

❺ 周世跃. 妈祖信仰及其在台湾的传播[J]. 台湾研究集刊，1985(4)：73-76；谢重光. 试论妈祖信仰的社会功能[J]. 中共福建省委党校学报，2002(1)：67-71；郑衡泌. 妈祖信仰传播和分布的历史地理过程分析[D]. 福州：福建师范大学，2006；蒋维锬. 台湾妈祖信仰起源新探[J]. 莆田学院学报，2005(1)：74-78；薛世忠. 妈祖信仰在粤琼地区的传播及影响[J]. 莆田学院学报，2006(4)：78-80；丛洋洋. 大连旅顺龙王塘妈祖信仰的文化研究——以放海灯仪式为对象[D]. 沈阳：辽宁大学，2011.

史分析，为当代宫庙建筑空间优化与改造设计服务。宫庙建筑形态研究大致按照以下四个步骤进行：第一步，整理宫庙建筑单位的主要形式；第二步，共时性研究方法，将各宫庙建筑单位进行连接、对比；第三步，历时性分析，将各宫庙建筑单位在时间上连续成串，溯源并分析其脉络及演变等；第四步，宫庙建筑资料与其他资料关系的研究，并对前三个步骤的具体操作进行解释。如果说中国建筑学者对于分类学并不陌生的话，那么，有关宫庙建筑形态的研究或许也能推动宫庙建筑文化考古在国内的进一步发展。

类型学可被简单的定义为按相同形式结构对具有特性化的一组对象所进行分类描述的理论❶，当代建筑类型学依托一定的哲学观，远溯亚里士多德、维特鲁威，近及艾伦·柯尔孔(Alan Colquhoun)、阿尔多·罗西(Rossi)、格拉西(Grassi)等的类型观❷。例如，美国后现代主义者、建筑历史学家和理论家柯尔孔在《建筑评论选：现代主义和历史变迁》中，批评现代主义不讲类型学思想，不讲传统与历史的方法论。他认为类型学的重要性在于类型学的思想辩证地解决了“历史传统”与“现代”的关系问题，即“变”与“不变”的关系问题。类型学理性地对待历史与传统，对其筛选和批评，从中提取有益的、精简了的历史文化内容、信息和符号，并带入现代社会，结合特定需要进行建筑形式的再设计❸。柯尔孔在《三种历史主义》中指出：“建筑历史主义是指：(1)所有社会文化现象都是历史决定的，所有真理都是相对的。(2)一种对过去的制度和传统的研究。(3)历史的形式的运用(例如在建筑中)。”❹意大利新锐建筑师、建构主义大师阿尔多·罗西在《城市建筑学》中解释道“类型的概念就像一些复杂和持久的事物，是一种高于自身形式的逻辑原则”。罗西认为，建筑内在的本质是文化传统习俗的产物，形式仅仅表现出了文化的一小部分，仅是文化的表层结构，类型才反映出其深层结构，一种建筑类型可导致多种建筑形式的出现，建筑形式却只能被还原成一种建筑类型❺。他提出建筑的分类不应取决于它的功能，建筑类型应该从历史建筑中抽取，因为历史建筑不仅是物质，而且带有生活记忆。罗西将类型学作为建筑设计的重要方法，其宽度、大小和位置及街巷的高宽比和开放性在设计中的运用主要分为两个步骤：第一步是从建筑历史模型的形式中还原、抽取出某一类型；第二步是将该类型结合具体场景还原为形式。例如，北京的四合院、闽南的“皇宫起”及云南的“一颗印”等，这些民居都因其所处的环境不同而表现出不同的形态，但它们具有同样的本质，即都是带院子的住宅。因此，它们在类型上应该是同一的。

柯尔孔、罗西等人的建筑类型学方法具有新理性主义色彩，他们对历史上的建筑类型进行总结，抽取出那些凝聚人类的“集体记忆”、能够适应人类的基本生活需要又与一定的生活方式相适应的建筑形式，并去寻找生活与形式之间的对应关系，从而为当代城乡新建筑设计提供思路和素材❻。

朱锫认为“类型学的方法论”是探索建筑本质，寻求与传统建筑结合的重要途径❼。魏春雨从文化角度探讨建筑问题，不应该只停留在“风格”研究的层次上。建筑类型学作为一种归类分组的方法体系，是使建筑沿着具有广泛基础、符合地域性及文化特征轨迹运行的可行方案之一。要说明建筑类型学研究的必要，需要首先阐明风格与类型的关系等❽。

借助当代最近国外学术思潮和研究路径，我们再尝试作一些现代主义与后现代主义建筑学的观点阐述。

现代建筑理论家西格佛列德·吉迪翁(Sigfried Giedion，1888—1968年)在《空间、时间和建筑》(1941

---

❶ 汪丽君.建筑类型学[M].天津：天津大学出版社，2005.

❷ 朱永春.建筑类型学本体论基础[J].新建筑，1999(2)：32-34.

❸ Alan Colquhoun. Modernity and the Classical Tradition[M]. Cambridge：The MIT Press，1991；[美]艾伦·柯尔孔.建筑评论选：现代主义和历史变迁：1962—1976论文集[M].施植明，译.台北：田园城市出版社，1998；[美]艾伦·科洪.建筑评论：现代建筑与历史嬗变[M].刘托，译.北京：知识产权出版社，2005.

❹ [美]艾伦·柯尔孔.三种历史主义[J].汪坦，译.新建筑，1985(4)：24-27.

❺ [意]阿尔多·罗西.城市建筑学[M].黄士钧，译.北京：中国建筑工业出版社，2006.

❻ 姜梅.民居研究方法：从结构主义、类型学到现象学[J].华中建筑，2007(3)：4-7.

❼ 朱锫.类型学与阿尔多·罗西[J].建筑学报，1992(5)：32-38.

❽ 魏春雨.建筑类型学研究[J].华中建筑，1990(2)：81-96.

年初版，2009年新版）中指出，建筑的时空统一性，对于建筑发展的线性史观形成和发展起了比较大的作用❶。

汪丽君在《建筑类型学》一书中指出，从广义上讲，只要在设计中涉及“原型”概念或可分析出“原型”特征的，都属建筑类型学研究的范围。根据“原型”来源的角度不同，可将其概括为新理性主义的建筑类型学和新地域主义的建筑类型学两大部分❷。

在后现代主义看来，建筑可以被看成是加入了空间因素的立体叙事文本。“文本”最初是西方文学理论词汇，20世纪80年代以来逐渐成为中国文艺批评的关键词之一❸，并得到更广泛的跨学科应用。例如，戏剧文本、影视文本、建筑文本、计算机语言文本、游戏文本等。英国文化理论家F. R. 利维斯(F. R. Leavis，1895—1978年)开创的文化研究“利维斯学派”，关注文化批评的道德与社会维度，反对资本主义现代工业文明及其在文化上产生的后果，主张通过对文化文本的“精读”和援引来进行文化批评。在利维斯的学术影响下，霍加特(Richard Hoggart)、威廉斯、霍尔(Stuart Hall)等人都受到文本分析方法的影响❹。法国的结构主义者罗兰·巴特(Roland Barthes，1915—1980年)❺、雅克·德里达等也是运用文本分析法的主要代表。他们吸取了结构主义、符号学理论的某些理念和方法，认为图像、声音、文字和非文字形式都可以视为文本，它涉及的领域除了文学、艺术、哲学等，还有摄影、服装、时尚、建筑、电影等非语言的文化形式，这些都可以被看作是文化研究的不同文本，可以作为文化分析的具体对象。

巴特在《作者之死》(1968)、《从作品到文本》(1971)等文章里的“作品”(work)与“文本”(text)作为结构主义和后结构主义各自研究的对象，其含义及相互关系在论文中得以清楚地阐述，文本是开放的、无中心的和没有终结的结构，从作者到读者参与到文学作品的阅读，提出了具有划时代意义的文本理论❻，该文被视为结构主义与后结构主义文学理论的重要分野。

国内学者王明珂对“文本”的定义：“文本分析是以语言、文字(或图像、影视)符号所陈述的内容为表相(或社会记忆)，尝试探索此表相背后的本相，也就是探求此陈述、表述内容背后的社会情景。”❼建筑无疑是当代文化研究的重要“文本”之一，梳理具有重要学术价值的宫庙建筑文本，甄选出同一神明信仰下的宫庙建筑的关键性文本，如妈祖庙的不同文本样式，由此考察妈祖信仰与妈祖庙的关联性与文化变迁。闽海民众普遍笃信的关帝庙、王爷庙、保生大帝庙等皆可称为闽海宫庙建筑关键文本，通过文本细读与分析，可以寻求闽海宫庙建筑的共性与个性，进而发掘闽海民间信仰文化空间的当代价值。

随着民间信仰在闽海民间文化中的复兴，迎来了闽海宫庙建筑文本演化的繁荣时期。本书需要考察闽海宫庙建筑是否已经建立了一个客观的“标准化”的文本系统，分析举证各个阶段的文本类型和标志性建筑文本，即“前文本”阶段、诞生与发展阶段、深化与变异阶段及“文化空间”生产演变阶段等。

正如巴特所说：“世上每一物都可从封闭而缄默的存在转变为适合社会自由利用的言说状态，因为无论是否合乎情理，任何法律都不禁止谈论种种事物。”❽借鉴他将神话界定为“一种言说方式”，笔者将民间信仰建筑空间也视为“一种言说方式”。

1.2.2 建筑现象学场所分析法

建筑不仅是实体的人造构筑物，更是具有人文价值精神的创造性艺术品。建筑的人文价值精神，在东方中国古已有之，无论是道法自然、天人合一的生存哲学表述，还是环境风水学上的自然与社会融合的

---

❶ Sigfried Giedion：Space，Time & Architecture. 5th Edition[M]. Boston：Harvard University Press，2009.

❷ 汪丽君. 建筑类型学[M]. 天津：天津大学出版社，2005.

❸ 傅修延. 文本学——文本主义文论系统研究[M]. 北京：北京大学出版社，2004.

❹ [英]雷蒙德·威廉斯. 政治与文学[M]. 樊柯，王卫芬，译. 郑州：河南大学出版社；[英]雷蒙·威廉斯. 乡村与城市[M]. 韩子满，刘戈，徐珊珊，译. 北京：商务印书馆，2013.

❺ [法]罗兰·巴特. 罗兰·巴特随笔选[M]. 怀宇，译. 天津：百花文艺出版社，2009.

❻ [法]罗兰·巴特. 从作品到文本[J]. 杨扬，译. 文艺理论研究，1988(5)：86-89.

❼ 王明珂. 反思史学与史学反思——文本与表征分析[M]. 台北：允晨文化实业股份有限公司，2015.

❽ [法]罗兰·巴特. 神话修辞术：批评与真实[M]. 屠友祥，温晋仪，译. 上海：上海人民出版社，2009.

实践运用，建筑的人文价值精神表现一向尤为突出。建筑的人文价值精神，在西方当代学者的众多表述中，最主要的就是建筑的场所精神。

自西方学者提出场所精神理论以来，它已在建筑现象学、建筑景观特质分析以及遗产保护管理等领域的研究和实践中发挥着重要的作用。

20世纪初，由德国哲学家胡塞尔创立的现象学以及德国哲学家马丁·海德格尔(Martin Heidegger)从语言和诗学的角度对存在的研究，为建筑现象学提供了哲学基础，对于空间、场所的探讨正是建筑现象学的核心议题。胡塞尔所提出的现象学方法是指凭借直觉从现象之中直接发现本质。所谓现象即是呈现于人类意识中的一切东西，现象是由实体以及构造实体的意识所组成的，所谓本质是指更为一般的现象，所谓直觉便是要求观察者直接面对事物本身，对意识活动中的现象和本质进行准确完整的描述。

既是存在主义又是现象学重要代表的海德格尔通过对"空间""存在""诗意"等的研究来认识事物本身，探讨了人、建筑以及世界之间的关系，他认为人的存在是在世界中的存在，这种存在是在人与他周围事物接触的过程中显现出来的。海德格尔的研究也为探讨人、环境、场所、建筑等问题提供了新的方法与尺度，并对包括建筑在内的现代艺术产生了深远影响，现代的建筑和人居艺术大多从海德格尔有关"筑·居·思"的诗意栖居思想中获得诸多启示❶。

挪威建筑学家诺伯格·舒尔茨(Norberg Schulz，1929—，也译作诺伯舒兹)的建筑现象学理论宏大而细腻，他用具有诗意的语言表述使得关于建筑学的哲学变得凝练而生动。舒尔茨在其经典著作《存在·空间·建筑》(1971)中认为：任何人造物都可以看作一种符号或工具，其目的是在人与环境间的某种关系中引入秩序(意义)……通过符号化人们可以超越个体的局限而过上一种有着社会性和目的性的生活。存在的意义并不是强加于人们日常生活之中的，这些意义是日常生活所固有的，由自然与人类属性的关系、过程和行为间的关系构成，因此，它们包含了某种程度上带有空间和时间恒定性的成分。但是，如果意义是日常生活固有的，为什么我们还要思虑如何"让生活变得有意义"呢？首先，必须要对意义有足够的敏感，感知的能力需要提高到一个足够的"意向深度"。其次，意义应该变得清楚明白，让整个社会的正确感知成为可能，这就是符号的重要性❷。

舒尔茨在《地方精神》(1979)书中指出：地方建筑和有宏大设计传统的纪念性建筑有着共同的根源，并且有着同样的符号功能，又都表达着生活的公共形式中所固有的意义、价值和需求。……纪念性建筑相对于地方建筑的真正区别在于，前者体现出更高的抽象水平。另外，地方建筑与限制条件的精确特征保持了很强的联系，而纪念性建筑强调普遍性、系统性和符号系统的人际方面，并致力于构造建筑语言，建筑语言形成了文化发展的一个重要部分。舒尔茨由此开展了地方性普通建筑和全国性纪念性建筑的同一性研究。

舒尔茨在《西方建筑的意义》(1980)中从"意义""符号""存在空间"等独特角度来审视西方建筑，在今天看来仍然是很精辟的理论分析❸。他认为人类成长的过程就是逐渐认识意义存在的过程，"远古至今，建筑帮助人们，使人们的存在富有意义，通过建筑人们拥有了空间和时间的立足点……建筑应该理解成富有意义的(象征)形式。"❹在人类社会历史长河中，神圣信仰的出现并非不可捉摸的，也不是绝对虚幻的，它通过仪式、节日、显圣物等于世俗中化无形为有形，神圣因为世俗的容纳具有了存续的价值，世俗则因为神圣的介入而具有了超越现实空间的想象，人的心灵获得了暂时的栖息和升华，这也是精神信仰的文化价值所在。信仰仪式是具有象征性和表演性的行为方式，人类学者王铭铭指出："人类学者常把乡土社会的仪式看成是'隐秘的文本'……是活着的'社会文本'，它能提供我们了解、参与社会实践的'引论'。"❺舒尔茨的"场所精神"(genius loci)指某一地方的独特氛围，由拉丁文的"神明"(genius)和"地方"

---

❶ [德]海德格尔.筑·居·思[M]//孙周兴.海德格尔选集.北京：生活·读书·新知三联书店，1996.

❷ [挪]诺伯格·舒尔茨.存在·空间·建筑[M].尹培桐，译.北京：中国建筑工业出版社，1990.

❸ 李路珂.关于建筑的意义——《西方建筑的意义》译跋[J].建筑师，2006(4)：95-98.

❹ Norberg Schulz. Meaning in Western Architecture[M]. New York：Rizzoli Inter. Pub.，1979.

❺ 王铭铭.象征的秩序[J].读书杂志，1998(2)：59-67.

(loci)两个词语组成,字面意义上指古罗马神话中的地方保护神[1]。它最早源于古罗马人的有神论思想。罗马人根据自己的多神信仰,认为每一个本体都有自己的守护灵魂,这种灵魂赋予人和场所生命。这个想法反映出“古代人所体认的环境是有明确特性的,尤其是他们认为与生活场所的神明妥协是生存最主要的重点”[2]。因此,我们可以将场所精神理解为场所所具有的一种独有的特征与气氛。场所空间结构本身随着时间的流逝而变化,在各种自然或人为的灾害面前是脆弱的,甚至是可能招致毁灭的,而“场所以及沉淀于场所中的时间和记忆”凝结而成的“场所精神”却是可以在文化的传承中保持延续的。

舒尔茨的建筑现象学与海德格尔现象学思想一脉相传,专注于空间中的物质带来的“场所精神”即意义或神性,认为建筑只能从当地特定的环境中“长出来”,重视地域环境、本土文化等,对这种理念的批判发展到后来就是美国建筑史学家肯尼斯·弗兰姆普顿的《构造文化研究:19 和 20 世纪的建造美学》中的观点、拓扑与地域主义批判理论,号召用更多的社会、政治、经济等因素来分析建筑空间的产生和表现特征。

空间是建筑的灵魂和本质,运用建筑类型学和现象学理论划分闽海宫庙建筑空间形式,可了解某类宫庙建筑的固定形式,及其形式、风格如何追随使用功能等,为当代民间信仰建筑空间生产提供借鉴。

1.3 基本概念

1.3.1 民间信仰

民间信仰有广义和狭义两种,从广义来说,民间一切祭祀神明的活动都可称为民间信仰。从狭义来说,民间信仰是指人的终极精神追求活动,是一种发端民间的朴素的、自发的多神明崇拜,与成熟宗教的一神崇拜不同;后者的一神崇拜多是经历了历史上不断地调整和制度化的过程,这是两者最大的区别。民间信仰与民众现实生活、实用功利相关联,民间造神和神明崇拜、巡境活动等也与现实政治制度、政治活动与社会组织形式具有一定隐喻性和同构性。

学界一般认为民间信仰没有特别的组织形式和系统,把这种集合了各式民间习俗与传统做法的称为“扩散式的信仰”。人类学家李亦园把民间信仰称为“普化宗教”(diffused religion):“所谓普化宗教又称为扩散的宗教,亦即其信仰、仪式及宗教活动都与日常生活密切关联,而扩散为日常生活的一部分,所以其教义也常与日常生活相结合,也就缺少有系统化的经典,更没有具体组织的教会系统。”他从信仰仪式上将民间信仰分为祖先崇拜、神明崇拜、岁时祭仪、农业仪式、占卜风水、符咒法术等六大类[3]。

民间信仰与宗教信仰相关,是宗教人类学关注的基础领域,二者既有联系又有区别。在当代,民间信仰总是随着国家宗教政策的变化而起伏波动。自新中国成立和改革开放后,国家重新确立了宗教信仰自由政策并日趋完善,民间信仰也在自我调整适应中不断壮大,重建和新建民间信仰活动场所的数量几乎达到了一个历史的高峰。民间信仰的兴衰与国家权力和政策的变化保持密切关联,这在一定程度上也反映了民间信仰团体作为社会组织的权力性。

中国民间信仰与儒教、佛教和道教的相关观念互相交织、互相融合。就现有资料看,闽海是各类民间信仰神明最多的省份,有妈祖、关帝、临水夫人、水部尚书、保生大帝等信仰对象。它们不仅深刻地影响着闽海人民的日常生产和生活,还辐射到台湾和东南亚及更广泛的地区和国家。

宫庙建筑是民间信仰的物质载体和文化空间表现。

---

[1] Leatherbarrow David. The Roots of Architectural Invention: Site, Enclosure, Materials[M]. Cambridge: Cambridge University Press, 1993.

[2] [挪]诺伯舒兹.场所精神:迈向建筑现象学[M].施植明,译.武汉:华中科技大学出版社,2010.

[3] 李亦园.人类的视野[M].上海:上海文艺出版社,1996.

1.3.2 宫庙建筑

建筑是人类文化的重要组成部分，是物质文化、制度文化、精神文化、符号象征文化等凝聚而成的综合载体。建筑随着人类的产生而产生，也随着人类社会的发展而发展，它具有历史性、空间性、民族性、地方性等特性。例如，同样是民居，北方平原多是四合院，黄土高原有窑洞，东南有江浙民居，闽海有土楼等。宫庙建筑作为民间信仰活动的载体，是民间信仰文化的重要组成部分，根据潘谷西师在《中国建筑史》中对建筑的基本分类，宫庙建筑在建筑学上归类于坛庙建筑❶。宫庙建筑是中国传统建筑中较普遍的一类乡土建筑，故而它也属于民居建筑的范畴。因此，宫庙建筑既受到社会主导的宗教建筑（神圣建筑）设计思想的影响，也具有乡土民居建筑的共性特征。

建筑空间概念和理论主要源于地理学、艺术哲学、建筑技术科学等的发展。20世纪的建筑理论和论述，往往以人的活动与生活世界作为讨论的对象，值得关注的是20世纪的建筑学理论发展出后现代建筑空间、场所空间理论。

德国存在主义哲学家海德格尔（Heidegger，1889—1976年）把建筑理解为人存在的立足点，其基本精神是要回归“此在”——生活世界。建筑始于人的基本生活需求，建筑的价值与其他艺术形式不同，要有人的存在才能彰显。张文涛指出，海德格尔的时空观与生存的意义密切相关，特别是此在的空间性与时间性都是作为一种阐释学的原则而存在的。他的“在场”理论就是此在的空间性。他的“向死而在”就是此在的时间性。此在的时空所显现的是生活世界的意义和价值。但是，这种阐释学的时空观由其现实的社会形式作为基础，对隐含在海德格尔时空理论背后的社会存在进行分析，将有助于我们更好地理解唯物史观的深刻内涵❷。

美国哲学家、社会学家舒茨（A. W. Schutz，1899—1959年）在《生活世界的结构》一书中强调日常世界的主体间性特点，世界是“我们的”而非“我的”；社会世界不是一种客观意义上的系统，而是充满了能动性主体所享的意义。此种对常识性知识所基于的“意义结构”的关注，在其学生加芬克尔那里进一步发展出了常人方法学理论。舒茨关注社会学研究中的主观因素，社会学研究的出发点不是实证主义所说的“社会事实”，而是社会事实的意义。他主张社会学应置身于生活世界中，对互为主体性的人们的微观互动过程进行研究，认识社会的结构、变化和性质。舒茨的思想反映了人们对当代社会学中自然主义和实证主义方法肤浅判断的不满，要求关注人们的精神世界，在对传统社会学进行彻底理论反思基础上建立起与研究人的行为相适应的方法，他的观点对民俗学方法论有重要影响。

美国当代著名的建筑师斯蒂文·霍尔（Steven Holl，1947—）的现象学思想与类型学方法在国际建筑学理论方面独树一帜。国内学者陈洁萍探讨了霍尔建筑中的叙事性对联系建筑与个体意识的帮助，从而使建筑现象学走向生活世界❸；霍方方分析了霍尔运用“悬置”观念和“综合知觉体验”的建筑实践作品，揭示霍尔关于建筑的本质认识❹。

建筑现象学的核心是“直接面向并认知建筑”，建筑与人和环境的关系经历从依附、改造到伙伴关系等发展阶段。人对于建筑的身心体验构成其日常生活的基本认知，人只有对建筑产生归属感与认同感，才可能将全部身心定居于此。人对建筑形成的认知是一种纯粹的意识状态，通过对意识的自我观照把握建筑的精神内涵与本质，并确立体验者经由对建筑的切身感受与反思而获得“确定的真实性”。空间的基本意义在于它使一个具象的结构作为空间的支持物和实体平台成为可能，场所的主要意义在于可为人体验此环境“是否有意义”提供所需的经验度量。生活世界的构建与发展离不开建筑，通过筑居与栖居这两

---

❶ 潘谷西．中国建筑史[M]．北京：中国建筑工业出版社，2001．

❷ 张文涛．关于海德格尔时空观的一种唯物主义审视[J]．重庆科技学院学报（社会科学版），2017(4)：5-8；孙周兴．作品·存在·空间：海德格尔与建筑现象学[J]．时代建筑，2008(6)：10-13．

❸ 陈洁萍．一种叙事的建筑——斯蒂文·霍尔研究系列[J]．建筑师，2004(5)：90-97；刘全．斯蒂文·霍尔与建筑现象学[J]．中外建筑，2007(6)：38-41．

❹ 霍方方．悬置与知觉体验——斯蒂文·霍尔建筑现象学研究的观察与实践[D]．徐州：中国矿业大学，2016．

类具有某种递进关系的居住方式分析建筑与生活世界的内在关联，提出人对于建筑的深刻认知根植于生活积累❶。场所符号和场所精神的塑造，借鉴符号学理论来阐释和探讨民间文化吸引物及其吸引力的形成问题，力求对我国闽海宫庙建筑现象研究有所启示。

宫庙建筑是宫、观、祠、庙、宇等广义宗教信仰建筑的泛称。宫庙建筑既是一种精神信仰空间，也是一种重要的社会文化空间，它对信众的日常生活方式、社会关系及文化象征符号建构等都产生不同程度的影响。宫庙建筑是民间信仰文化的物质载体，具有“物”的客观性和自然性；同时，它也是评判民间信仰文化原真性的重要指标，又具有“物”的建构性和文化性。因此，从层次上看，宫庙建筑空间既包括微观的建筑实体空间，也包括中观的聚落仪式活动、展演表现为主的“非遗”领域的文化空间以及宏观的象征空间。

宫庙建筑是民间信仰文化生产与再生产的世俗网络的核心组成和节点，象征着特定地域的信仰认同和社会认同。在我国汉民族文化圈内，闽海传统聚落宫庙建筑文化独特，文本形态内容丰富，尤其是闽南的红砖古厝、夸张的彩塑屋顶装饰十分惊艳，表现出独特的地域文化特征。

闽海宫庙建筑数量较多，祀奉神明种类丰富，建筑布局、规模、风貌等较为复杂多变，因此，分析宫庙建筑空间形态，首先需要借助建筑类型学的相关理论。在相关建筑类型划分中，划分标准成为建筑空间解析的重要衡量尺度。

传统建筑屋顶的式样以庑殿、攒尖、歇山、悬山、硬山、卷棚等居多。闽海宫庙建筑的屋顶多为歇山式，形成层叠有趣的轮廓线，其造型不仅檐角有很高的起翘呈连续的曲线，连正脊也都做成很大的曲线，俗称燕尾脊。建筑屋脊多塑有人物、龙凤虎狮鱼鸟等动物以及各种植物花卉等生动逼真的彩瓷图案，这是闽海特有的建筑装饰工艺技术——剪碗，潮汕人称“嵌瓷”，它是用彩色的精薄碎瓷片粘结在灰泥上形成的装饰工艺品种之一，其工艺也传到台湾并受到普遍欢迎，台湾又称为“剪粘”。屋脊剪碗可以拼成各种色彩艳丽的图案，深受闽海人的喜爱❷。剪碗主要技法为“剪”与“粘”，主要由泥塑和剪粘两道工序组成，一般以铅丝、铁丝扎成骨架，再以灰塑成坯，在坯的表面粘上各色瓷片而成型。剪碗装饰成为闽海宫庙建筑在造型和色彩上最明显的特征之一。

1.3.3　空间

1.3.3.1　文化人类学上的空间象征理论

人类学是研究文化的特殊科学，在英国早期人类学家如泰勒、弗雷泽等人看来，所谓文化无论是物质方面，还是价值体系、社会组织，乃至知识、语言等精神方面，“都是直接间接地满足人类的需要”或者“文化为人类生活之手段”❸。文化的这种日常生活性，“指示了人类学的重要工作就在研究文化的功能”，文化功能主义学派由此而来，并深刻影响西方文化研究。

1940年代初，面对正在发生文化巨变的西方社会现实，马凌诺斯基撰写了《文化论》一书，这标志着人类学史上的“一个很大的转折，从静态的分析转向了动态的研究”❹。英国另一位功能主义人类学大师拉德克利夫-布朗(A. R. R-Brown)也承认，一切文化现象之所以存在，是因为它们都“对整个社会有其独特的功能”，即“对外起着适应环境、抵抗外力，对内起着调适个人与个人、个人与集体或之间关系的作用”。因此，对于社会文化现象，“只有发现它的功能，才可以发现它的意义”❺。由此，实证主义方法成为文化研究的重要方法。

美国芝加哥大学人类学家罗伯特·芮德菲尔德(Robert Redfield，又译为芮斐德)提出文化有“大传统”和“小传统”(Great tradition and little tradition)概念，他在1956年出版了《农民社会与文化》人类学名

❶ 漆捷. 空间、场所与生活世界：建筑现象学的哲学解读[J]. 学术研究，2018(11)：35-40，177.
❷ 林从华. 台湾寺庙建筑探源[J]. 哈尔滨建筑大学学报，2002(6)：68-71.
❸ [英]马凌诺斯基. 文化论[M]. 费孝通，译. 北京：华夏出版社，2002.
❹ 费孝通. 费孝通全集[M]. 呼和浩特：内蒙古人民出版社，2009.
❺ [英]拉德克利夫-布朗. 社会人类学方法[M]. 夏建中，译. 北京：华夏出版社，2002.

著中指出，所谓“大传统”是指一个社会里上层的士绅、知识分子所代表的文化，这多半是经由学者、思想家、宗教家反省深思所产生的精英文化(refined culture)；与之相对的“小传统”则是指一般社会大众，特别是“农民”“乡民”所代表的生活文化。这两个不同层次的传统虽然各有不同，却是共同存在且相互影响的。简言之，“小传统”指乡民社会中一般的民众尤其是农民的文化，“大传统”则指以城市为中心、以绅士阶层和政府为发明者和支撑力量的文化❶。据此理论，我们认为中国儒家应是中国文化与社会建构中的“大传统”之一，也是作为世界上唯一未曾中断也没有沦为近代西方列强殖民地的古老国度的文化核心基因。儒家的形成时期是世界文明“轴心”时代的东方系列重要组成部分。

社会人类学的“中国学派”代表人物费孝通先生长期致力于中国本土社会的研究，提出了很多真知灼见。他认为，文化是依赖象征体系和个人的记忆而维持着的社会共同经验。文化具有传承性，但不是生理的遗传，而是后天的习得。按照文化功能派的“现实观察法”，历史可以分成两部：一是“已死的历史”，一是“活着的历史”❷。“已死的历史”就是那些在现实环境中已经不再发生功能的事实，“凡是昔日曾满足过昔日人们的需要的器物和行为方式，而不能满足当前人们的需要，便成为死的历史了”。而“活着的历史”则相反。“活着的历史”是指那些在现实环境中还在发生功能的事实。个体外表的行为态度是文化形式在个人的表现，是一种还活着的历史。“活着的历史”与“死的历史”并无明显界限，而且死的历史也可以复活。费孝通直言：“文化中的要素，在对人们发生‘功能’时是活的，不再发生功能时还不能说是死。……因为一时失去功能的文物、制度也可以在另一时期又起作用，重又复活。”❸因此，他认为文化是活态的人文世界，文化也是有继承性的，文化功能主义的文化整体观也适合历史悠久的文化中国。

中国学者叶舒宪近30多年来提出“玉成中国论”，运用四重证据法，开启了文学人类学系列探索。他对中国文化传统的认识更深远，把中国文化基因追溯到万年神话时代，认为：以符号媒介产生的年代为尺度，重新看待中国文化传统，应把由汉字编码的文化传统视为小传统，把前文字时代，包含神话、考古成果的文化传统视为大传统。他对文化传统的重新界定，有助于学者走出几千年来形成的文本中心主义束缚，打破“文明/原始”的二元对立，充分利用人类学和考古学的新知识成果来重建具有深度的中国整体文化观。主要通过中国神话大传统的再发现，去认识文字文本小传统的所以然❹。叶舒宪在《探寻中国文化的大传统——四重证据法与人文创新》文中提出，改造人类学家芮德菲尔德的“大传统和小传统”概念，按照符号学分类指标重审中国文化传统，把汉字编码的书面传统作为“小传统”，把前文字时代以来的神话思维视为大传统。提示生活在文字编码小传统中的当代人，如何利用现代新知识所提供的多重证据，如先于汉字出现的玉器符号，超越文字符号的遮蔽和局限，洞悉大传统的奥妙。新兴的文化人类学和民俗学倡导实地考察的田野作业，打开突破小传统局限的知识新格局。从方法论上归纳，将传世文献资料作为一重证据，可将新出土的文字作为二重证据，将文献之外田野调查的口传活态文化传承作为三重证据，将出土的实物和图像等非文字符号视为四重证据。以四重证据法重新探寻文化大传统，获得超越前代的人文创新方法和认识境界❺。他也指出芮德菲尔德的概念带有明显的现代性和精英主义价值色彩，需要给予后现代和后殖民立场的批判和改造❻。林科吉进一步指出，弗莱彻的原型理论引入中国后，神话原型批评在理论阐发和实践运用中出现的偏颇。而大传统、小传统再划分与N级编码论，则为整合性运用第三、四重证据材料提供了依据，不但突破了文本中心主义的局限，也可帮助学者摆脱“以西释中”的论述模

---

❶ Robert Redfield, Peasant Society and Culture[M]. Chicago: Chicago University Press, 1956;[美]罗伯特·芮德菲尔德. 农民社会与文化——人类学对文明的一种诠释[M]. 王莹，译. 北京：中国社会科学出版社，2013.

❷ 费孝通. 费孝通全集[M]. 呼和浩特：内蒙古人民出版社，2009.

❸ 费孝通. 费孝通全集[M]. 呼和浩特：内蒙古人民出版社，2009.

❹ 叶舒宪. 中华文明探源的神话学研究[M]. 北京：社会科学文献出版社，2015；叶舒宪. 原型与跨文化阐释[M]. 西安：陕西师范大学出版社，2018；叶舒宪. 玉石神话信仰与华夏精神[M]. 上海：复旦大学出版社，2019；叶舒宪. 玄玉时代：五千年中国的新求证[M]. 上海：上海人民出版社，2020.

❺ 叶舒宪. 探寻中国文化的大传统——四重证据法与人文创新[J]. 社会科学家，2011(11)：8-14；叶舒宪. 物证优先：四重证据法与“玉成中国三部曲”[J]. 国际比较文学(中英文)，2020(3)：415-437.

❻ 叶舒宪. 文化大传统研究及其意义[J]. 百色学院学报，2012(4)：1-8.

式,将华夏文明及其文化原型整体性地纳入研究视野❶。

以上不同理论和观点给闽海宫庙建筑空间分析提供多角度的宏观学术参照与思考,也为宫庙建筑理论提供分析范式。

空间是人类生活和存在的物质和秩序要素之一,在日常生活世界里,它是人类存在的基础和重要前提,也是人最通常的体验之一。空间是人的认识尺度,空间也是一种文化建构,不同的文化领域利用空间的文化符号性和象征性以表达各自的文化意蕴和情感价值。

符号是人类的伟大创造,广义地说,符号是一定的可感知的物质对象,它在贮存传递某一对象的信息方面充当另一对象的代替物,任何符号都是物质形式和含义的统一。人类的语言与文字是被最普遍地使用着的符号系统,其中最基本的形式是自然语言符号系统,它是人类在一切活动中交流思想与认识所必需的,当然也是保存和传播知识的通用工具。

自然语言符号系统的特点之一是它的多义性与歧义性,在科学理论的建构过程中,如果完全运用自然语言符号来表达概念与命题,进行推理与判断,就会产生出歧义甚至悖论。而且,运用自然语言符号系统来表达事物的复杂关系和规律时,也常常会显得过于烦琐。许为民等指出:"在人类实践的基础上,逐渐从自然语言符号系统中演化出了人工语言符号系统,也可称之为科学语言系统。科学语言系统是由各学科的专门科学术语(符号)组成,这些符号具有单义性、无歧义性和明确性,可以用来表示严格定义的科学概念,表示事物之间的特定关系和运动变化规律。"❷

空间形式语言系统就是关于空间的科学语言系统在空间形式语言系统中,空间元(保持空间属性的最小单位)、空间结构(空间单位与空间矢量的关系)、空间路径(空间结构在空间单位中,人的运动轨迹与空间矢量的关联)共同构成解释或定性描述建筑空间现象的三个基本考量。该系统对建筑的空间形式可以进行客观且完备的描述。例如,按照西方建筑文献记载,最早的十字式建筑出现于拜占庭早期❸,为君士坦丁堡的圣徒教堂,由君士坦丁大帝和他的继承人君士坦提乌斯所建造。在其后的建筑发展过程中,十字式在西方建筑中得到了愈加广泛的应用加上长期的建筑实践活动,到拜占庭建筑的中晚期,"希腊十字"开始成为这一时期教堂的标准形制,而在西欧,最迟到了罗马风的晚期与哥特时期,"拉丁十字"也在教堂建筑中被广泛地应用❹。为什么十字式在西方建筑中得到如此的普及?因为,十字式建筑的空间既可以满足增加的空间规模的实用需求,又提供了全新的从纵深到空间的体验,最终成为基督教建筑符号象征(图 2-1)。

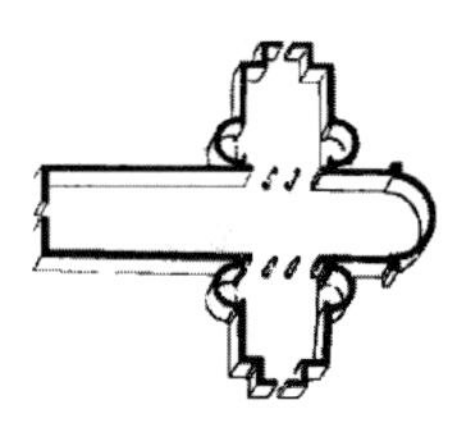

图 2-1 米兰圣徒教堂十字平面图

资料来源:[英]丹·克鲁克香克.弗莱彻建筑史[M].北京:知识产权出版社,2011.

一般认为,20 世纪 70 年代以前空间往往被认为是一个客观的自然物理环境,即感性的实体环境,70 年代以后在各种社会思潮推动下,空间成为新的意义空间和认知尺度。

在文化学、文化研究的推动下,文化情境、文化景观、文化场景等概念和理论先后出现,试图阐述历史文化、当代文化与空间的辩证关系。西马学者在构建自己的空间理论体系过程中,大都将其理论的思想

❶ 林科吉.文学人类学理论中第三、四重证据法与神话——原型研究[J].中华文化论坛,2018(12):85-92.

❷ 许为民.当代自然辩证法[M].杭州:浙江大学出版社,2011.

❸ [美]西里尔·曼戈.拜占庭建筑[M].张本慎,等,译.北京:中国建筑工业出版社,2000.

❹ [英]丹·克鲁克香克.弗莱彻建筑史[M].北京:知识产权出版社,2011.

源头自觉追溯马克思，试图在与经典马克思主义的对话中获取灵感，汲取思想资源。

1.3.3.2 社会空间

社会空间作为专门用语，最早是由19世纪法国社会学者涂尔干提出的。马克思、齐美尔、本雅明、海德格尔等人都从城市社会学、现代都市化或哲学本体论等不同角度关注社会空间这一重要的维度，这在很大程度上为后来的空间转向奠定了理论基础。"空间"和"异化"、"城市生活"、"景观社会"等现象融合，空间早已经不是牛顿物理学上的具体对象，而是一种文化、政治、心理的多义现象，是社会哲学、文化哲学上更广泛的概念范畴。

马克思关于空间的经济生产实践在《德意志意识形态》《资本论》《英国工人阶级状况》和《论住宅问题》等经典著作中都有体现，但在马克思社会理论体系中并没有获得充分地展开。后结构主义学者福柯高度评价了马克思的空间思想，"如果从空间的角度重读马克思，他的著作就呈现出异质的成分。有很多章节展现出令人震惊的空间感"❶。布赖恩·特纳在其《社会理论指南》中评价马克思的空间意识："他明确地关注了资本主义工业化是如何产生了工业城镇极其迅速的增长。……分析了资本主义积累是怎样建立在时间对空间的消除基础上，而这又如何进一步产生了农业、工业和人口方面在广阔的时间和空间范围内令人惊奇的转型。"❷

20世纪中后期的空间研究主要沿着两种学术思想路径展开。其一是以亨利·列斐伏尔、哈贝马斯等为代表的西马思想家在现代性的架构下审视空间，并进行空间批判。探讨空间的生产以及空间与社会的交互关系，以及空间思想对社会结构和社会过程的重要性。列斐伏尔与哈贝马斯的日常生活与交往理性批判各有千秋，二者的共同点在于都是从日常生活世界这个微观角度入手来批判现代社会。不同点在于，列斐伏尔主要批判了现代日常生活逐步蜕变为资本的消费世界，哈贝马斯则批判了日常生活世界被体制与制度侵蚀、被殖民化的现象；列斐伏尔在论述策略上求助于诗性的语言学革命来实现现代性的乌托邦，而哈贝马斯则认为现代性的希望在于寻找新的合理性基础❸。虽然他们的理论对我们有一定的启发意义，但却没有达到历史唯物主义的维度。只有以历史唯物主义来批判并且审视现代性，才能更加鞭辟入里地透视现代性所带来的种种问题❹。其二是以米歇尔·福柯、戴维·哈维等为代表的后现代、后结构理论家运用一系列的地理学知识构想和文化隐喻来探索日益复杂和分化的社会空间思想，并以空间性思维来重构历史与社会生活理论。

下面分别以列斐伏尔、福柯为代表简述两条空间研究路径。

列伏斐尔批判资本主义形塑的空间，提出了空间三元论，并区分抽象空间与社会空间的对立关系。抽象空间由知识和权力相互交错构筑而成，是层级式的空间，适用控制社会组织的人。社会空间包含生产关系和社会关系，以及对社会关系的生产和再生产的具体表征。在空间的多维意义中，其社会意义、文化意义以及心理意义尤其重要。空间的社会意义侧重于空间中的经济政治结构、权力关系、意识形态以及阶级阶层的矛盾冲突❺。列斐伏尔提出的"空间生产"概念，将空间研究与马克思的实践论相结合，完成了从经典马克思主义"空间中的生产"到西方马克思主义"空间本身的生产"的转变，他还用马克思主义异化理论推进对西方日常生活领域的批判❻。

福柯后结构主义的批判理论也贯穿了他对空间的认知，他说公共空间中的一切活动，以及权力的运作都从空间的形式出发，而其中各个层次的研究都表示，时代中的混乱与蠢动的源头纷纷指向空间，时间

---

❶ [法]福柯. 权力的眼睛——福柯言谈录[M]. 严锋，译. 上海：上海人民出版社，1997.

❷ [英]布赖恩·特纳. 社会理论指南[M]. 李康，译. 上海：上海人民出版社，2003.

❸ 闫方洁，关姗姗. 诗性乌托邦与理性乌托邦——列斐伏尔和哈贝马斯日常生活世界批判思路之比较[J]. 甘肃理论学刊，2008(1)：86-89.

❹ 张泽宇. 历史唯物主义视域中的现代性批判——从哈贝马斯与列斐伏尔谈起[J]. 成都大学学报(社会科学版)，2022(3)：21-29.

❺ [法]亨利·勒菲弗. 空间与政治[M]. 李春，译. 上海：上海人民出版社，2008.

❻ [法]亨利·列斐伏尔. 日常生活批判(第1-3卷)[M]. 叶齐茂，倪晓辉，译. 北京：社会科学文献出版社，2018.

退居其次，空间并不是死寂僵滞的，而是有着生命力的一种存在❶。

总之，列斐伏尔、哈维等西方马克思主义者、社会学家和文化地理学家，结合资本主义最新变化特征，将传统自然地理空间推向社会性的城市(包含建筑)空间分析，重新定义和阐释了空间及其文化内涵❷。他们认为现代资本主义生产方式凸显了“空间的优先性”，资本主义的生产、社会消费控制和大众文化的多元化发展，会造成资本累积过程中的社会文化问题，在此过程中存在较大的权力秩序的生产”，以及“间性关联”的重视。

当代民间信仰空间生产研究发展趋势主要体现在后现代文化场景理论的兴起。2010 年前后，中国的吴军、陈波、夏建中等受到芝加哥大学特里·克拉克和多伦多大学丹尼尔·西尔等西方学者的研究影响，开始在中国学界介绍“场景理论”。2013 年，他们系统介绍了芝加哥学派城市场景理论的前沿研究成果❸，场景理论正式进入中国学界，并迅速为大批学者所熟知，形成了文化学界的一大理论热点。其中一个研究路径是将场景理论与当前城市街区的再造需求相连接，寻找城市的发展动力机制，为城市运营提供新的政策思路。面对社会需求，中国学者不断改造芝加哥学派的理论框架，使之适应中国实践需求，形成中国本土特色。如，在场景理论框架下，陈波等采集中国 31 个城市的 83 种文化舒适物数据，将 31 个城市分为魅力型场景、本土型场景、理性型场景和表达型场景等 4 类文化场景模式，体现出西方理论框架的中国化改造的努力❹。王惠蓉、张安慧等则借助“权力、资本、地方”三维建构努力突破二维场景框架，探讨我国地方文化遗产的持有者和非遗文化传人的主体性意识参与“文化场景”建构的路径，试图建立现代与传统共生的社会文化发展逻辑❺。祁述裕以场景理论作为分析工具，对丽江大研古城酒吧、中关村创业大街咖啡厅、景德镇创意市集等价值和作用进行了分析，尝试进行西方理论的中国本土化改造实践应用，以适应当代城市功能由生产型城市向消费型城市转型的需要❻。上述学者对文化场景的关注大多在我国城市，还未涉及广大乡村地区的文化场景研究。

我们认为，乡村传统聚落的信仰文化场所也是重要的文化场景空间，主要有本土型场景、表达型场景两类文化场景模式。民间信仰文化场景也是具有鲜明中国本土风的文化景观之一。有学者指出，场景理论在我国将主要应用于文化空间营造、文化消费促进、文化有机增长和城市发展等方面的分析；未来，基于“前场景”的虚拟文化场景研究和基于“后场景”的文化社区实证分析是两个深入研究的方向❼。而乡村民间信仰场景及其与乡村聚落空间生产的关系还是一个全新的课题，值得学界关注。

---

❶ 包亚明. 后现代性与地理学的政治[M]. 上海教育出版社，2001.

❷ 文军. 西方社会学理论当代转向[M]. 北京：北京大学出版社，2017.

❸ 吴军，夏建中，特里·克拉克. 场景理论与城市发展——芝加哥学派城市研究新理论范式[J]. 中国名城，2013(12)：8-14；吴军，特里·克拉克. 场景理论与城市公共政策——芝加哥学派城市研究最新动态[J]. 社会科学战线，2014(1)：205-212；吴军. 城市社会学研究前沿：场景理论述评[J]. 社会学评论，2014(2)：90-95；郜书锴. 场景理论的内容框架与困境对策[J]. 当代传播，2015(4)：38-40；特里·克拉克，李鹭. 场景理论的概念与分析：多国研究对中国的启示[J]. 东岳论丛，2017(1)：16-24.

❹ 陈波，林馨雨. 中国城市文化场景的模式与特征分析——基于 31 个城市文化舒适物的实证研究[J]. 中国软科学，2020(11)：71-86.

❺ 王惠蓉. 权力、资本、地方对“文化场景”的建构——以历史街区“五店市”文化产业为考察对象[J]. 东南学术，2020(6)：66-73；张安慧. 资本、权力与地方博弈：非遗文化空间再生产的逻辑分析——以谷雨祭海节为例[J]. 山东商业职业技术学院学报，2021(1)：116-120，132.

❻ 祁述裕. 建设文化场景培育城市发展内生动力——以生活文化设施为视角[J]. 东岳论丛，2017(1)：25-34.

❼ 温雯，戴俊骋. 场景理论的范式转型及其中国实践[J]. 山东大学学报(哲学社会科学版)，2021(1)：44-53.

2 中国文化与民间信仰

2.1 中国儒教与民间信仰的关系认知

2.1.1 中国人的鬼神观

在谈中国民间信仰之前先谈谈中国人的鬼神观，因为它与人们对自己身心健康和生命归属的认知有关。

2.1.1.1 何为鬼神?

中国人自古信鬼神，相信幽冥世界。在先秦的典籍中，都有关于“鬼”的说法。最早的文化典籍是在《尚书》的《虞书・大禹谟》第三篇出现“鬼神”用词：

禹曰：“枚卜功臣，惟吉之从。”

帝曰：“禹！官占，惟先蔽志，昆命于元龟。朕志先定，询谋佥同，鬼神其依，龟筮协从，卜不习吉。”禹拜稽首，固辞。❶

“帝”指帝舜。“元龟”，指大龟，古时候用来占卜国家大事。大禹谦让王位，舜说的话中提到了“鬼神其依”“卜不习吉”等重要观念信息。当代学者指出，《尚书》“卜不习吉”所显出来的“天命/天德”“王命/王德”“民命/民德”的三位一体观与《易传》崇尚“得正得位”“显道神德行”的“易理”深相契合❷。

《礼记・祭义》所说的“天下之礼，致反始也，致鬼神也，致和用也，致义也，致让也”❸，强调了“礼”的各种象征意义。《礼记・祭统》第二十五篇说：“夫祭有十伦焉：见事鬼神之道焉，见君臣之义焉，见父子之伦焉，见贵贱之等焉，见新疏之杀焉，见爵赏之施焉，见夫妇之别焉，见政事之均焉，见长幼之序焉，见上下之际焉。此之谓十伦”，即祭礼分别反映了人神关系、君臣关系等观念和象征意义，“见事鬼神之道”是祭祀礼仪十大伦理意义之首。

《列子・天瑞篇》中说：“精神离形，各归其真，故谓之鬼。鬼，归也，归其真宅。”❹《说文解字》注：“人所归为鬼。”段玉裁注：“古者谓死人为归人。鬼有所归，乃不为厉。”中国的古人会为死去的祖先立庙，这既是对祖先进行崇拜的一种表现，也是对于死亡与鬼心存畏惧的结果。

西汉时期成书的带有杂家特点的《淮南子》第七篇《精神训》开篇写道：

“古未有天地之时，惟像无形，窈窈冥冥，芒芠漠闵，澒濛鸿洞，莫知其门。至无至虚，至道至情，情生阴阳。有二神混生，经天营地。孔乎莫知，其所终极，滔乎莫知，其所止息。于是乃别为阴阳，离为八极。刚柔相成，万物乃形。烦气为虫，精气为人。是故精神，天之有也；而骨骸者，地之有也。精神入门，骨骸反根，我尚何存？是故圣人，法天顺情，不拘于俗，不诱于人，以天为父，以地为母，阴阳为纲，四时为纪。

❶ [西汉]孔安国，[唐]孔颖达. 尚书正义[M]. 北京：中华书局，1983. 这段话的翻译：大禹谦让王位，说道：“那么，就让一个个功臣来占卜，看谁的卜兆最吉就由谁来接位。”帝舜道：“禹！我们占卜公事，是先由于心有疑难掩蔽，然后才去请问大龟的。现在我的意志早已先定了，并经征询众人的意见都一致赞同，相信鬼神必定依从，龟筮也必定是吉了。占卜是不会重复出现吉兆的，用不着再卜了。”但是，禹还是稽首拜辞。

❷ 李细成.《尚书》的“卜不习吉”观及其与《易传》的关系[J]. 中州学刊，2012(3)：123-128.

❸ [清]王聘珍. 大戴礼记解诂[M]. 北京：中华书局，1983.

❹ [战国]列子. 列子集释[M]. 杨伯峻，释. 北京：中华书局，2016.

天静以清，地定以宁，万物也者，失之者死，法之者生。夫静漠者，神明之定；虚无也者，道之所居。是故有或，求于外者，失之于内；守于内者，失之于外。犹本与末，从本引之，千枝万叶，莫不随也。”❶

《淮南子》在继承先秦道家思想的基础上，综合了诸子百家学说中的精华部分，被东汉班固《汉书·艺文志》归入“杂家”，《四库全书总目》也归入“杂家”，属于子部。上文的大致意思是说某种无形之物存在于过去，自然地分化成了天空与大地，随之而来的气形成了宇宙中万千的物类与生命。我们或许都听说过女娲抟土造人的故事，女娲用泥土塑造人的身躯，而《精神训》里提到的气，便是人的灵魂所在。这种说法在古人看来不无道理，但是在推崇科学、知识理性的现代人看来就显得荒诞不经了❷。这便是从传统文化转变到现代文化过程中最鲜明区别之处。且不论人的灵魂是否真的存在，由于政治目的和其他利于统治的一系列原因，社会风气推崇完全的物质化，人成为没有灵气的泥人，失去了原本的生命活力。这样做是不利于中国传统文化和人的精神发展的，物化社会把人的思想禁锢在物质世界，想象力和创造力都受到了极大的限制，人的精神性降低，思想变得空洞和单一，感受不到丰盈的精神世界。

叶舒宪指出：中外古今学者对“鬼”字的来源主要有五种解释：①死人说；②异族丑人说；③类人动物说；④骷髅说；⑤头神像说。他在第五种说法的基础上提出，“头”应该涵化①③④三说，“鬼头”跟类人动物的形象有某种象征性联系。远古人类对人和动物（如熊、猴等）的头骨有虔诚的崇拜心理，他们认为“生命力”或作为生存条件的“灵魂”是寓居在动物头骨之中的。从“吸食脑髓”到“活吃猴头”及“猎头”等词语中，都包含着人类膜拜或汲取、移植这种动物“生命力”的企图❸。

当代社会人类学者费孝通（1910—2005 年）在谈到中国传统文化特征时，敏锐地观察到中国信仰与西方信仰的巨大差别，他说：“自孔子时代起，倡导人文关怀，不关心人死后的灵魂归属，而关心现世生活。我们不像西方人那样把死人与活人分离开来，放在分离的时间和空间里，而试图在二者之间找到与现世生活有关的连续性。”❹正是由于中国信仰与现世生活密切结合，且保持连续性和稳定性，才使得中华信仰与中华民族精神建构密切联系。李亦园先生将人类文化分成“物质、技术文化”、“社群、伦理文化”、“精神、表达文化”三种文化形态，形成独特的文化观体系❺。宗教信仰是属于精神文化或者表达文化范畴。人类借助精神文化或者表达文化来表达内心的感情进而维持自我的平衡与完整。

2.1.1.2 中国鬼神文化

中国鬼神文化积淀深厚，先秦时期的鬼神崇拜大致是由夏商“重天敬鬼”到西周“敬天保民”，再到春秋“重人轻鬼”的历史文化演变。春秋时期儒家创始人孔子对于鬼神一直抱着“敬而远之”的态度，他不执着于鬼神是否存在这一抽象、虚无的玄远论题，而是巧妙地将其转化为如何尊礼祭祀这一现实的、可操作的技术问题，从而引导人们通过祭祀来满足自身的心理情感需求❻。在政治领域，君王在祭祀“鬼神”时极力彰显自己诚挚的情感、高尚的道德，以博得“鬼神”的青睐和求得“天命”。君王祭祀“鬼神”也是强化政治秩序和实施政治教化的需要。儒家的鬼神观既重视个体的情感和伦常，又通过一系列繁杂但有序的祭祀仪式来表达其政治意图；在人性论上，儒家相信人性之善，相信人是可以通过教育进行改造和完善的。

先秦儒家的鬼神观从宗教神学和哲学两个方向影响到了后世儒家对“鬼神”的诠释❼。因此，《乐记》“明则有礼乐，幽则有鬼神”，鬼神即是礼乐道理。南宋朱熹也有“鬼神之理，即是此心之理”之说❽，祭祀之时求阴阳、诚报气通，人神“合莫”而绝非假设。故儒家历史典籍《左传·成公十三年》里有句名言：“国之

---

❶ [西汉]刘安，等著. 淮南子[M]. 上海：上海古籍出版社，1989.

❷ 在现代汉语中，“科学”指关于自然、社会和思维的知识体系。英语、法语中的“科学”主要是指自然科学，德语中的“科学”指广义的“知识”。虽然不同的国家和语言文化对于“科学”概念的理解不一样，但是，“科学”一词代表西方自古希腊以来追求知识确定性和系统性的理性探究传统。

❸ 叶舒宪.“鬼”的原型——兼论“鬼”与原始宗教的关系[J]. 淮阴师范学院学报（哲学社会科学版），1998(1)：87-91.

❹ 费孝通. 费孝通全集[M]. 呼和浩特：内蒙古人民出版社，2009.

❺ 李亦园. 人类的视野[M]. 上海：上海文艺出版社，1996.

❻ 谢朝赟. 从《论语》看孔子的鬼神观[J]. 今古文创，2021(38)：47-48.

❼ 张卉，蔡方鹿. 政治视域下的先秦儒家鬼神观[J]. 文史哲，2021(6)：86-94，163，164.

❽ [南宋]黎靖德，辑. 朱子语类（卷三，鬼神）[M]. 王星贤，点校. 北京：中华书局，1988.

大事，在祀与戎”❶。当然，这个“祀”广义上是祀神，但是国家层面的官方祭祀，也是国家意识形态文化的一部分，与民间祭祀关系不大。

墨家是先秦诸子百家中认可鬼神的典型代表。墨子认为鬼神的威力可令人向善避恶，使人不敢做奸邪之事。在墨子的思想中，“明鬼”思想是为其核心观点服务的。墨子一直反对各诸侯间相互征伐的不义战。那么，如何做到各国之间的“兼爱”“非攻”呢？这需要“明鬼”来警戒世人“举头三尺有神明”。他把天下古今之鬼神分为三类：“有天鬼，亦有山水鬼神者，亦有人死而为鬼者。”❷这使“鬼”的范围，由人鬼扩大到天鬼、山川自然鬼等，为祭祀天地山川亡灵等提供了理论依据。

战国时期的名家也承认鬼神的存在，以诡辩闻名的离间白派创始人尹文在《尹文子・大道下》书中写道：“语曰：‘佞辩可以荧惑鬼神。’曰：‘鬼神聪明正直，孰曰荧惑者？’曰：‘鬼神诚不受荧惑。’”❸这是将鬼神放在一个较高的位置上，代表了超自然的力量。

具体到个体精神和心态层面，人们又有怎样的鬼神观念呢？

中国“人死为鬼”的理念将个人、家族与自然紧密联系起来，推动了中国“安土重迁”农耕文化的形成。中国人认为亲人去世了，他们的魂灵还会回归故乡，继续守护后代子孙。这样的“鬼”也称为“家鬼”，家鬼就是祖先、亲人的魂灵。因此，中国人不但不畏惧鬼，还会定期举行祭祀鬼的各种活动，为家鬼奉上酒食、香花等，事死如生，把鬼当远去的活人一般对待。尤其是那些生前有德行、功绩的人，死后会受到民众的自发祭祀、建庙。因为，中国人认为有道德、功业、名节的人死后，其魂灵还会继续护佑众生。这样的人神，是人格化的神，比如关羽、岳飞、包拯等。“在人们崇拜这些品德高尚的神明之时，这些神明以其高尚的道德对民众进行的教化便已经开始了。”❹社会的伦理秩序、道德准则正是在民间信仰与官方话语的交流互动中，达到了统一、深化。鬼护一家，神佑众生。中国的神和西方的神已然大不相同，相比之下，中国的神更具有人间烟火气息和道德人格魅力❺。

中国的“鬼魂”其实就是“归魂”的意思，中国传统的鬼神观与地方人文、祭祀、宗教结合起来，最终形成了中国独有的鬼神文化。这种鬼神文化劝人向善，娱神娱己，在一定程度上给人以心灵慰藉。当然，中国鬼神文化有其修身养性的一面，也有如负枷锁一般的精神糟粕的一面，对于中国鬼神文化的理解与传承，也需要我们取其精华，去其糟粕。

学界对宗教信仰的态度大体有两派：一是否定派：认为它乱信、多信、假信、功利性强。❻ 二是承认派：认为它具有分散性、普化、日常生活化等特征。人类学家李亦园先生对舶来宗教与中国传统仪式的论述颇具有启发的意义，他说：“中国人的宗教是原善的宗教，跟中国人的生活连在一起，尤其是以祖先、神明崇拜为根本的宗教，就不需要有教义，因为整个中国都是在道德、伦理之中……这些终极关怀的问题都是由哲学思想、儒家经典来管理，民间宗教只管那些超自然神明的岁时祭祀、占卜风水等，与我们的日常生活合在一起，但是有所分开。”❼

2.1.1.3　中国民间信仰表现

民间信仰的概念问题从某种程度可以转化为民间信仰区分的标准问题，符合什么样的标准才可以被称之为“民间信仰”？民间信仰区分的标准大体有两种对立的观点：一种观点是以共同文化背景和传承类型作为“民间信仰”定义的客观依据，但趋于理想化。另一种观点是以研究者的主观标准来取代客观标准。比方说，以集体认同、归属或个人认同来判定民间信仰。民间自发形成的，尤其是在我国民族地区的民间信仰，这种情况比较明显。据金泽《民间信仰的聚散现象初探》的说法，民间信仰源自民众日常生活

❶ 春秋左传[Z]//[清]阮元，校刻. 十三经注疏. 北京：中华书局，1980.
❷ [战国]墨子・天志[M]. 上海：上海古籍出版社，2014.
❸ [战国]尹文. 尹文子・大道下[M]. 上海：上海古籍出版社，1990.
❹ 陈勤建. 当代民间信仰与民众生活[M]. 上海：上海世纪出版集团，2013.
❺ 靳风林. 论中国鬼文化的成因、特征及其社会作用[J]. 中州学刊，1995(1)：124-128.
❻ 葛兆光. 认识中国民间信仰的真实图景[J]. 寻根，1996(5)：18-21.
❼ 李亦园. 新兴宗教与传统仪式——一个人类学的考察[J]. 思想战线，1997(3)：43-48.

自择的结果，是为了应对生活中各种各样的问题和灾难而形成的❶。

由于历史上形成的中国民间信仰与老百姓的日常生活密切混合，东南沿海地区如闽海、浙江、广东等地尤为典型，更加大了对其分类的难度。

在宗教人类学上，中国民间信仰具有统一性与多样性、正统化与标准化、精英宗教与民间宗教等特征与类型。

本书对中国民间信仰的分类依据主要是从民间信仰的神明对象和祭祀活动内容上考虑，借鉴王守恩将民间信仰的神明体系大致分为神鬼崇拜、祖先崇拜、岁时祭仪、占卜风水以及符咒法术等若干类型❷，作为民间信仰文化载体的宫庙建筑场所祭祀活动与诸神信仰相关。

闽海民间信仰与儒、佛、道教关系尤为密切。儒家经典《易・上经(观)》："圣人以神道设教而天下服。"神道，主要是神圣之道，儒家经典《中庸》开宗明义说："天命之谓性，率性之谓道，修道之为教。"此中的"道"与"教"相连，主要是讲人的道德教化的问题。民间信仰在与佛教的关系上，闽海各种民间信仰神明都被老百姓称为"佛"，"佛"的祭祀节日被称为"佛生日"。观音信仰、佛教寺庙以及大量"非遗"，如南音❸、南戏、武术、工艺、贡品美食及一些民俗表演等，都以"佛生日"为重要文化载体被完整地保护下来。民间信仰与道教的关系更为密切，道教为中国本土宗教，兴起于东汉，追求长生不老、服丹益寿等。道教的神学理论依据先秦的老庄哲学，将《老子》《庄子》奉为经典。道教的"道德"囊括一切事物，包容天、地、人三方面纲纪❹。道教长期扎根民间，与民众的日常生活关系更密切。例如，闽海最重要的天公信仰就与道教相关。神明崇拜与显灵事迹(又称为灵验求证、神迹等)这两大要素互相炽煽，成为闽海民间信仰的荦荦大观。因此，本书尝试分类如下。

儒教系列：孔子、孟子、荀子、曾子、颜子庙及太公庙(武成王庙)等❺，以及陪祀孔庙的历代儒教明贤。

道教系列：老子、太上老君、玉皇、三清、城隍、关帝、真武大帝❻、三官、八仙、药王、哪吒等。

佛教系列：佛祖、观音❼、菩萨、禅师等。

自然世界信仰：日月星辰、风雨雷电、水母娘娘、岁时、星宿等。

民间信仰有广义和狭义两种。从广义来说，民间一切祭祀神明的活动都可称为民间信仰。从狭义来说，民间信仰是指人的终极精神追求活动，是一种发端民间的朴素的、自发的多神明崇拜，与成熟宗教的一神崇拜不同；后者的一神崇拜多是经历了历史上不断地调整和建构的制度化的过程，这是两者最大的区别。民间信仰与民众现实生活、实用功利相关联，民间造神和神明崇拜、巡境活动等也与现实政治制度、政治活动与社会组织形式具有一定隐喻性和同构性。

我国民间信仰神明对象众多、多元兼容，体现了中国文化兼容本土文化和外来文化，互相融通、长期并存的文化特性。如道教孕育于中国本土，但吸收了儒家的忠孝伦理思想，兼摄了佛教的因果报应观念，成为中国民间最有生命力的宗教。儒家在崇尚修身立德、仁义道德的同时，又与佛教禅宗的明心见性、道家的求真向善等相契合。成熟的制度化的佛教、道教等对其他民间信仰的渗透和充实也一直存在。

民间信仰的文化功能主要表现有三点：

其一，民间信仰具有丰富民众日常生活的功能。宗教的教义、教规和礼仪，通过祈祷、节庆等形式，转

---

❶ 金泽.民间信仰的聚散现象初探[J].西北民族研究，2002(2)：146-157.

❷ 王守恩.论民间信仰的神灵体系[J].世界宗教研究，2009(4)：72-80.

❸ 彭兆荣，葛荣玲.南音与文化空间[J].民族艺术，2007(4)：64-69.

❹ 具有宗教含义的"道教"一词出现在东汉张陵(一说张鲁)《老子想尔注》的"真道藏，邪文出，世间常伪技称道教，皆为大伪不可用"语句中，该书成书时间说法不一，唐代已失传，敦煌石窟有六朝抄本残卷。

❺ 太公庙祭祀姜子牙，他被封为太公望。(北宋)王溥《唐会要》卷二十三《武成王庙》："开元十九年四月十八日，两京及天下诸州各置太公庙一所，以张良配享。春秋取仲月上戊日祭。诸州宾贡武举人，准明经进士。行乡饮酒礼，每出师命将，辞讫。发日，便就庙引辞，仍简取自古名将，功成业著、宏济生民。准十哲例配享。"

❻ "真武大帝"又称"玄天上帝"，北方的神明祭祀，二月二十五为神诞日，三月初三祭祀神明仪式。

❼ 佛教俗神观音信仰有三大香期：民间每年二月十九日为观音神诞日，六月十九日为观音成道日，九月十九日为观音出家日。每逢观音三大节日，民间各大寺院都会举行盛大的观音法会，善男信女成群结队入寺院烧香礼佛。

化到教民的婚生、丧葬、服饰、饮食和娱乐等必不可少的日常生活中去，这就形成了一种独特的宗教习俗文化。这种把宗教生活和日常习俗融合在一起而形成的宗教习俗文化，对于保持宗教文化的稳定性与持久性，具有十分重要的作用，因为生活习俗本身就是人们在具体的自然环境和社会环境中长期约定俗成的社会惯性系统。婚嫁丧葬礼仪形式最初包含着人们的情感因素和对生命意义的认识，并借助于宗教的神圣庄严性，把崇拜神明、祝福自己、娱乐民众结合为一体的宗教节庆，在这方面因具有更大的开放性和娱乐性，从而丰富了人们的习俗文化生活。宗教禁忌的生活习俗虽然具有狭隘的教派性，但由于它基于一种神圣教义的内涵而得到教民的认同，并成为他们宗教生活习俗的重要组成部分。其中有些宗教习俗在长期的生活演变中，逐渐脱离宗教仪式，成为一种民族风俗。这些生活习俗既体现了宗教的神圣性和庄严性，又化解为民族惯常的生活习俗。

其二，民间信众结成的神缘社会丰富了传统社会的人际交往纽带。中国传统社会纽带主要是血缘和地缘。血缘是指由生育所发生的亲子关系。血缘社会是一个缺乏变动的社会，其结构是相对静止的。血缘的空间投影是地缘，在缺乏变动的中国传统文明社会中，大多数人是终身生活于一地。原生社区是血缘和地缘的合一，“血缘是稳定的力量。在稳定的社会中，地缘不过是血缘的投影，不分离的”。❶ 古代社会，国家提倡宗法观念，家族重视“地望”“郡望”，这也是血缘观念在地理空间上的观念投影。

其三，民间信仰(含宗教)文化消费有力地倡导极简主义消费，反对极奢主义消费。社会生活方式具有重要的导向作用，它内在地反映了个人的精神生活和价值体系，对其正确的引导是当今社会发展必不可少的重要环节。极简主义消费是人们出于社会意识或个人理念而自发采取的一种“从简”式消费行为，覆盖个人、社会和自然各个层面。宗教极简主义消费对于当代生活方式具有启示作用，民间信仰中的主要宗教的教义中都倡导人们把物质和消费的需求限制在一定的范围之内，降低不必要的浪费和消耗；保护自然、爱护生物等思想对于改善和纠正当今中国社会出现的一些享乐主义、拜金主义、过度消费问题，有着指导性作用。我们应树立环保价值观、绿色消费观，加强生态文明建设，突出宗教极简主义消费的当代价值。通过民间信仰中的优秀文化的积极影响及健康生活方式的引导，指出正确生活方式对当代生活的导向作用。

2.1.2 中国儒教的宗教性内容

2.1.2.1 儒教作为民间信仰的一部分的初步假设

儒教归属于民间信仰还是统摄民间信仰，是一个大问题。早期儒家的观念，人们的祭祀权力与其社会地位紧密相关，《礼记·曲礼下》云：“天子祭天地，祭四方，祭山川，祭五祀，岁遍；诸侯方祀，祭山川，祭五祀，岁遍；大夫祭五祀，岁遍；士祭其先。”❷统治天下者可以祭祀所有的神灵，诸侯只能祭祀境内的神灵，这是一种将现实世界秩序与虚拟世界秩序重叠并给予整合的观念。不过，这种观念或原则在对人们祭祀对象加以规定的同时，也限制了信仰世界神灵传播的可能性，因而，大部分神灵形成之初只能是地方性的❸。也就是说，民间祠神信仰的空间范围是在与祠神有关系的地区，人物神在与其生前有关之地区，山川神也是山川所在之地，不会传播得太远甚至毫无关联。

关于儒家是否为宗教的问题讨论，自清代 17 世纪以来至少有三次规模较大的讨论：一是 17—18 世纪所谓的“礼仪之争”，表现为根本否定中国礼仪和儒家的宗教性，或视为同天主教教义不相兼容的“异教”或“异端”。二是 19 世纪末到 20 世纪初的大讨论，康有为等称儒家为“儒教”，梁漱溟否定儒家为“儒教”，章太炎则持儒家为“哲学中间兼存宗教”而不是“宗教中间含有哲学”的立场。三是 20 世纪中叶以来的讨论，肯定儒家具有宗教性的学者越来越多。胡适、贺麟、唐君毅、牟宗三、徐复观、张君劢、任继愈等强调儒家不仅仅是哲学，也是美学和宗教，是一门集哲学(理学)、美学(诗教)和宗教(礼教)于一身的大学问。但

---

❶ 费孝通. 费孝通全集[M]. 呼和浩特：内蒙古人民出版社，2009.

❷ 礼记[Z]//十三经注疏. 北京：中华书局，1980.

❸ 詹鄞鑫. 神灵与祭祀：中国传统宗教综论[M]. 南京：江苏古籍出版社，2000.

也有一些学者否认或有限接受儒家即“儒教”的看法❶。

中国的神明认同本质是一种关系——信仰模型，所谓忠君必尊天，孝亲必祭祖；个体认同于祖先，也必祭祀于天。忠孝并行、天祖合一，实际上象征了中国人儒教信仰的一体化。家族信仰成为中国人最普遍的信仰认同方式，祖先崇拜作为一个敬奉神明的礼仪，连同儒家主张的厚葬与献祭仪式，发挥了团结及牢固中国家族组织的关键作用。中国家族制度能长期稳定，实基于此。❷ 若无长期形成的祖先崇拜，则无中国的家族制度，也无“家国同构”内涵与表现。人文初祖如炎黄信仰是把这种以血族亲子关系为基础的信仰认同机制予以放大、延伸，形成天下共祖。从而构成了中国人宗教信仰最基本的公共原型和认同模式。因此，许之衡先生说：“种族不始于黄帝，而黄帝实可为种族代表；宗教不始于孔子，而孔子实可为宗教之代表。彼二圣者，皆处吾国自古迄今至尊无上之位，为吾全历史之关键，又人心中所同有者，以之为国魂，不亦宜乎？”❸一方面先赋性的血缘人伦关系，几乎被等同于人神关系；另一方面，中国形成一种以圣人崇拜为中心的儒教特征，诵读经传以学圣人，宗祀孔子以配上帝。大量儒家经典论述是以治国需要和信仰者的现实身份来建构信仰认同的，如《论语·学而》：“曾子曰：‘慎终追远，民德归厚矣。’”又如《荀子·礼论》：“君子以为文，而小人以为神；官人以为守，百姓以成俗。其在君子以为人道，其在百姓以为鬼事也。”❹再如，《大戴礼记·曾子天圆》：“圣人为天地主，为山川主，为鬼神主，为宗庙主。”❺可见，儒家的“圣人”以其道德榜样治理国家和人民。

每一个民族的社会组织和文化积淀在其内涵的准则、规范、行为、模式表层下，都有一套独特而稳定的价值系统。孔子的德政思想就是要君主以身作则，从自我做起，“为政以德，譬如北辰”（《论语·为政》）。中国人的传统观念是孝，汉代以来发展为“孝治天下”，宋代以后出现移孝于忠，把忠上升为个体对国家的忠。因此，中国民间信仰中不乏儒教的尊祖、孝道、忠君、报国等政治伦理思想❻。中国人的民间信仰大多是以现世利益为宗旨而实施下去的，中国人之所以到神庙中去，是有所祈求的，既然有所祈求，当然希望“有求必应”。他们虔诚上香，很少空手而去，必然要带上财物（金纸、香烛、花果、糕点、三牲之类）等贡献给神明。

闽海民间信仰既受到儒家思想中的程朱理学、浙东永嘉实学等的影响，也受到早期道教家的影响，如六朝葛洪、陶弘景、许逊等的神仙思想——求仙的技术影响，葛洪《五岳真形图》与《六甲灵飞等十二事》等道教思想和风水书。著名历史学家陈寅恪（1890—1969 年）在《天师道与滨海地域之关系》中对早期道教传播有揭櫫❼。道教信众往往喜欢择山岳、洞穴而居。道教在形成初期主要在民间传播，后来才被改造成官方道教，其在民间的流布始终未曾断绝。道教神明众多，如有供奉执掌阴阳生育、万物生长和大地山河的后土而营建的后土庙、后土祠、圣母庙、圣母殿等等；有供奉掌管文昌府和功名利禄而营建的文昌宫、文昌阁、文昌殿、文昌祠等；有供奉忠义神武、气肃千秋的关圣大帝而营建的关王庙、关帝庙、关圣殿、关岳庙、武圣庙、武庙等；有供奉掌管不死之药的神仙而营建的药王庙、药王殿、药王洞、孙真人庙等；有供奉航海守护神妈祖而营建的妈祖庙、妈阁庙、妈祖阁、天后庙、天妃庙、天后宫、天妃宫、娘娘宫、妈祖宫等；有供奉行雨止旱、主管水域保一方平安的水神而营建的三元宫、三官堂、大王庙、海神庙、湖神庙、水神庙、龙王庙、广仁王庙等；有供奉息灾弭乱、驱邪施福的火神而营建的阏伯祠、阏伯庙、火祖殿、火星台、火神台、火神庙、火德真君庙等；有供奉城市保护神城隍而营建的城隍庙；有供奉土地公而营建的土地庙等；还有供奉五岳大帝、道教八仙等的诸神道观。道教信仰的覆盖面极为广泛，满足了民众各种不同的供奉愿望。

---

❶ 段德智. 从全球化的观点看儒学的宗教性：兼评哈佛汉学家的世界情怀[C]//刘海平. 文明对话：本土知识的全球意义：中国哈佛-燕京学者第三届学术研讨会论文选编. 上海：上海外语教育出版社，2002.

❷ [美]杨庆堃. 儒教思想与中国宗教之间的功能关系[C]//费正清，等. 中国思想与制度论集. 台北：联经出版社，1976.

❸ 许之衡. 读国粹学报感言[J]. 国粹学报，1905(6)：1-6.

❹ [清]王先谦. 荀子集解[M]. 北京：中华书局，1988.

❺ [清]王聘珍. 大戴礼记解诂[M]. 北京：中华书局，1983.

❻ 金荣华. 中国的民间信仰与孝道文化[C]//民间信仰与中国文化国际研讨会论文集. 台北：汉学研究中心，1994.

❼ 陈寅恪. 金明馆丛稿初编[M]. 北京：生活·读书·新知三联书店，2001.

这样，道教长期发展内化为民众的一种情感态度，深刻地渗进中国人的物质和精神世界。

2.1.2.2 儒教建筑

儒教包括各种政治仪式中的制度文化、信仰礼仪等，儒教建筑中的宗教性在文庙、祠堂、家堂、祖容、书院等建筑得到较充分的体现，试以文庙和祠堂为例简单说明。

(1) 文庙

儒教以孔子为教主，唐玄宗开元年间，追封孔子为“文宣王”，并明确规定各地的地方官学都必须设立孔子庙，因此产生了孔子庙与学校相互结合的庙宇体制，“文庙”因这种庙宇规制而产生。到宋代以后，各地州府县乡纷纷建庙祭祀孔子，有些地方还将书院、文昌阁等也融入文庙建筑群之中。因此，文庙建筑一般由“庙”(“孔子庙”)和“学”(“官学”、学宫、书院)两部分建筑组成。由于祭孔是国家的正式祀典，故文庙与儒学教育紧密结合。

从建筑功能上看，文庙是一种儒教礼制建筑，祭祀孔子的仪式空间。它具备大量文化象征元素，如：曲阜孔庙大成门上的“金声玉振”刻字，元成宗加封孔子为“大成”，以“大成”命名的大成殿主体建筑最能体现孔庙之儒家文化特质；以礼义为名的“礼门”与“义路”，表示讲求孔子之道，必须遵循礼仪制度等。这种中国传统的伦理观念和遵循礼仪行事的行为方式是封建社会长期积淀而成的，也是建立社会秩序的一种模式，具有顽强的生命力。

大成殿孔子神位特征：在古代，孔庙原有孔子塑像，后因雕刻的塑像无法传神地表现孔子神态，在明太祖时下令新建孔庙，只在正殿正中南堂设置孔子的牌位，上书“至圣先师孔子神位”来取代孔子塑像。到明嘉靖皇帝则下令撤销全国孔子像，全部使用孔子牌位，这有别于一般寺庙中所供奉的神像与香炉燎祭。从此以后，全国都依循这项官方规定。林从华指出，文庙建筑较为简单朴素，不像一般庙宇那样有华丽的装饰，比如庙门也不画门神(守护神)、门口不置石狮(也有个别例外)等。在文庙的祭祀空间中也没有因应神话或想象产生的图腾图像，它侧重于与现世社会文明的互动，非祈求诸如来世、显灵的神性祈求。

闽海著名的文庙之一是泉州府文庙，位于泉州市鲤城区中山中路。建于唐开元末年(741 年)，占地 100 亩，为全国重点文物保护单位，现已成为泉州世界文化遗产的重要组成部分之一(图 2-2)。主体建筑：大成殿，宋咸淳年间(1265—1274)重建；明伦堂，明嘉靖二十二年(1543 年)重建；泮桥，元至正九年(1333 年)建造；泮池，明万历四十年(1612 年)改建。大成殿单体建筑：石砌台基，月台须弥座为宋代清石浮雕，面阔七间，进深五间，金厢斗底槽，副阶周匝，重檐庑殿顶，用 48 根白石柱承托，正面有六根檐柱和二根金柱浮雕盘龙，抬梁式木构架，横架与纵架俱用圆木，谓之“圆木厅”，外檐铺作使用真昂，内檐斗五铺作单抄双下昂，殿顶正中藻井，似蜘蛛结网，结构复杂精巧；明伦堂面阔七间，进深五间，单檐硬山顶，穿斗式构架，堂内由 48 根粗大圆木柱支撑，堂前走廊有 8 根方石柱，左右有门[1]。

清顺治三年(1646 年)，郑成功因其父被清政府关押，怀着国仇家恨，曾在泉州府文庙前焚烧青衣儒服，举兵抗清。顺治十八年(1661 年)，郑成功亲率大军东渡台湾海峡，由台南鹿耳门登陆，驱逐荷兰殖地者，收复台湾。康熙四年(1665 年)，郑成功之子郑经接纳咨议参军陈永华的建议，设立考试制度，翌年建成“先师圣庙”，初为三进式祠堂，第三进为学宫，这便是台湾第一座孔庙，有“全台首学”之称，至清末它一直是台湾官设的最高学府，扮演了台湾早期儒教文化摇篮的角色[2]。

(2) 祠堂

祠堂是中国人在家族、宗族组织上的精神中心，它不仅是供奉祖先神主牌位和祭祀祖先的场所，也是宗族议事、执行族规、族人活动的地点，从其建筑格局到修撰族谱、祭祀仪式都一直强调祖先与历史上的望族、名人的关系，强调血缘、正统的重要性，以巩固族内的团结，维护家族的纯洁性，发扬家族传统精神。这就使得祖籍地的生活方式、生产技术、风俗习惯、宗教信仰、民间文化得到完整的再现、执行、传播。

---

[1] 泉州历史文化中心. 泉州古建筑[M]. 天津：天津科学技术出版社，1991.

[2] 傅朝卿，廖丽君. 全台首学：台南市孔子庙[M]. 台南：台湾建筑与文化资产出版社，2000.

图 2-2　泉州府文庙门口标识

在祖先崇拜观念下与祭祖活动中，宗族构成一种社会群体。作为一个社会组织，其形成还有其他很多因素。宗族与别的社会组织不同的，首先是血缘因素，即组成宗族的各个家庭的男性成员，有着一个共同的血缘因素，都是共同祖先“一本”衍化而来，相互之间是族人关系。其次是地缘因素。在古代，有血缘关系的族人常居住在一起，甚至一个村落生活的人，都是同一个祖先的后裔，这种情况就是常说的“聚族而居”。有了地域上相聚而居的族人，就为建立组织提供了方便。另外，对于某个家族，它又常同某个特定地区联系在一起，如太原王氏、陇西李氏、彭城刘氏等，与该家族的地望密切相关。据此，在血缘关系与地缘关系作用下，组织宗族形成一个团体成为可能。另外，再加上管理人员、组织原则、领导机构等要素的共同作用，宗族组织就此成立。

宗族组织在不同时期有不同的变化。在古代社会，等级制精神是始终如一的，制约着社会组织的形成与发展。因此，依宗族自身组织形态和其政治的、社会的地位，宗族分为六大类：王族与皇族宗族、贵族宗族、士族宗族、官僚宗族、绅衿宗族、平民宗族。其中，平民阶层的宗族组织除了一小部分官僚宗族外，最主要的是绅衿宗族和平民宗族（其宗族组织领导人也是平民）。平民阶层的宗族组织是宋以后才发展完善的，以前它只是作为贵族宗族或士族宗族的附庸或从属形态而存在❶。

宗族群体不仅依其在社会上不同的政治地位，形成各种宗族类型，而且在每一宗族内部又分出亲疏不同的派系。始祖虽是一个人，所谓“一本”，但一代代传衍下来，人数增多了，血缘关系也复杂了，于是族众之间便分出支派，这群人是这一派系的后裔，那群人是另一派系的后裔。这种血缘上派系的划分，古代人们称为大、小宗之分或房分之分，有的派系是大宗派系或者叫长房派系，有的是小宗派系或者叫二房、三房等派系。时间再延续，以房分区别也不足以表示人们之间的关系，于是在房分之下又分出子房分，原来大的房分就成为宗族的支派，成了支族或分族。这些支族、房分的派系内，也出现了宗族的权力分布系统，形成了宗族的内部结构，试举一例如下以证之。

宋末莆田理学家黄仲元的《黄氏族祠思敬堂记》：

堂以祠名，即古家庙，或曰影堂，东里族黄氏春秋享祀、岁节序拜之所也。堂以“思敬”名者何？祭之所思，主乎敬也。所以有斯堂者何？堂即族伯通守府君讳时之旧厅事，仲元与弟仲固，日新、直公，侄现祖、与权得之，不欲分而有之，愿移为堂，祠吾族祖所自出，御史公讳滔以下若而人，评事公讳涉以下大宗、小宗、继别、继祢若而人，上治、旁治、下治，序以昭穆，凡十三代。亦曰天之生物一本也，子孙孙子，亲亲故尊祖，尊祖故敬宗，敬宗故收族。不祠，何以奠世系、联族属、接文献，而相与维持礼法以永年哉！……或

❶　冯尔康，常建华，朱凤瀚. 中国宗族史[M]. 上海：上海人民出版社，2009.

曰，新斯堂也，费焉，须四节缩祭田之赢，勾稽山林之入，弟任宗族间资助焉，或徽乎徽，具刻牺碑，此不书。后来者，墙屋之成当修，器具之成当庇，吾宗有显达者，良奥者修之、庇之，犹今之年，庶俾不坏，书之又不一书。（余略）

莆田金石木刻拓本志(初稿)上册，莆田县文化馆编印，1983 年

如上所述，莆田黄氏“思敬堂”是由先人故居改建而成的，祀自始祖以下的十三代祖先，其经费则主要来于族产的收入。由于“思敬堂”是由少数士绅创建的“族祠”，而且祭祀始迁祖以下的历代祖先，因而可以推断，这一时期已形成以士绅阶层为首的包含全体聚居族人的依附式宗族。另据明代人的记述，明正统年间聚居于此地的黄氏族人，仍是以这一祠堂为中心，“岁时族人子姓聚拜祭享，久而益虔”。可见，这一依附式宗族的发展是较稳定的。

明前期的闽海祠堂大多是由士绅阶层倡建的，这可能与士绅享有的立庙特权有关。在建立祠庙活动中，强化了士绅对聚居族人的控制，从而也就促成了依附式宗族的发展。

宗祠的修建是围绕着儒家的“崇德报功”核心理念展开的，儒教色彩浓厚，教化功能凸显。明万历元年，莆田市仙游县钱江朱氏的《重兴家庙序》中记：“(元)至治二年，文一公起盖祠宇三座，以为后人崇报之所，又虑享祀之无资，后人或衰于爱敬也，而有田、园、山、海之遗。”句中“崇报”即“崇德报功”的缩写，其原意为：对有德者，以爵位尊崇他；对有功者，以俸禄回报他。“崇报”出自《尚书》卷十一《周书 · 武成》“惇信明义，崇德报功，垂拱而天下治”语[1]。可见，宗祠的功能深受儒家思想的影响，是中国传统文化在民间的广泛影响的力证之一。

闽海其他儒教名贤祠堂：

(1)朱子祠。开创闽学的大儒朱熹，祖籍徽州府婺源县(今属江西省)，长期定居建阳(今属福建省)，闽南民间称朱熹公。朱熹死后，民间陆续为其修建祠堂。明清两代，闽海各地所建朱子祠已相当多。有的是在文庙内另建一祠，有的则设于书院内。各地书院几乎都有朱子像和朱子语录。厦门旧时有玉屏书院、紫阳书院、衡文书院等皆设朱子像，春秋两季祭祀。其中，历史最久、影响最大的玉屏书院，院内先是建文昌殿、萃文亭，供奉朱文公。乾隆十六年，又盖集德堂，供奉朱文公。所有生员学童，每月皆要拜朱文公。书院则每年春秋二祭。“每条用猪羊各一，祭席四筵。凡与条者，本籍皆分胙”，可见是相当隆重的祀典。闽海民间对朱文公的崇拜，对于重学尊师、提高民族文化水平，有其积极的意义，应该予以肯定。这对反思传统、弘扬中华文化、促进东西方文化交流、促进改革开放有着十分积极的意义。

(2)朱文公遗址：晋江市金井镇福全村现保留有朱文公遗址。朱文公遗址位于元龙山东麓许厝潭畔。明代，福全所城人文荟萃，文风甚盛。“人文炳炳麟麟，英贤蔚起”，有“无姓不开科”之誉称。“执卷甲出而显仕者，尤难枚举”，堪称海滨邹鲁。当时读书人崇敬宋理学大师朱熹，而建朱文公祠，祀奉宋徽国公朱文公牌。该祠也作士人读书讲学、宣扬朱子理学、研讨学问、培育科举人才的场所，可惜它在清初迁界时被毁。

清光绪十一年乙酉(1885 年)十二月，乡人择于元龙山东畔重新建朱文公祠，并塑朱文公圣像祀奉。民国间倾圮，而移朱文公圣像于元龙山关圣夫子庙中崇奉。现朱文公祠的地基、残墙、青石门墩、柱础尚存。刘紫瑜先生缮写的《重兴福全朱文公祠碑记》《捐资芳名录》及清光绪间的《重新建筑朱公庙于元龙山落成塑圣像祭文》和《开光安位祝文》至今保存完好。

古往今来，地皆因人而扬名远播，名皆因文而流芳千古。

---

[1] [西汉]孔安国，[唐]孔颖达. 尚书正义[M]. 北京：中华书局，1983.

2.2 中国民间信仰研究综述与相关理论介绍

2.2.1 中国民间信仰与宗教关系研究

由于我国民间信仰的庞杂性、功利性强,未形成完整的宗教意识,民间信仰与儒教、佛教和道教的相关观念互相交织、互相融合。台湾学者林美容指出:“百分之八十以上台湾居民的宗教都是扩散式的信仰,一种综合阴阳宇宙、祖先崇拜、泛神、泛灵、符箓咒法而成的复合体,其成分包括了儒家、佛家和道家的部分思想教义在内,而分别在不同的生活范畴中表现出来,所以不能用‘什么教’的分类范畴去说明它,因此宗教学者大多用‘民间信仰’或‘民间宗教’称之,而绝大多数人的宗教信仰都应属于这一范畴。”❶因此,学界一般认为民间信仰没有特别的组织形式和系统,把这种集合了各式民间习俗与传统做法的称为“扩散式的信仰”。李亦园把民间信仰称为“普化宗教”(diffused religion),并解释道:“所谓普化宗教又称为扩散的宗教,亦即其信仰、仪式及宗教活动都与日常生活密切混合,而扩散为日常生活的一部分,所以其教义也常与日常生活相结合,也就缺少有系统化的经典,更没有具体组织的教会系统。”他从信仰仪式上将民间信仰分为祖先崇拜、神明崇拜、岁时祭仪、农业仪式、占卜风水、符咒法术等六大类❷。连心豪、郑志明也认为:“在闽南和台湾民间信仰中,经常鸠占鹊巢、相安并祀、共享香火,出现佛道不分、归属混乱的现象。”他们认为,闽南与台湾神明的构成,是以儒、释、道和一些神仙传说的杂合体,民间神明是没有什么系统的❸。段凌平则根据其多年的田野调查和理论探索,认为闽南与台湾民间信仰存在同一个神明系统❹。余海霞通过对台湾大甲妈祖绕境进香的个案考察,指出台湾民间宗教文化资源开发中的“圣俗二元再生产”现象❺。

民间信仰与宗教的相同点在于二者都属于民族传统文化的一部分,是一种群众性的社会现象,都具有长期性、复杂性、国际性、民族性和群众性的社会属性,都具有悠久的历史渊源,同样都是从远古时代的人类最原始的信仰发展演变而来的,并将长期存在,为一部分群众所信仰。

民间信仰与宗教的不同点,大致可以从三方面认识:

(1) 二者信奉对象不同:世界上的主要宗教一般有一个至高无上的信奉对象,而民间信仰是在泛神崇拜的基础上,根据信仰者的具体需要以及不同行业的功利需要随机选择一种或多种不同行业的信仰对象,这些信仰对象之间并无主次或主从之分别,充分说明民间信仰的自发特点;民间信仰内容包括了祖先崇拜、神明信仰与巫鬼崇拜三部分。

(2) 二者信仰体系和经典不同:不同的宗教都有较完整的教义学说和信仰体系并形成经典,都有其共同遵守的教规戒律,甚至还设有宗教法庭来维护教规戒律的执行和制度化,同时有专门的神职人员管理本教固定的宗教场所。而民间信仰则无完整的信仰体系,也没有成系统的经典,也无信仰者共同遵守的教规戒律以及强制执行的机构。

(3) 二者的组织形式和场所不同:不同的宗教有固定的宗教组织和活动场所,如佛教的寺庙、道教的宫观坛场、基督教的教堂、伊斯兰教的清真寺等,民间信仰则没有较固定的组织和信仰活动场所,有的只有在特定的时间和特定的场合才具有实际意义。

基于以上,本书的闽海民间信仰宫庙建筑空间主要包括了实体建筑空间和信仰仪式文化空间两部

---

❶ 林美容.台湾民间信仰研究书目[M].台北:“中央研究院”民族研究所,1991.

❷ 李亦园.人类的视野[M].上海:上海文艺出版社,1996.

❸ 连心豪,郑志明.闽南民间信仰[M].福州:福建人民出版社,2008.

❹ 段凌平.闽南与台湾民间神明庙宇源流[M].北京:九州出版社,2012;段凌平.试论闽南与台湾神明的构架系统[J].漳州师范学院学报(哲学社会科学版),2013(4):1-5.

❺ 余海霞,林敏霞.民间宗教文化资源开发中的“圣俗二元再生产”——以台湾大甲妈祖绕境进香为例[J].非物质文化遗产研究集刊(第8辑),2015(00):152-167.

分。我们尝试通过传统聚落保护与更新的空间规划设计实践提出历史村落文化空间提升的策略、方式和路径，为我国乡村振兴和历史村落文化的繁荣提供一些参考和借鉴❶。

2.2.2 中国民间信仰研究综述

2.2.2.1 海外研究及国内回应

20 世纪欧洲三大汉学家中的施寒微、施舟人等对我国民间信仰宫庙建筑展开了研究。

德国汉学家施寒微关于中国宗教的新著《富裕、幸福与长寿：中国的众神与秩序》，探索中国人对神界与人的命运的想象和理解❷。

法国汉学家施舟人(Kristofer M. Schipper，1934—2021 年)在台湾田野调查中发现了流传于民间的道教手稿文献，从 1962 年至 1972 年，施舟人先生在台湾进行了长达十年深入实地的研究工作。此间，他取得的最主要成果，是对台南市庙宇分布、民间宗教团体、道教斋醮科仪的历史与现实的考察。例如，台湾傀儡戏研究。施舟人认为，在当今台湾民间流传着的道教古老科仪渊源，一直可以追溯到公元 142 年张道陵所创的教仪，这是一种一脉相承的文化传统。对道教斋醮仪式的亲身参与，使施舟人认识到：这些道士掌握着解开道教术语之谜的钥匙。他认为，只有亲身投入带有神秘色彩的民俗传统文化中，才能真正地了解道教；并决心不再只是研究道教，而是要成为一名道士，将自己与当地老百姓的日常生活融为一体。1964 年秋，施舟人先生被那位主持斋醮仪式的高功接受为家庭中的一员，正式开始了道士的学徒生涯，凭借着在巴黎从欧洲最著名的汉学家那里获得的知识，年轻的他成为第一个由道教法师亲自口述秘传斋醮科仪的西方人。1968 年，施舟人被正式授予正一教道士职，法号鼎清。施舟人先生通过对中国道教的实地考察和亲身体验，不仅发现了流传于民间的道教手稿文献，而且开辟了欧洲道教研究的新途径，从而在国际汉学界产生了重要影响。他的《道体与中国社会》一书系统地介绍了台湾民间道教文化习俗❸。由他领衔主编的、历时 30 年完成的《道藏通考》三卷本(2005)是欧洲学者研究中国宗教学的里程碑❹。

施舟人的美国籍学生丁荷生(Kenneth Dean)教授活跃于当代汉学界，他在《东南中国的道教仪式与民间崇拜》(1992)中用丰富的“新材料”认为道教科仪框架体现了中国宗教复兴的历史和结构性角色，书中选择闽海的保生大帝、清水祖师和广泽尊王等个案研究，并对道教信仰仪式的复兴和仪式统一性进行总结。丁荷生认为，要理解一个地方社会文化语境中的神明崇拜，就必须解开主祀神明、庙宇和社区之间的关系。丁荷生与中国学术界的合作也是比较多的，较突出的成果有丁荷生与郑振满合编《福建宗教碑铭汇编》❺，《莆田平原的仪式联盟》(*Ritual Alliances of the Putian Plains*)等❻。

上述学者们的研究成果斐然，扎根学术的精神可佩，更值得关注的是一些研究方法。例如，美国哈佛大学人类学教授华琛 James L. Watson 对我国天后信仰的研究也证明了民间的方言传统可以被官方的大传统所吸收❼。

美国的宗教历史学者欧大年对中国民间教派研究抱有兴趣，白莲教等秘密宗教传统的研究由政治历

---

❶ 张杰，庞骏，严欢. 福建石狮市永宁古卫城[J]. 城市规划，2014(1)：57-58；张杰，庞骏. 系统协同下的闽南古村落空间演变解读——以福建晋江历史文化名村福全为例[J]. 建筑学报，2012(4)：103-108.

❷ [德]施寒微. 富裕、幸福与长寿：中国的众神与秩序[M]. 法兰克福：苏尔坎普世界宗教出版社，2009.

❸ 吴建雍. 施舟人与道教研究[J]. 北京社会科学，1997(2)：138-141. 该书简介里写道：“道教思想的古老体系是中国文化的源泉之一，但是，相对世界其他几大宗教而言，人们对其知之还不多。这本书的作者，与那些仅把道教当做宗教教义来了解的人们不同，他令人信服地论证了，道教与中国民间传统活动和日常生活习俗是不可分的。此书一定会使人们感兴趣。”

❹ [日]丸山宏. 欧洲的道教研究成果——《道藏通考》的完成及其意义[J]. 国外社会科学，2007(6)：107-108；何立芳. “经文辩读”视野下道教术语英译的宗教学考察——以施舟人和傅飞岚《道藏通考》为例[J]. 宗教学研究，2013(3)：87-91.

❺ [美]丁荷生(Kenneth Dean)，郑振满. 福建宗教碑铭汇编[M]. 福州：福建人民出版社，1995.

❻ Kenneth Dean. Ritual Alliances of the Putian Plains[M]. 2 vols.，Leiden：Brill，2010.

❼ James L Watson. Standardizing the Gods：The Promotion of Tien Hou(Empress of Heaven) along the South China Coast，960-1960，Popular Culture in Late Imperial China. [M]. Berkeley：University of California Press，1985：292-324.

史的领域转移到了社会历史的范畴。20世纪80年代，欧大年致力于收集和研究这些宗教集团创造的文本，尤其是所谓的“宝卷”。欧大年对宗教文本传统的“第一性”采取肯定的态度❶。焦大卫(David K. Jordan)、欧大年合著的《飞鸾——中国民间教派面面观》采用了跨学科的方法研究在慈惠堂和一贯道等鸾堂从事扶乩、扶鸾等活动的台湾教派团体。因此，除了提供关于扶乩的详细历史以及介绍重要的善书以外，两人都强调教派团体的内部动力，特别是冲突和分裂，因此有了新的突破。他们的研究也将重心从宗教领袖转移到普通信众，乃至怀疑者和意见不同者等❷。有关这一话题的研究还包括柯若朴(Philip Clart)对扶乩以作善书的教派进行的研究❸。

英国宗教人类学家王斯福(Stephan Feuchtwang)在其《帝国的隐喻：中国民间宗教》(1992)一书中对中国的多种民间信仰仪式进行了详细的描述和研究，并分析了这些仪式背后的文化象征意义。指出民间宗教信仰仪式权威是帝国政治的一部分，包括庆祝新庙落成、老庙重建、祭祀神明等❹。王斯福认为，中国宗教仅存于“帝国隐喻”的均一性中，经验上无法归属到一个宗教中心。该书是运用文化功能和文化结构理论分析中国民间宗教的结构功能的佳作。

中国学者余敦康等人认为，信仰有不同类型，可以分为官方信仰、学者信仰、民间信仰和家族信仰四大类型❺。作为一种整体式的信仰认同方式，儒教信仰与天命崇拜联系的是最高权力秩序，即官方信仰；与圣人崇拜紧密联系的是儒家精英、道德规训，是君子的道德修养目标，所谓学者信仰；与乡村底层百姓生存方式息息相关的，是他们生活于其中的各种自然力量、人神关系及其伦理规范，所谓民间信仰；与祖宗崇拜紧密联系的是家族亲子关系，与此相应的是社会伦理秩序，所谓家族信仰。各信仰层次不能差错和混乱。其中，官方信仰的国家建构色彩最浓。国家礼仪方面最隆重的是由皇帝亲自主持的祭天和祭拜祖先的宗庙大礼仪。国家成为神圣化的公共仪式的垄断者，同样也垄断了社会整体认同的象征权力。国家掌握的祭天大典神圣仪式，把信仰认同和国家掌控的祭天礼仪整合起来。国家权力控制的祭天信仰是一种垄断的、不可让渡的公共仪式，它不以个体信仰为基础，通过祭天礼公共仪式建构起来的象征秩序，本质上就是一种整体式认同的基础，进而把天命信仰权力化，甚至政治化。这种公共宗教仪式，表达着一种整体的天命信仰之下的平等特征，天命是平等的，唯有对天命的感观是无法平等的，从而塑造出一个中国人普遍认同的方式，至于在天命之间所存在的社会认同差异，儒家学说则就此层面发挥了它的整合精神，以其特有的精神讲求，试图来解决天命信仰以及天人感应之间的信仰差异。

王斯福的研究体现了鲜明的英国文化结构主义方法，他们的“帝国的隐喻”和“象征一体性”对中国民间宗教信仰文化象征性解释颇具功力。

上述学者都强调古典文本传统塑造或者影响了民间信仰。在历史过程中形成的各种经典，有政治的经典，也有宗教的经典。有的经典依赖文字和书写来延续，有的经典则依赖仪式以及用以标明其情境的物品而延续。在古老民族中保存经典叙事和仪式情境同等重要。

中国学者对王斯福《帝国的隐喻》一书的评价也体现了国内学术界在这一领域的思考。方穆兴指出，“历史的民族志”不是简单的、碎片化的历史史实的堆积，而是解释行为主体怎样从历史史实中，人为主观地选择、表达和建构的。仪式是“历史的民族志”最活跃的元素之一。仪式既能突出这些文化事象内涵中的历史痕迹，向人们展现其承载的历史底蕴，又能解释“历史活在当下”在其中的具体体现，强调在社会变迁中人们在仪式演进中的能动性❻。张士闪指出，王斯福关注到民间宗教如何将分散开来的个人联结在

---

❶ [美]欧大年. 中国民间宗教教派研究[M]. 刘心勇，周育民，译. 上海：上海古籍出版社，1993.

❷ [美]焦大卫，[美]欧大年. 飞鸾——中国民间教派面面观[M]. 香港：香港中文大学出版社，2005.

❸ [德]柯若朴. 中国民间宗教、民间信仰研究之中欧视角[M]. 新北：博扬文化事业有限公司，2012.

❹ [英]王斯福. 帝国的隐喻：中国民间宗教[M]. 赵旭东，译. 南京：江苏人民出版社，2008.

❺ 余敦康，吕大吉，牟钟鉴，等. 中国宗教与中国文化系列[M]. 北京：中国社会科学出版社，2005.

❻ 王敏. 帝国表象下的民间意志——评王斯福《帝国的隐喻》[J]. 中国农业大学学报(社会科学版)，2009(1)：191-194；方穆兴. “历史的民族志”视野中的仪式展演——评《帝国的隐喻：中国民间宗教》[J]. 东方论坛：青岛大学学报，2011(5)：22-26.

一起，并以此理解中国社会的组织形式。这种模仿是一个再创造的过程，有时甚至会发生意义的逆转[1]。

英国另一位人类学家芮马丁(Emily Martin Ahern)进一步指出，中国民间仪式雷同于衙门的政治交流过程，是一种意识形态交流的手段，具有自己系统化的符号与程序。在宗教祭拜中，神即是官，祭拜者即是百姓或下级办事人员。仪式过程中的人神交流犹如百姓向衙门汇报案件。中国社会中的仪式，是上下等级的构成以及等级间信息交流的演习，反映了政治对信仰仪式的深刻影响，同时反映了民间对政治交流模式的创造[2]。

日本学者的文化祭祀圈与文化信仰空间研究，对于同祀神明的现象，日本学者冈田谦较早提出了"祭祀圈"概念，即"共同祀奉一个主神的民众所居住之地域"[3]。台湾学者施振民进一步解释"祭祀圈是以主神为经，而以宗教活动为纬，建立在地域组织上的模式"[4]，所谓主神为经，表示人们根据主神的神格高低来判断聚落阶层的高低，主神之间的从属关系反映在聚落上，即聚落之间的从属关系；宗教活动为纬，则表示有关主神的各种祭奠的共同举行把所有从属关系、阶层差异的聚落连接起来。这里的"祭祀圈"被视为一个分析模式，以阶层性达到连接性是其特征，各级相关的祭祀圈就能融合到整个社会，与政治、经济、文化等层面形成相应的关系。

台湾学者林美容又提出了"信仰圈"概念，指出信仰圈作为祭祀圈概念的补充是一种通过共同的神明信仰由信仰者所形成的志愿性宗教组织，通常超出地方社区的范围。林美容区分信仰圈与祭祀圈的主要依据祭是祀活动中表现出的义务性与志愿性而定[5]。台湾民族学在西方欧美学术传统的较深影响下，"祭祀圈"和"信仰圈"原本是台湾汉人客观自在的社会现象，但在其研究中，以施振民、许嘉明和林美容等为代表的学者将其深化为一种有用的研究理论与方法，值得我们广泛地借鉴和学习[6]。陈春声提出用"信仰空间"的概念来替代上述两个概念，试图去描述一个"相互重叠的、动态的信仰空间的演变过程"。他认为，"不管是'祭祀圈'还是'信仰圈'都往往被理解成为一种比较确定的、可满足共时性研究需要的人群地域范围，而民间信仰的实际要复杂得多"。陈春声提出"信仰空间"概念来替代"祭祀圈"和"信仰圈"概念，试图去描述一个"相互重叠的、动态的信仰空间的演变过程"[7]。

我们认为信仰圈是特定区域内以同一神明信仰为中心，有确定的空间载体，有一定形式的信众组织。"信仰空间"这一概念有助于我们关注民间信仰空间生长、分布特点和扩展趋势，思考信仰空间如何重建或改造，使其成为民众表达精神诉求的重要场所。随着时代的发展，人们对于民间信仰的态度越加包容，对信仰空间和场所的重构就是对地域精神和文化的认同。

以上这些都是关于民间信仰较早的论述，给予本书较多启迪。

2.2.2.2 国内研究及进展

随着我国民间信仰的复兴，当代学者较多开展民间信仰类型的地方文献和田野调查研究工作。

国内在民间信仰综合研究方面的成果：如马书田《全像中国三百神》、乌丙安《中国民间信仰》等书，分别从宗教学、民俗学的角度对全国主要类型的民间信仰进行梳理研究[8]。刘锡诚主编的《中国民间信仰传说丛书》主要搜集玉皇、灶王爷、八仙、关公、门神等12个民间信仰传说故事群，从书在当时也获得一定的社会影响[9]。

闽海民间信仰研究成果：林国平、彭文宇的《福建民间信仰》一书对福建所有类型的民间信仰的发展、

---

[1] 张士闪，王斯福，赵旭东. 帝国的隐喻：中国民间宗教[J]. 民俗研究，2018(6)：2.

[2] Emily Martin Ahern. Chinese Ritual and Politics [M]//Cambridge Studies in Social Anthropology. New York: Cambridge University Press，1981.

[3] [日]冈田谦. 台湾北部村落ㄊㄔㄆ祭祀圈[J]. 民族学研究，1938(4)：1-22.

[4] 施振民. 祭祀圈与社会组织[C]//台北："中央研究院"民族学研究所集刊(第36刊). 1973：199.

[5] 林美容. 台湾民间信仰研究书目[M]. 台北："中央研究院"民族学研究所，1991.

[6] 孙振玉. 台湾民族学的祭祀圈与信仰圈研究[J]. 中南民族大学学报(人文社会科学版)，2002(5)：32-36.

[7] 陈春声. 正统性、地方化与文化的创制——潮州民间神信仰的象征与历史意义[J]. 史学月刊，2011(1)：123-133.

[8] 马书田. 全像中国三百神[M]. 南昌：江西美术出版社，1992；乌丙安. 中国民间信仰[M]. 上海：上海人民出版社，1995.

[9] 刘锡诚. 中国民间信仰传说丛书[M]. 石家庄：花山文艺出版社，1995.

演变及其主要特征进行了详细描述[1]。林国平的《闽台民间信仰源流》[2]、徐晓望《福建民间信仰源流》[3]、黄振良的《闽南民间信仰》等书主要介绍了闽南文化圈中的民间信仰类型，对闽南所有类型的神明进行了系统的梳理[4]。郑镛的《闽南民间诸神探讨》、段凌平的《闽南与台湾民间神明庙宇源流》等[5]，李亦园的《宗教与神话》著作及系列文章等[6]，都有对相关闽海区域宗教文化专题的深入讨论。

闽海民间信仰神明种类多，在闽海祀奉的神明信仰研究方面，以妈祖、王爷、关公信仰等研究成果居多，保生大帝、天公信仰等也有所涉及。

（1）妈祖研究综述

妈祖是我国福建、浙江、广东、台湾、澳门等沿海地区共同信奉的海神。20 世纪 80 年代早期的研究以历史文化学者居多，对历史时期和当代的妈祖信仰分布和特点进行了多方论证，朱天顺的《妈祖研究论文集》收录了数千篇论文[7]，1990 年蒋维锬编校的《妈祖文献资料》、蔡相辉的《台湾的王爷与妈祖》、黄国华的《妈祖文化》、罗春荣的《妈祖文化研究》等代表性成果都对妈祖来源、信仰内涵、传播及作用研究较多[8]。

妈祖信仰是闽海本土最普遍的民间信仰之一，尤其是闽中莆田最为浓厚[9]。莆田妈祖的形成、空间分布等研究成果较多[10]，林建鸿等考察了宋代到民国莆田仙游地区妈祖信仰主要以宫庙为载体的香火网络拓展过程，阐释了各历史时期莆仙地区商贸和集镇经济发展与妈祖香火的互动关系[11]。谢雅卉研究了湄洲岛妈祖信仰圈的群体传播现象，从群体传播视角分析妈祖神格功能的扩大因素，三个传播形态：第一，传统信仰的传播形态；第二，经济支持的传播形态；第三，政府支持的传播形态等[12]。姚文琦的《民间信仰与社群关系——以莆田湄洲岛之妈祖信仰研究为例》以湄洲岛的妈祖信仰为研究对象，着眼于以湄洲岛祖庙为中心之妈祖信仰的传播发展与历史积累，分别与岛内妈祖宫庙群之间的互动关系，以及与外部的交流往来，借以说明民间信仰对于连接区域空间之社群关系的重要纽带效应。

台湾妈祖信仰浓厚，研究者对其关注较多，并开展海峡两岸的对比研究。林美容的《妈祖信仰与汉人社会》(2003)提出了信徒组织的“信仰圈”与“祭祀圈”的界定[13]。赵庆华、潘是辉等发文对清代妈祖信仰与台湾社会关系进行了研究[14]。范正义对台湾宫庙网络和福建惠安小岞镇霞霖宫（妈祖）研究指出其三种资本属性[15]。作者指出：新的社会资本的形成，与国家鼓励两岸民间交往的政策导向密切相关，这使得霞霖宫能够动员政府相关部门、支持祖国统一的社会人士等，让他们关注与支持霞霖宫的两岸交流活动。新

---

[1] 林国平，彭文宇. 福建民间信仰[M]. 福州：福建人民出版社，1993.

[2] 林国平. 闽台民间信仰源流[M]. 福州：福建人民出版社，2003.

[3] 徐晓望. 福建民间信仰源流[M]. 福州：福建教育出版社，1993.

[4] 黄振良. 闽南民间信仰[M]. 厦门：鹭江出版社，2009.

[5] 段凌平. 闽南与台湾民间神明庙宇源流[M]. 北京：九州出版社，2012.

[6] 李亦园. 宗教与神话[M]. 桂林：广西师范大学出版社，2004.

[7] 朱天顺. 妈祖研究论文集[M]. 厦门：鹭江出版社，1989.

[8] 蒋维锬. 妈祖文献资料[M]. 福州：福建人民出版社，1990；蒋维锬. 台湾妈祖信仰起源新探[J]. 莆田学院学报，2005(1)：74-78；蔡相辉. 台湾的王爷与妈祖[M]. 台北：台原出版社，1989；黄国华. 妈祖文化[M]. 福州：福建人民出版社，2003；罗春荣. 妈祖文化研究[M]. 天津：天津古籍出版社，2006.

[9] 林晓峰，郑镛. 论闽南文化与妈祖信仰的关系[J]. 东南学术，2013(3)：200-206；郑镛. 闽南民间诸神探寻[M]. 郑州：河南人民出版社，2009；李文. 朝圣的历史图解：对“莆田文峰宫—贤良港祖祠—白湖顺济庙”妈祖进香仪式的历史人类学分析[D]. 厦门大学，2004；蓝达居. 论妈祖文化是构建和谐世界的重要文化遗产[C]//林晓东. 妈祖文化与华人华侨文集. 北京：中国文史出版社，2008：363—379；黄耀明. 闽南女神民间信仰与社会性别文化建构：以妈祖文化崇拜为中心[J]. 山西师范大学学报(社会科学版)，2013(1)：107-111.

[10] 潘真进. 文献路文峰宫重新供奉宋代妈祖木雕圣像[J]. 湄洲日报(海外版)，1999 年 11 月 17 日；许莹莹. 弘扬妈祖文化 促进两岸交流——以莆田文峰宫妈祖信仰为例[J]. 福建省社会主义学院学报，2012(1)：42-48；纪小美，付业勤，陈金华，等. 宋代以来福建莆田妈祖宫庙的时空分布研究[J]. 海南师范大学学报(自然科学版)，2015(2)：218-224.

[11] 林建鸿，傅建清，庄林丽. 商贸发展与妈祖香火网络扩展的关系——以福建省莆仙地区为例[J]. 莆田学院学报，2007(6)：87-92.

[12] 谢雅卉. 湄洲岛妈祖信仰圈的群体传播现象探究[J]. 莆田学院学报，2019(3)：9-14.

[13] 林美容. 妈祖信仰与汉人社会[M]. 哈尔滨：黑龙江人民出版社，2003.

[14] 赵庆华. 人员、仪式、寺庙、组织：清代妈祖信仰与台湾社会研究[D]. 厦门：厦门大学，2018；潘是辉. 日据时期寺庙整理运动对台湾妈祖信仰的影响[J]. 妈祖文化研究，2018(2)：74-85；张国琳. 中国传奇惠安女[M]. 福州：海峡文艺出版社，2015.

[15] 范正义. 试析闽台庙际关系的多重形式[J]. 台湾研究集刊，2012(3)：81-90；范正义. 世俗价值与信仰本真：民间信仰宫庙的新转型——惠安小岞霞霖宫个案研究[J]. 华侨大学学报(哲学社会科学版)，2020(2)：15-24.

的文化资本的形成，与国家弘扬传统文化的大政方针密切相关。新的象征资本的形成，与国家鼓励社会力量参与公益慈善事业的政策导向密切相关。通过发展慈善公益事业，霞霖宫将自身打造成为地方社会服务中心，从而将那些社会爱心人士都动员起来。

妈祖庙建筑方面研究成果不多：台湾学者李乾朗对台湾妈祖庙与闽台妈祖庙建筑进行了比较研究❶。彭文宇等研究了莆田市妈祖宫庙的地域特征，发现妈祖宫庙沿着海滨、河岸和交通大道布局，广泛分布于沿海市县乡镇❷。陈祖芬《城厢妈祖宫庙概览与研究》进行了系统分析❸。郑捷、黄朝晖通过莆田湄洲妈祖祖庙的建筑特征及装饰元素分析后，认为它是按照中国传统古建筑的营造法式建造，其建筑特色体现了闽海的民俗、宗教与文化❹。吴炀和对台湾妈祖宫庙管理模式进行了探论❺。

(2) 王爷研究

相对来说，台湾学者对于王爷信仰的关注比大陆学者早，成果较多。台湾学者刘枝万通过大量的田野调查，著有《台湾之瘟神信仰》《台湾之瘟神庙》文❻，认为台湾瘟神信仰经过六个阶段演化过程，是学界第一次比较系统的王爷信仰阐释。据洪莹发研究，台南王爷庙主祀复数姓氏王爷的组合有 76 种，其中三府千岁有 15 种，四府千岁有 2 种，五府千岁有 38 种，六府千岁有 7 种，七府千岁有 5 种，五年千岁与十二瘟王共有 6 种❼。王爷庙中以"三府千岁""五府千岁"命名情况居多并非偶然，显然与中华历史上久远的三瘟鬼、五瘟神信仰有密切联系。杨济襄对台湾"王爷信仰"的祭典与祀仪进行了研究，"迎王"与"送王"仪式，成为安定人心、祈福庇安的精神寄托❽。黄文博的《南鲲鯓代天府的普渡及仪式》对台湾王爷总庙南鲲鯓代天府进行了专门研究❾。

徐晓望的《略论闽台瘟神信仰起源的若干问题》❿提出了从瘟鬼到瘟神再发展到神格化王爷整个信仰的发展过程。李玉昆的《略论闽台的王爷信仰》⓫提出了王爷信仰少数是瘟神，大多数是地方保护之神或万能之神的观点。

王醮仪式含义是将代表瘟疫和灾厄的瘟神(王爷)迎请来祭祀礼遇一番后，再将其连同交通工具"王船"一起送走，故世人又称为"送王船"。推究其渊源，当与古老的龙舟竞渡及"厉祭"传统有着直接关联，两宋时期江淮及两湖流域民众中流行的"祀瘟神"与"送瘟船"习俗则可视为其雏形。明清闽台方志文献中大量涉及了有关"出海""王醮"的内容，借助这些史料可大致梳理出王醮仪式的缘起、沿革及流布等情况，并对闽台二地的差异及特点展开比较和分析⓬。"王醮"或称"王船醮""王爷醮""迎王祭"等，王醮仪式多由特定庙宇主持下定期举行，通常以焚烧、送王船离境("送王")为全部活动的高潮和结束。醮典期间，当地民众不论身份地位均踊跃参与、捐献财物，并全程充当义工，扮演各种角色(职司)，活动场面极为隆重，从而形成了颇具特色的社会文化现象。

姜守诚《中国近世道教送瘟仪式研究》从某种意义上讲是填补了道教送瘟仪式研究的空白⓭。胡瀚霆

---

❶ 李乾朗.台湾妈祖庙与闽台妈祖庙建筑之比较[C]//财团法人北港朝天宫董事会，台湾省文献委员会.妈祖信仰国际学术研讨会论文集，1997；柯立红.闽台妈祖宫庙建筑装饰探究[J].闽江学院学报，2012(3)：127-132.

❷ 彭文宇，黄秀琳，刘美娥.试析莆田市妈祖宫庙的分布特点及宫庙特色[J].莆田学院学报，2008(6)：89-92；李文.朝圣的历史图解：对"莆田文峰宫—贤良港祖祠—白湖顺济庙"妈祖进香仪式的历史人类学分析[D].厦门：厦门大学，2004.

❸ 陈祖芬.城厢妈祖宫庙概览与研究[M].上海：上海交通大学出版社，2017.

❹ 郑捷，黄朝晖.妈祖宫庙建筑特征及装饰元素解读——以湄洲妈祖祖庙为重点[J].莆田学院学报，2021(4)：18-21.

❺ 吴炀和.台湾地区妈祖庙的经营与管理[J].民间文化论坛，2013(5)：57-64.

❻ 刘枝万.台湾之瘟神庙[J].台北："中央研究院"民族学研究所集刊，1966(22)：53-96；刘枝万.台湾之瘟神信仰[C]//刘枝万.台湾民间信仰论集.台北：联经出版社，1983.

❼ 林国平，苏丹.闽台瘟神王爷信仰及其主要特征[J].地域文化研究，2021(3)：124-129.

❽ 杨济襄.台湾"王爷信仰"的祭典与祀仪[C]//福建省炎黄文化研究会，龙岩市人民政府，台湾中华闽南文化研究会.闽南文化新探——第六届海峡两岸闽南文化研讨会论文集.厦门：鹭江出版社，2010.

❾ 黄文博.南鲲鯓代天府的普渡及仪式[C]//台湾省宗教纪念物观光区南鲲鯓代天府管理委员会.传艺，2013(106)：70-79.

❿ 徐晓望.略论闽台瘟神信仰起源的若干问题[J].世界宗教研究，1997(2)：120-128.

⓫ 李玉昆.略论闽台的王爷信仰[J].世界宗教研究，1999(4)：119-127.

⓬ 姜守诚.试论明清文献中所见闽台王醮仪式[J].宗教学研究，2012(1)：249-255.

⓭ 姜守诚.中国近世道教送瘟仪式研究[M].北京：人民出版社，2017.

的书评指出：随着后现代学术思潮的影响不断加深，各种思潮、主义和方法纷至沓来，使得当前中国学界处在一个重要的转折时期，以往的研究格局与治学倾向正在发生改变，宗教仪式研究应文献研究与田野调查并重❶。石奕龙对王爷信仰做了研究，认为从迎王、送王仪式程序中所体现的象征意义看，王爷是由水中的孤魂野鬼转化来的，即其来源是被称为“海上漂客”即海上的无名尸体，与瘟神无关❷。霍斌在《台湾南鲲鯓代天府李府千岁李大亮生地、葬地考》文中重点考证李府千岁李大亮的出生地——今山西省朔州市，进而认为台湾南鲲鯓代天府李府千岁的信仰源头在山西❸。

目前，学术界关于福建王爷信仰形成的主要起源于中华古老的瘟神信仰传统，即瘟神说，另一种则是带有台湾地方性信仰文化变异的郑成功说。笔者认为，瘟神说应该比郑成功说更具有广泛性，郑成功说较适合台湾的王爷信仰早期的传播情况，也是大陆的民间信仰实现了在台湾异地演化、再生。

郭志超的《闽台王爷信仰与郑成功的关系》认为王爷信仰是中国瘟神信仰在闽台产生的地方性变异，清初民间对郑成功的纪念和崇拜是这一变异的重要原因。王爷信仰从台湾传至闽南后，经发展变化再从闽南向台湾逆向传播，台湾最早的王爷庙建于台南即是一个明证。

闽台地区的王爷信仰有着众说纷纭的起源传说，背后折射了该地区的历史文化图景，其核心仪式是“送王船”。文章拟通过文化人类学、宗教人类学等相关理论对这一文化现象进行分析，并做出相应的解释❹。

林国平、苏丹在《闽台瘟神王爷信仰及其主要特征》一文中分析了王爷的四个类型：一是历史上的功臣名将、忠臣义士死后等被奉为王爷，如唐末大将陈元光称为开漳圣王、王审知称为开闽圣王、岳飞称为岳王爷、郑成功称为开台圣王等；二是开发地方有功的某个家族祖先、聚落首领死后被百姓奉为神明，称之为某王、王爷或千岁，这一类王爷多为聚落的开基祖，有姓无名，诸如谢王爷、范王爷、李千岁等；三是自然神、行业神被称为王爷，如榕树神称之为榕树王，樟树神称之为樟树王，猴神称之为广利尊王、戏神称之为西秦王爷等；四是作为驱逐瘟疫的瘟神王爷。其中第四类瘟神王爷，是闽台王爷信仰中的主体，神明人数多且繁杂，影响也最大❺。

王爷为郑成功说以台湾学者连横和蔡相辉的观点为主要代表。连横的《台湾通史》认为：“延平郡王入台后，辟土田，兴教养，存明朔，抗满人，精忠大义，震曜古今。及亡，民间建庙以祀。”他解释道：“王爷乃台湾居民对郑成功之崇祀，因在清代高压政策下不敢公开崇祀，故仿花蕊夫人假藉梓潼以祀故君之法，暗中崇祀郑成功。”❻蔡相辉的《台湾的王爷与妈祖》一书也认为：“知明郑时代台湾王爷崇祀之概略情形，即民间或政府基于崇功报德之心理，于郑成功逝世后建庙祀之，其庙称将军庙。至郑经逝世后，郑克臧拜表请谥成功为武王，经为文王，两王合葬，合祀两人之庙，遂称二王庙……不旋踵郑克臧逝世，因克臧生前未袭王爵，而民间均俗称其为太子，故其庙称为太子庙，合祀成功祖孙三人之庙，则称大人庙或三老爷庙。而三位老爷之脸色，深褐色者为郑成功，赤红色者为郑经，白色者为郑克臧，亦符合三人之生前活动背景。”❼蔡相辉对于王爷信仰研究进行了一定的总结，并赞成连横提出的王爷信仰来自郑成功一说。

刘守政指出，福建王爷信仰的出现，有两个重要的准备条件：一为福建社会的造神传统；二是直接且经常性瘟疫灾害的打击。通过对驱瘟文化传统的改造、福建地方社会的全面参与运作，及对神明世界观念的特别改造，王爷信仰呈现出福建民间信仰的全新面貌❽。

王爷信仰在海外传播：闽南各村镇王爷信仰随着移民传播，一旦落地在马来西亚，转化成为南洋当地

---

❶ 胡瀚霆. 道教研究领域与研究方法的双突破——评《中国近世道教送瘟仪式研究》[J]. 世界宗教研究，2018(1)：182-184.

❷ 石奕龙. 闽南人的王船祭与王爷信仰[J]. 闽台缘，2018(2)：25-34.

❸ 霍斌. 台湾南鲲鯓代天府李府千岁李大亮生地、葬地考[J]. 中国道教，2021(01)：49-54.

❹ 毛伟. 闽台王爷信仰的人类学解读[J]. 宗教学研究，2010(2)：156-163.

❺ 林国平，苏丹. 闽台瘟神王爷信仰及其主要特征[J]. 地域文化研究，2021(3)：124-129.

❻ 连横. 台湾通史(卷二三，宗教志・神教)[M]. 北京：人民出版社，2011.

❼ 蔡相辉. 台湾的王爷与妈祖[M]. 台北：台原出版社，1984.

❽ 刘守政. 瘟疫与造神运动——试论福建地区王爷信仰的形成与特征[J]. 闽台文化研究，2021(1)：68-74.

的王爷信仰,即与闽南、台湾或其他地区王爷信仰同源不同流,会借助各种热带元素延续其精神传统与生命力,既对原乡信仰文化饮水思源,又继承原乡庙宇的社会功能,依着当地社会文化脉络演变。各地王爷信仰除了在异地凝聚原乡信众,还可能根据当地形势合祀不同的原乡诸姓王爷,力图延续闽南认同,还发展出凝聚跨原乡且跨族群信众的本土信仰态势。同时,在社会开拓过程,立庙传承即表达了集体文化与价值观落实为当地主权象征,突出表现在庙宇有组织支持本境公共保健医疗❶。陈景熙研究新加坡蔡府王爷信仰的发源、发展及海外传播的大致脉络,揭示乩童降乩的民间宗教仪式传统、血缘认同的文化心理、海外移民的历史传统等历史文化因素,在华南民间信仰的建构及海外传播、传承的历史过程中发挥作用的具体机制❷。

(3) 关公研究

关公信仰是我国最有生命力的民间信仰之一,在闽海也是如此。这方面的研究成果尤多,如郑土有、张志江有关帝专门研究❸。关帝信仰原本为军神,他原先只是被视为儒家仁义忠义形象的化身受到崇拜,随着宋元时期闽海商业的繁荣和海外贸易的发达,关帝被民众视为武财神和海上保护神,不少沿海传统聚落中都建造有关帝庙❹。在道教发展过程中,关帝又被纳入道教俗神之一。

关帝信仰也具有福建地方性特点。郑镛指出,明代洪武时期福建的关羽信仰带有明显的军事保护神性质❺。福建民间五月十三日、六月二十四日皆为关帝诞辰即关帝节,郑玉玲、苏秋婷等研究指出,东山铜陵关帝庙因其靠海近台,成为传播这种民间文化特定的有利地理环境,使它成为闽粤台一带关帝庙之祖庙❻。关帝圣诞期间的活动,社会各界关注关帝民俗文化节,福建漳州市东山县各关帝庙同期皆举办关帝文化节,成为海峡两岸重要文化活动盛会和媒介。

关帝信仰也是台湾最有影响的民间信仰之一。台湾在明郑时期有数座关帝庙,清代的关帝庙更多❼。何绵山指出,台湾关帝庙的创建主要有以下几种情况:从祖国大陆随身携带关帝金身或关帝庙香火到台湾,专程从福建迎请关帝金身、漂流而来关帝神像,因有神验灵迹而奉谕建造关帝庙,从台湾宫庙分灵、改(增)建、自行创建、统治者修建、建庙渊源不可考、建庙原因不明。探讨台湾关帝庙的源流,不仅有利于廓清闽台关帝信仰的关系,也可进一步认识台湾关帝信仰发展的原因,从而全面把握台湾关帝信仰及其整个民间信仰发展的历史❽。

周丽英在《关帝信仰在维系闽台"五缘"关系中的功能和作用》中指出:在关帝信仰与闽台地缘关系上,台湾位于中国大陆的东南部,从地形结构上来看,处于中国大陆东南沿海的大陆架上,与福建一水之隔。由此得天独厚的地缘关系,关帝信仰或随明郑军队渡海而来,或随福建垦民分香、分灵而来,也有官方倡导于台湾本土建庙,渐次形成了福建祖庙、台湾开基庙、分灵庙为架构的传播体系❾。值得一提的是,由于清代开放石狮蚶江与台湾鹿港对渡通商,两岸航船对渡,商贾往来,曾借蚶江忠仁庙为"行郊"集会之所,忠仁庙关帝被尊奉为"对渡保护神",香火遍及闽台两岸。关帝信仰文化传播也随着华人移民的足迹在海外传播❿。

❶ 王琛发.闽南王爷信仰流传马来西亚的历史意义[J].闽台文化研究,2016(1):51-61.

❷ 陈景熙.华南民间信仰的建构与海外传播——新加坡蔡府王爷信仰的案例[J].世界宗教文化,2015(5):109-118.

❸ 郑土有.关公信仰[M].北京:学苑出版社,1994;张志江.关公[M].北京:中国社会出版社,2008.

❹ 郑舒翔.闽南海洋社会与民间信仰——以福建东山关帝信仰为例[D].福州:福建师范大学,2008.

❺ 郑镛.关帝崇拜与漳州民风[J].漳州师范学院学报(哲学社会科学版),1998(3):24-29.

❻ 郑玉玲.明清关帝祭典乐舞在闽台地区的承继与人文阐释——以东山、宜兰祭典为中心[J].宗教学研究,2021(1):254-260;苏秋婷,郑玉玲.闽南关帝祭祀仪式的表演形态与文化意涵——以泉州通淮关岳庙为例[J].闽台文化研究,2021(1):75-83.

❼ 刘海燕.台湾民间祠祀关帝的特点及其地域风貌[J].闽台文化研究,2008(1):96-100.

❽ 何绵山.台湾关帝庙探源[J].福州大学学报(哲学社会科学版),2013(4):5-10.

❾ 周丽英.关帝信仰在维系闽台"五缘"关系中的功能和作用[J].寻根,2016(6):24-28.

❿ 蔡晓瑜.福建关帝信仰在海外传播原因初探[J].八桂侨刊,2006(4):20-23.

2.2.2.3 国内学者的“五缘”理论

我国学者林其锬、吕良弼等人关于“五缘”文化进行了长期的系列研究，具有理论和现实意义。他们提出以亲缘、地缘、神缘、业缘和物缘为内涵的“五缘”文化。亲缘，就是宗族亲戚关系，包括血亲和姻亲；地缘，就是邻里乡党关系；神缘，就是以共同的宗教信仰和共奉之神祇为标志进行结合的人群；业缘，就是同业和同学而结合的人群；物缘，是以物为媒介而发生关系并集合起来的人群。“五缘”文化是中华民族群体本位、伦理中心核心理念的外化，是中华民族社会结构、人际网络的历史发展，是中华民族凝聚力实现的一种形式。该理论展现从“经验的觉知”到“概念的反思”，进而到“理论建构”的发展历程。在此基础上，他们提出以马克思历史唯物主义恩格斯定义的“两种生产”——物质生产、再生产，人的自身生产、再生产理论为指导，围绕“铸牢中华民族共同体意识”和“推动建构人类命运共同体”，根据五缘文化具有包容性、渗透性、融合性的边沿学科特点，进一步解放思想，采取文化与经济互动、古今互动、中外互动的综合研究方法，拓宽研究和应用领域，加强学理探讨，推进五缘文化理论和学科建设[1]。

“五缘”文化也是一种社会网络关系，是闽台同根同源同祖文化的有力见证。“五缘”文化中，最基础、最核心的是亲缘，亲缘是以血缘为联结纽带，其他各缘是仿照血缘发展起来的“泛血缘化”，即拟制血缘关系，是亲缘关系网络在其他各缘的转化和运用[2]。巴新生指出，我国古代早期的人际交往特点是一种“泛血缘化”的组织方式，又叫拟制血缘关系，即将血缘关系的结团方式推向非血缘关系的人群，是中国人在人际交往方面区别于世界上其他族群的根本特点。孔子在继承和总结西周宗法思想的基础上，将“仁”学的“泛血缘化”特征进一步加以理论化和系统化，从而成为儒家原典[3]。

林建华稍后也提出了与林其锬有所区别的“五缘”概念，即闽台之间地缘相近、血缘相亲、文缘相承、商缘相连、法缘相循等[4]，它用文缘、商缘代替了神缘、业缘，突出了法缘的作用。随后，学者们沿用林其锬和林建华的“五缘”概念研究福建民间信仰，例如，林国平、彭文宇的《福建民间信仰》阐述了闽台“五缘”文化的软实力[5]，林国平的《闽台民间信仰源流》一书详细研究了闽台民间信仰的由来和社会基础，以及两地的民间信仰神缘关系及其相互影响[6]。何绵山的《闽台五缘简论》一书中论述了福建与台湾存在“五缘”关系，增强了中华民族认同感，增进了两岸之间的关系，并以佛教在闽海传播加以实证[7]。

就本书探讨的闽海民间信仰建筑空间内容而言，林其锬的“五缘”概念体系因包含“神缘”概念具有代表性和概括性，更契合我们的研究预期目标和框架。因此，本书的“五缘”概念主要选取了林其锬的界定。

国内学者提出的“五缘”理论是我国民间信仰资源化、资本化的重要理论贡献。本书的基本逻辑是先对闽海宫庙建筑空间解析，揭示民间信仰仪式活动空间生产，尝试对闽海宫庙建筑象征符号空间进行建构，进而促进闽海民间信仰文化场景规划创新。

---

[1] 林其锬.“五缘”文化与亚洲的未来[J].上海社会科学院学术季刊，1990(2)：118-127；林其锬，吕良弼.五缘文化概论[M].福州：福建人民出版社，2003；郑土有.五缘民俗学[M].上海：同济大学出版社，2013；林其锬，武心波.五缘文化与中华民族复兴[M].上海：同济大学出版社，2015；林其锬.五缘文化与改革开放——五缘文化研究的回顾与前瞻[J].邵阳学院学报(社会科学版)，2021(2)：16-27.

[2] 胡克森.孔子泛血缘化理论在五缘文化形成中的作用[J].史学月刊，2007(6)：19-28.

[3] 巴新生.孔子“仁”的泛血缘化特征及其在先秦儒家仁学史上的地位[J].历史教学，2002(6)：7-13.

[4] 林建华.从台湾地名看闽台五缘[J].政协天地，2006(9)：54-56.

[5] 林国平，彭文宇.福建民间信仰[M].福州：福建人民出版社，1993；林国平.闽台五缘文化的软实力[J].东南学术，2013(05)：269-271；林国平.灵籤兆象研究[J].民俗研究，2006(4)：131-149.

[6] 林国平.闽台民间信仰源流[M].福州：福建人民出版社，2003；林国平.关于中国民间信仰研究的几个问题[J].民俗研究，2007(1)：5-15；林国平.民间宗教的复兴与当代中国社会——以福建为研究中心[J].世界宗教研究，2009(4)：81-91.

[7] 何绵山.闽台佛教亲缘探论——再谈福建人对台湾早期寺庙建造的影响[C]//福建省社会科学界联合会.五缘文化与两岸关系.上海：同济大学出版社，2009；何绵山.闽台五缘简论[M].郑州：河南人民出版社，2018.

3 闽海民间信仰历史与现状

文化是社会的根本。闽海文化是闽海宫庙建筑文化的母体,也是本书的研究基础,它揭示了闽海民间信仰文化的渊源和表现。本章主要从两个方面,即全国性信仰传入闽海与地方信仰共生、闽海信仰空间及信仰具有扩散性探讨闽海民间信仰文化表现与功能、闽海传统聚落地域生态特征等方面进行研究。

在闽海民间信仰中的妈祖、临水夫人等女性神明能获得较高的地位,这在全国其他汉族地区是极少见的,似与历史上闽海女性的整体地位较低具有一定补偿作用。

闽海民间信仰具有较明显的地域文化性,例如,东部沿海盛行妈祖信仰,闽南盛行保生大帝、陈靖姑(临水夫人)信仰,林兆恩创立的用"艮背法"为人治病的三一教等❶。

台湾学者董芳苑在研究台湾民间信仰的特征时说,民间信仰将可祀神一律予以拟人化,即神明不仅有偶像与住所,而且还有尊称、降诞日、从属、妻儿仆婢与经济开销等,具有明显的世俗性❷。台湾民间信仰大多是由福建传过去的,民间信仰中村庙信仰的神性也具有此类特征。例如,台湾临水夫人庙中的神明较多,有其姐妹林、李两夫人及助手36宫婆,另外还有其学法的老师许真人、其丈夫刘杞等。所以在一座普通的村庙中供奉着多位神明,体现出多神崇拜,村庙诸神就是一个大家族,可谓济济一堂,共享尊荣。

3.1 闽海文化历史发展

3.1.1 闽海文化渊源

中国闽海文化源远流长。距今18万年以前,福建中部的三明境内就有原始人类出现。距今4万至8万年前,闽南的漳州也有原始人类生活,并越过台湾海峡,成为在距今2万至3万年前的台湾"左镇人"的祖先。❸ 大约距今1万年前,在福建的武夷山、三明、清流、泉州、厦门、漳州、东山、宁德、龙岩等地区都发现原始人活动的遗迹。这些远古人类往往以洞穴为家,过着狩猎、捕捞和采集生活。由于群体的发展和生存的需要,他们居无定所,常常迁徙。大约在距今4 000至1万年前,福建先民的分布范围已经遍及全省各地,新石器时代遗址分布的特点是"大分散,小聚集",表明福建先民逐步由迁徙不定的、以游猎和采集为主的生活走向定居的、以原始农业为主、以采集和捕捞为辅的生活。因此,在福建各地不但产生了具有典型代表性的新石器时代文化,而且逐步形成古代原始民族——闽族。据最新考古成果揭示,昙石山文化遗址位于福州市闽侯县甘蔗镇昙石村,是中国东南地区最典型的新石器文化遗存之一,因福建闽侯昙石山遗址而得名。昙石山文化距今4 000~5 500年,昙石山文化是福建古文化的摇篮和先秦闽族的发源地。1954年1月7日,当地村民在修筑闽江防洪堤坝时,挖出了许多样式古旧奇特的瓦罐、石器、骨器。经专家们初步判断,这是一处重要的新石器时代晚期文化遗存。从1954—2009年,考古人员进行了10次考古发掘,先后发现了壕沟、灰坑、祭祀坑、陶窑、灶等大批生产和生活遗迹,还发现了80多座墓葬,出土了包括石器、骨器、角器、牙器、贝器、陶器、玉器等种类丰富、数量可观的文化遗物。昙石山是中国东南沿海原始人类劳动生息之地,是典型的海洋性贝丘遗址,印证了它是福建古代文明的摇篮和先秦闽族的发

❶ 陈支平.福建宗教史[M].福州:福建教育出版社,1996.

❷ 董芳苑.台湾民间宗教信仰[M].增订版.台北:长青文化事业公司,1984.

❸ 龙玉柱.漳州史前文化[M].福州:福建人民出版社,1991.

源地❶。2001年6月22日，国务院将昙石山文化遗址列为第五批国家文物保护单位。

中国历史上的多次移民有力地推动了闽海社会经济文化的发展。秦汉之前，闽海经济远远落后于中原地区。闽海偏处东南，自然条件优越，又远离频繁动乱的中原，社会相对安定，因此，它像一块强力磁铁，吸引着北方汉民，从汉晋开始，北方汉民不断迁入闽海，前后延续1000多年。移民大大加速闽海的开发进程，至宋代，闽海大多数地区得到开发，社会经济不但走出了长期落后的境地，而且奇迹般地在短时间内跻身于全国发达地区行列，成为东南全盛之邦。

秦汉之前，闽海作为边陲地区、蛮荒之地，居住着闽越土著民，其最重要的文化标志是以蛇为图腾和断发文身，保持"信鬼神，喜巫觋，重淫祀"的习俗，原始崇拜和祝、卜、巫术信仰充斥整个社会。关于"淫祀"，按照《礼记·曲礼》被官方或士绅称为"淫祀"的民间信仰活动是指越份而祭，即超越自己身份地位去祭祀某一种神，宋代以后"淫祀"还包括了对不在政府正式封赐范围内的鬼神的信仰活动。直到隋唐五代时，这一蒙昧状态才有了较明显的改观。随着汉人不断移民闽海，汉族与当地土著民族之间的融合速度加快；另一方面，北方移民不断入闽，促使了闽海人口的迅速增长，有力地推动经济的发展，从而为文化的发展提供了物质条件；加上地方官注重兴办教育，网罗人才，使闽海文化长期落后中原的局面得到改观。

宋代，随着全国经济重心的南移，闽海社会、经济、文化进入大发展时期。据统计，宋代福建有县学、州学56所，书院75所，还有数以百计的书堂，学校书堂遍布城乡。教育的发达和读书风气的形成，使福建科举鼎盛，人才辈出。据不完全统计，宋代福建进士多达7 038人，占全国进士总数35 093人的五分之一；宋代宰相共134人，福建籍宰相有18人，数量之多居全国第三位；被《宋史》收入的福建名人有179人，为全国之冠。在宋代，福建涌现了一大批名扬中外的杰出人才，如理学的集大成者朱熹、天文家苏颂、法医家宋慈、史学家郑樵和袁枢、书法家蔡襄、著名的诗人杨亿、慢词大师柳永、诗论家严羽、文学家刘克庄等。

福建文化对中国乃至世界作出巨大贡献的是儒家学说的分支之一——闽学。闽学指以南宋朱熹为代表的福建朱子学派，发端于史称"海滨四"（又称"闽中四"）的陈襄、郑穆、陈烈、周希孟等，他们都是福州人。而将乐的杨时、沙县的罗从彦和南平的李侗（史称"南剑三"），则是闽学的先驱。胡安国、胡寅、胡宁、胡宏、胡宪等"胡氏五贤"也对闽学产生过重要的影响。

朱熹是闽学的集大成者和福建风水学理气派的代表人物，朱熹学说的形成标志着闽学的确立。朱熹的思想体系博大精深，他以儒家的伦理学说为核心，糅合了佛教、道教及诸子学说，建立起以"理"为中心，囊括自然、社会、人生等各方面内容在内的思想体系。《宋元学案》称他的学说"致广大，尽精微，综罗百代"。朱熹去世后不久，嘉定五年（1212年），皇帝批准朱熹的《四书集注》立于学馆，作为法定的教科书。从此，闽学获得了官方的正统地位近700年，成为我国封建社会后期影响最大的思想流派；同时，闽学还传播到东亚的朝鲜、日本等国，近代又传入西方，成为一门世界性的学说❷。可见，宋代儒家理学家朱熹对闽海文化的影响巨大。翟奎凤指出，朱熹作为宋代集理学之大成的思想家，他一方面秉承理学的理性精神，把鬼神解释为阴阳二气的屈伸往来；另一方面对儒家经典《五经》中关于鬼神的记载仍深信不疑。《五经》关于鬼神的讨论，既有非常哲学化、理性化的一面，也有充满宗教神秘主义气息的一面，前者以《易传》为代表，后者以"三礼"所论祭祀为代表。朱熹对《易传》"精气为物，游魂为变"、《礼记·乐记》"明则有礼乐，幽则有鬼神"、《诗经》"文王陟降，在帝左右"、《尚书》"周公为武王祷告"等儒家经典语句的诠释，无论是在经学史还是理学史上都有着重要意义。朱熹的鬼神观从根本上说是一个类似宗教信仰的问题，其中的一些矛盾很难完全从知识理性的角度来贯通。在他看来，人们祭祀天神、地祇、人间神仙等，一方面是气的感通，另一方面是精神信息与情感的感通❸。在祭祀中，天地人神与时空获得了一种感通与统一，其

❶ 孙雯. 昙石山文化遗址——独具海洋文化特性的史前文化遗存[J]. 生态文明世界，2016(4)：66-73，7.

❷ 朱卫新. 汉字与汉文化在东亚的传播与影响[J]. 东北亚论坛，2017(1)；夏天弈. 汉文化对东亚地区文化的影响[J]. 文化月刊，2019(9)：142-143.

❸ 语出《易·系辞上》："《易》无思也，无为也，寂然不动，而遂通天下之故。"意思是此有所感而通于彼。意即一方的行为感动对方，从而导致相应的反应，以至诚通达而获得回应。

根本在于寻求天地人神之间形成一定关系的统一性与连续性❶。

傅锡洪指出，在朱子学的理论构造中，有关鬼神的论述涉及"鬼神主乎气而言"和"鬼神以祭祀而言"两大论题。朱熹极力主张"两样鬼神""不是二事"，这与儒家的"天人合一"有密切的理论关联。首先，从《礼记·乐记》"明则有礼乐，幽则有鬼神"的观点出发，"鬼神即是礼乐道理"，此点结合《礼记》《易传》的相关论述，可以窥看天道与人道是如何沟通的；其次，朱熹"鬼神之理，即是此心之理"之说，祭祀之时求阴求阳、诚报气通，人神"合莫"而绝非假设。在中国传统儒学中，人道本于天道，人伦基于自然，故"神道设教"的"神道"被诠释为神妙之道，即礼乐之道，也即是天地自然之道❷。

张清江在《信仰、礼仪与生活——以朱熹祭孔为中心》中指出，对朱熹来说，先圣是儒家神圣价值在世的典范，并为后世儒者提供了效法的"原型"，需要不断地回溯和体认。先圣作为儒家思想之"道"的象征，成为"神圣"介入其生活世界的基本方式。朱熹对先圣的特定信仰，以及对祭祀、鬼神和祈祷等观念的特别认知，在祭祀礼仪的特定氛围下交织建构起一个独特的意义空间，使之成为"遭遇先圣"的神圣时空，在其中，朱熹获得的价值体验，是通过精神反省和超越的真实过程而实现的自我转变，具有深刻的精神性意涵❸。另外，明代大儒王阳明的"心学"和"知行合一"思想也广泛影响福建学风、民风。

明代灭亡，台湾成为奉明正朔的重要海外据点之一。台湾也是大陆闽粤移民的重要地区。每一波移民浪潮把家乡供奉的神像和巫觋随行，随着移民或迁徙或定居某处。1895 年日本割占台湾时，台湾有 3 000多家寺庙，神明会有 6 000 多家❹。

综上，闽海文化的形成是历代人民在不断适应地域环境下的产物，其间社会政治制度、经济、战争、航海技术等众多因素是促使闽海文化形成的主要推动力。台湾文化则是闽海文化的海洋化拓展部分，闽海文化圈是中华文化的重要组成部分。

3.1.2 闽海文化的历史形成

闽海文化发展和演变经历了漫长的历程。大约在青铜时代（夏、商、周时期），福建已有古老民族"闽族"或"七闽"出现。他们有众多的支系或族团，由此形成不断迁徙、开垦，在蛮荒之地逐步建立起一个又一个居民点，其范围遍及闽海各地，并且进入今闽海毗邻的周边地区（如浙南、赣东北、粤东）❺。春秋时期，越国被楚国所亡后，大批越人南迁，进入闽中之后，他们与当地土著闽人结合而形成闽越族。无诸作为勾践子孙，凭借才干和实力，逐步消灭割据局面，统一闽中各地的主要闽族支系和于越族武装，并乘战国之世、诸侯争立的机会，自封"闽越王"，建立闽越国，并祀奉越国先祖。这些措施，既加强了越人的统治地位，也加速了闽、越两族的融合。

秦灭六国之后，福建设立了闽中郡，在中国版图上第一次出现了福建行政区。汉高祖五年（前 202 年），闽越国的建立揭开了福建文明史的新篇章。秦汉两朝初期，中央政府虽然先后在福建设立闽中郡和闽越国，但均实行"以闽治闽"的政治方略。此时，汉文化在福建的影响还较小❻。

东汉末年，中原战乱兴起，人们四处逃亡，闽中时为人烟稀少的边陲之地，不少逃亡的中原汉民，开始大量入闽。三国时期，占据东吴的孙吴集团把福建作为东吴的后方基地，先后五次派遣军队入闽，更带动了大批北方汉民入闽。经过东汉末、三国时期北方人民的南迁，在闽中的闽江流域及沿海地区，北方汉人的移民社会已经形成初步的规模，这一时期闽中的人口数量大约在 10 万至 20 万人之间。两晋南北朝时期，北方汉人陆续迁入福建，出现第一次北方汉人入闽高潮，其中规模较大的有三波段：第一波发生在西

❶ 翟奎凤. 朱熹对《五经》鬼神观的诠释[J]. 河北学刊，2016(6)：16-20.

❷ 傅锡洪."两样鬼神"何以"不是二事"——论朱熹鬼神观兼及江户儒者的质疑[J]. 杭州师范大学学报(社会科学版)，2015(3)：10-17.

❸ 张清江. 信仰、礼仪与生活——以朱熹祭孔为中心[M]. 北京：中国人民大学出版社，2020.

❹ 卓克华. 从寺庙发现历史：台湾寺庙文献之解读与意涵[M]. 台北：扬智文化事业股份有限公司，2003.

❺ 王耀华. 福建文化概览[M]. 福州：福建教育出版社，1994.

❻ 杨琮. 闽越国文化[M]. 福州：福建人民出版社，1998.

晋末永嘉年间(307—312年),为了躲避战乱,北方汉人的大批入闽。清乾隆《福州府志》卷七十五有所谓入闽姓氏“林、黄、陈、郑、詹、丘、何、胡是也”之说,此即“中原八姓,衣冠南渡”之始。第二波移民潮发生在东晋末年,卢循率农民起义军攻入晋安,在福建活动达3年之久。农民起义失败后,其余部散居在福建沿海地区。第三波移民潮发生在南朝萧梁末年的侯景之乱,福建成了避乱之所,移民涌入的数量很多。

从汉代至魏晋南北朝时期,北方汉人入闽的主要路线大致有以下几条:(1)由浙江常山境内的广济驿上岸,转入旱路,绕道江西铅山至闽海崇安经分水关(在今武夷山)入闽。这条沿山路线距离较长,但路途较为平坦。(2)由江西临川、黎川越东兴岭经杉关入闽。杉关一带地势较为平坦。(3)由浙江江山的清湖上岸,转入旱路,经二八都至闽海浦城仙霞关入闽。这条“仙霞古道——南浦溪”路程较铅山线短,但路途险峻。(4)由海路入闽。这一时期北方汉民的入闽,不仅增加了众多的劳动力,而且带来先进的农业生产工具和技术,从而使闽中的许多地区得到开辟耕作,社会经济逐渐发展。

唐代前期,出现第二次北方汉人入闽高潮。唐初,九龙江流域爆发所谓“蛮獠”的“啸乱”,唐高宗麟德年间(664—665年),朝廷派曾镇府驻扎九龙江东岸。总章二年(669年),复派陈政、陈元光率府兵3 600多名,从征将士自副将许天正以下123员入闽。平定叛乱后,朝廷准元光之请,在泉、潮之间置漳州,委陈元光任漳州刺史,把所属军队分布于闽南各地。陈军将士所到之处,且守且耕,招徕流亡,就地垦殖,建立村落。据统计,先后两批府兵共约7 000余人,可考姓氏计有60余种,还有随军家眷可考姓氏者40余种,这数十姓府兵将士及其家眷,繁衍生息,形成了唐代开发九龙江流域的骨干力量,逐渐缩小了与泉州等地社会经济发展上的差距。如果说第一次北方汉人入闽高潮主要是以灾荒和战乱移民为主的话,那么这一次入闽高潮则是以军事移民为主。

唐末五代,中原战乱加剧,军阀割据一方,民不聊生,北方士民再次南迁,形成汉人入闽的第三次高潮。其中尤以王潮、王审知兄弟率部入闽的数量为巨,王氏为秦国名将王翦之后。光启元年(885年),王氏部队进入福建,并逐渐控制整个福建,后来其子弟建立了闽国,是在福建建立的第一个地方性割据政权[1]。王审知在福州还修复和创建了许多寺庙和塔,这些寺、塔后来成为有价值的文物。后世外迁移民遂以王审知为神明——开闽王,也有宗教信仰者报恩因素。此次入闽的北方汉民主要由这样几部分组成:一是随王潮、王审知兄弟入闽的军队和家族,利用政治上的优势,各自在福建寻找合适的地点定居下来,从而成为地方上的大姓;二是众多北方的政客、士子、文人入闽;三是漂泊不定的僧人;四是北方各地的士民,其中包括仕宦、流卒、商贾及一般贫民。

宋代,中国的经济重心已继续南移,北方汉人大量向南方迁徙,已成为当时人口发展的一种趋向。自北宋以来,北方汉民在和平环境里迁移入闽的数量有明显的增长。北宋、南宋之交及宋元之交的战乱,促使许多北方汉民纷纷迁移入闽。宋元时期北方汉民入闽后,相当一部分散居于闽西、闽北地区,促使这一地区人口数量显著增长,进而促进闽西、闽北山区经济、社会的迅速开发。另外,在“海上丝绸之路”兴盛的宋元时代,外国人大批移居福建,众多的“蕃客”侨居在泉州、福州等沿海港口,形成“蕃坊”“蕃人巷”,如泉州德济门外的青龙巷、聚宝街一带就是当时海外移民的聚集地;他们还在侨居地建“蕃学”、传“蕃文”,播“蕃俗”;有些长期侨居的蕃客还与本地人通婚,出现“夷夏杂处”的局面,成为宋元福建移民史上的一大特色。

明清时期,随着北方移民不断入闽和人口的繁衍,福建人稠地狭的矛盾越来越突出,出现了“闽中有可耕之人,无可耕之地”的情况。因此,这个时期的福建人口流动出现两大新的特点:第一个特点是结束了一千多年来以输入人口为主的迁徙史,开始以输出人口为主的迁徙史。输出人口的主要地区有:向周边省份迁徙,向台湾迁徙、琉球迁徙,向海外移民(移民东南亚,移民东亚日本、朝鲜等)。同时,福建省内

---

[1] 王潮(846—898年),原名王审潮,字信臣,光州固始县(今河南省固始县)人。唐代末年福建割据军阀,五代十国闽国的奠基人。王审知(862—925年),字信通,祥卿,号白马三郎,河南光州固始人。自光启元年(885年)入闽直到去世,在闽39年;其中,他在福州32年,先后任福州观察副使、威武军留后、检校刑部尚书、威武军节度使、同中书门下平章事、检校右仆射、检校司空、特进检校司徒、检校太保、琅琊王、中书令、福建大都督长史、闽王等。

的再次迁徙活动异常活跃。

从汉晋到明清,北方汉民迁徙入闽的脚步从未停歇。闽北是北方汉民入闽时最先到达的地点,但由于闽北山区山高林密、交通不便,生产及生活条件较为恶劣,从北方移居来的部分汉民,往往又从闽北地区向闽江下游及沿海平原地带等生活条件较为优越的区域转徙,随着这些区域的开发和社会经济的发展,人口的数量急剧增长,农业开发逐渐趋于饱和状态,人口与土地之间的紧张关系促使平原和沿海先开发区的居民逐渐向省内那些自然条件较为恶劣的未开发区迁移。明末崇祯兵部尚书梁廷栋的上书提到"怀资贩洋"的闽人多达 10 万人❶。

近代鸦片战争之后,清光绪十九年(1893 年)清政府正式废除海禁,允许人们自由出入国境,对闽粤人移民海外产生了巨大影响。这个时期,闽人移民东南亚和欧美等国家和地区形成高潮,他们或出国贸易经商,或做华工等。周凯的《道光厦门志》卷八《番市略》记载:"闽南濒海诸郡,田多斥卤,地瘠民稠,不敷所食……所以裕民生者非细,富者挟资贩海,或得捆载而归;贫者为佣,亦博升斗自给。"❷另据统计,光绪十七年至民国十九年(1891—1930 年),出国人数多达 116.8 万人❸。无论是"怀资贩洋",还是"挟资贩海",都真实反映了闽人经商移民的历史。

3.1.3 闽海文化主要特征

闽海的地域划分与闽海系概念相关,是本书借用民族学、社会学、地理学、语言学等领域研究成果的基本概念。福建系的划分与民系相关。所谓民系(sub-nation),一般是指一个民族内部的分支,分支内部有共同或同类的语言、文化、风俗,相互之间互为认同。其引申义用来指同属一地区有相互认同的人,不一定需要满足符合内部语言、文化、风俗相同的要求,民系概念的使用仅限中国大陆。民系概念较早由广东学者罗香林因汉族等庞大的民族、因时代和环境的变迁而逐渐分化形成不同的亚文化群体现象而创立的学术概念。经过几十年的发展,这一术语已约定俗成,为中外学术界所接受。

潘安认为:"民系是一种亚民族的社会团体,是民族内部交往不平衡的结果,每个民系都有自己的方言、相对稳定的地域和程序化的风俗习惯与生活方式。"❹余英认为,民系的内涵是同一民族内部具有稳定性和科学性的各个独立的支系或单元。❺ 中国南方的五大民系都是民族迁徙的产物,闽海系也是汉民族在历史大迁徙过程中逐步形成的。根据历史学、语言学、人类学等领域的学者研究表明,闽海系的形成受到三大方面因素的影响❻:一是语言条件。地方方言的产生是民系产生的前提条件之一。二是外界社会环境条件。战乱、异族入侵、社会动荡等因素加速了民系的产生和形成。三是自然条件。早期历史上,闽海人定居的地理交通不便,外界信息难以快速和便捷地沟通,阻隔了汉民族与其他民族的联系,在南宋以后大为改观。在这三大方面因素的共同作用下,在汉民族文化整体发展过程中,闽海系先民保存的原中华文化系统和语言系统逐渐产生时空变化,形成了相对独立的闽海系文化。

闽海系文化的分布基本上与今福建省的行政区域相吻合,仅有闽西、闽西南为客家系,以及闽海最北的浦城县为越海系的南部边界。闽海系的南部边界跨出了福建省界延伸到广东的潮汕地区,东部边界越过台湾海峡延伸到台湾、澎湖列岛等地。具体而言,闽海系地区包括闽南地区、闽东地区、莆仙地区、闽北地区、闽中地区及其整个台湾地区等。

其中,闽南地区文化尤为突出,闽南即福建沿海地区的福州、厦门、泉州、漳州、莆田 5 个地级市行政辖区,1990 年人口统计有 1 900 多万,占全省的 2/3;面积 4.2 万平方公里,占全省的 1/3。历史上的闽南是我国东南的商业贸易繁荣地区,泉州港在宋元时期是世界第一大港,闽南人分布广泛,台湾有七成的闽

❶ "中央研究院"历史语言研究所.明实录[M].第 94 册.上海:上海古籍出版社,1983.
❷ [清]周凯.道光厦门志(清道光十二年影印本)[M].厦门:鹭江出版社,1996.
❸ 于佳萍.清代闽人迁移东南亚的原因:以闽南人为中心.[D].厦门:厦门大学,2008.
❹ 潘安.客家民系与客家聚居建筑[M].北京:中国建筑工业出版社,1988.
❺ 余英.中国东南系建筑区系类型研究[M].北京:中国建筑工业出版社,2001.
❻ 戴志坚.闽台民居建筑的渊源与形态[M].福州:福建人民出版社,2003.

南人,海内外使用闽南方言的人将近6 000万人。闽南地区位于台湾海峡西岸,具有优越的地理位置,丰富的地方资源,广泛密切的侨、港、台社会关系,该区工农业生产、出口创汇、地方财政收入、人均国民生产额和科教文事业发展等各项主要社会经济指标均在全省占有重要位置,也是福建省经济较发达的地区。

大陆全国性儒家政治思想随着历史上的几次移民大迁徙被带入台湾地区,大陆文化对台湾海洋文化具有很强的影响。

3.2 闽海民间信仰发展历程

民间信仰是了解一个社会民众心态和日常生活场景的重要途径,更是考察该区域在社会历史变迁中必须关注的一个方面。古代的闽海普遍保持着"好巫尚鬼"的民间传统,也是鬼神文化传播的主要地区。根据《八闽通志》卷五十八《祠庙》记载:"礼法施于民则祀之,以勤死事则祀之,以劳定国则祀之,能御大灾、捍大患则祀之,有戾乎此者皆淫祀之。闽俗好巫尚鬼,祠庙寄闾阎山野,在在有之。"从该书《祠庙》中收录的119个民间俗神来看,其中有69个神明的主要职能是祈雨、祈阳、祈风、驱瘟避疫等❶。古人敬畏超自然的人、物或其象征物,创造出各种与之相关的神明,加以顶礼膜拜。神明崇拜既是一种象征性的供奉活动,也是举行礼仪时的种种信条和神话内容的体现❷,仪式是民间信仰神明崇拜的重要形式和内容。民间信仰仪式空间具有丰富的文化象征意义。

随着历史上几次大移民,如汉晋之后中原汉人大批迁徙福建、明末清初闽人大批移民台湾等,民间信仰在闽海得到迅速传播❸。

3.2.1 闽海民间信仰发展历程

闽海民间信仰源远流长,至迟在4 000年以前就产生了原始宗教,逐步形成了"好巫尚鬼"的传统。秦汉以前,整个闽海原始宗教和巫术盛行。闽海地处东南沿海,为百越族中的"闽越"族,其特殊的地理位置决定了秦汉以前闽海民间信仰自成体系,并对秦汉以后中国传统文化在闽海较为完整地保存和长期延续产生了重大影响。原始宗教即以灵魂不死、万物有灵、图腾崇拜、祖先崇拜为主要内容的宗教信仰。早在4 000多年前,闽越族已有了灵魂不死的观念,这一点从昙石山文化遗址以及2001年漳州发掘出土的"虎林山遗址"中的墓葬及其相关随葬品等已得到印证❹,同时也折射出中原文化对闽越族原始宗教信仰的深刻影响。与此同时,巫术也非常盛行,如昙石山文化遗址及汉代刘向的《说苑·奉使》、漳州华安县仙字潭的岩刻画像等都充分证明了闽越巫术的盛行。

三国至唐中期是北方民间信仰的传入和初步发展的时期。秦汉时期,随着汉武帝派兵入闽,闽越国的灭亡,闽海人口锐减,但闽越族的宗教信仰并没有因此而消亡,部分闽越人躲进深山老林,因此,在很长的时期,这些闽越人仍然保留着原来的宗教信仰,并且这些原始的信仰随着西汉后期管理制度的改变而逐步渗入汉民族中,被汉民族所承袭,如对蛇、蛙等自然崇拜至今仍残存在福建民间❺。汉以后,闽海与中原交往有所加强,特别是西晋末年"永嘉南渡",闽海深受中原文化的影响,如对山川水火、日月星辰、风雨雷电以及动物、植物、天地等对自然崇拜也随着汉族的南迁而入驻闽海,2002年底,漳州考古挖掘出土的东晋太元年间的墓葬,南安丰州、莆田西岩寺等地发现的西晋太康年间的墓葬中都发现了许多刻有青龙、白虎、朱雀、玄武和莲花图案以及"猪形怪兽"的随葬品等,这些都足以证明两晋时期,闽南地区的原人带来了中原的神明信仰。另外,道教和佛教也随着北方移民传入福建,并且这些宗教思想与闽海的神话传说及巫术有机地结合起来,创造了许多俗神,如十三仙、何九仙、太姥等,成为民间淫祀的重要对象。综上

❶ [明]黄仲昭.弘治八闽通志(卷六〇,祠庙)[M].福州:福建人民出版社,2006.
❷ 吴泽霖.人类学词典[M].上海:上海辞书出版社,1991.
❸ 林国平.闽台民间信仰源流[M].福州:福建人民出版社,2003.
❹ 段凌平.闽南与台湾民间神明庙宇源流[M].北京:九州出版社,2012.
❺ 林国平,彭文宇.福建民间信仰[M].福州:福建人民出版社,1993.

可以得出：魏晋南北朝以前为闽南民间信仰的起源时期。这一时期包涵了中原文化的主要方面，也融合了楚越文化的部分构成。

唐至宋元时期是闽海民间信仰迅速发展和本土化的时期。该时期，闽海社会相对稳定，经济、文化发展迅速，佛教、道教、伊斯兰教等都得到了迅速发展。对于民间信仰而言，唐至宋元时期，闽海掀起一场声势浩大的造神运动，各种类型的地方神在这一时期被塑造出来，如妈祖、保生大帝、临水夫人、清水祖师、三平祖师及其地方清廉官员也被作为神明供奉。在这场造神运动中，从北方传入的民间信仰，进一步与闽海本土的人文、地理相适应，并产生了若干变异，呈现出本土化的倾向，这是民间信仰文化生态适应地域自然环境的结果，如关帝原先只是被视为儒家忠义形象的化身受到崇拜，随着宋元时期闽海商业的繁荣和海外贸易的发达，关帝被民众视为财神和海上保护神，不少沿海的传统聚落中都建有关帝庙❶。在道教发展过程中，关帝又被纳入道教俗神。城隍神原先为保护城池的神，宋代发展为司民之神，具有秉人生死、立降祸福的职能，百姓有疑难之事多到城隍庙祈祷，城隍神成为冥冥世界中的一位父母官。明代洪武时期把“三巡会”纳入国家祭祀之中。除此之外，本土化还体现在塑造了一系列具有浓郁地方特色的本土神，如医神保生大帝（吴夲），大多数神明如妈祖、陈靖姑、药王菩萨等，也赋予了驱邪祛病的医疗神力。

明清时期，闽海民间信仰的兴盛和对外辐射的时期。这一时期，佛教与道教在闽海逐步衰落，特别是明代嘉靖以后，为了缓解“军储告匮”之危，对天下寺观田地加倍征税，致使佛、道教进一步衰落。而与此同时，闽海闽南地区经济出现新的发展高潮，区域经济的发展带动了特定区域整体力量的增长，民间信仰则以各种方式加速形成和发展，甚至与一些民间宗教相互借鉴、融合。

近代至民国是民间信仰相对衰落的时期。这一时期，随着太平天国和民国政府对宗教信仰的反对，闽海的民间宫庙发展处于相对沉寂的阶段。如 1919 年晋江县城隍庙被改为泉州中学，1937 年德化县政府下令破除迷信，许多宫庙的神像被毁，形成有庙无像的局面。但由于民间信仰根植于民众中，民间信仰的庙宇数量仍较多。这一阶段民间信仰并没有因破除迷信的政策而消亡❷。

3.2.2　闽海民间信仰文化特征

闽海民间信仰文化特征，主要表现如下：

一是实用功利性与多元融合性。闽海民间俗神众多，几乎所有的神明都有一定的职能，诸如祈雨旸、驱疫病、御寇弥盗、抗灾御患、避灾降福、祈风涛险阻、祈求发财、祈求子嗣、祈求平安、祈求官运亨通、祈梦等等，这些神的职能与百姓日常生产、生活有着十分密切的关系，是百姓根据自己的需要赋予不同神明的。闽海民间俗神的职能是多元的，一般来说，每个神明都有一种主要职能，同时兼掌其他职能，且神阶越高，职能也越多，充分满足信众的各种需要，体现了闽海民间信仰的功能性特征。在神人关系上也是如此。神明受人香火和膜拜，也就必定要为人祈福消灾，因此，“有求必应”和“有应必酬”成为闽海民间信仰的普遍现象。

在闽海境内数以千计的寺观祠堂宫殿中，不同宗教的神明被供奉在同一庙宇中，和睦相处，分享百姓香火的现象相当普遍。如福州鼓山樟岚村的樟岚庙大殿内供奉着土神红白帝爷、大王、三元帅等，配殿供奉临水夫人、土地公等，后殿供奉文昌帝君、观音、泗洲佛等。莆田黄石玉溪祠更为典型，该祠建于明末，中间供奉 30 多位神明，包含着佛教、道教、三一教以及其他民间俗神，几乎成为莆田市神佛世界的缩影。如此众多且来路不同的神明同住在一个寺庙中，集中地体现了闽海民间信仰的融合性和多神教的特征。道光《厦门志》云：“邪怪交作、石狮无言而称爷，大树无故而立祀，木偶漂拾，古柩嘶风，猜神疑仙，一唱百和，酒肉香纸，男女狂趋。”❸

宁德古田临水宫：位于宁德市古田县大桥镇中村，大桥镇在唐代称作临水。唐贞元八年（792 年）始

❶ 郑舒翔. 闽南海洋社会与民间信仰——以福建东山关帝信仰为例[D]. 福州：福建师范大学，2008.

❷ 段凌平. 闽南与台湾民间神明庙宇源流[M]. 北京：九州出版社，2012.

❸ [清]周凯. 道光厦门志（清道光十二年影印本）（卷十五，风俗志）[M]. 厦门：鹭江出版社，1996.

建,元至正七年(1347年)重修。清光绪元年(1875年)毁于火,翌年重建。历史上曾称顺懿庙、龙源庙、龙川庙,为海内外顺懿(临水宫)祖庙。

临水宫为木构建筑,依山而建,红墙绿瓦,参差错落。宫门顶上嵌挂着的是南宋理宗皇帝御赐的"顺懿庙"匾额。临水宫占地3 000多平方米。全宫设有前、后、左、右四个分殿。前殿有两重仪门,前殿大院内有古戏台、钟鼓楼、拜亭和正殿。走进前殿,古代辉煌的艺术令人眼花缭乱。正殿为木构架抬梁结构,以精雕细刻的廊柱斗拱、雕梁画栋形成大小藻井。正厅中间供奉着相传以陈靖姑真身塑造的神像,泥金彩塑,神采奕奕。身旁左右供奉着与古田毗邻的罗源县女神林九娘和连江县女神李三娘。两边的钟鼓楼,是双层阁楼,雕梁画栋,精美绝伦。正殿的神龛下,体态魁梧的文臣武将分列两旁,另有四尊类似金刚的守护神两两相对,神态威武。整个正殿显得格外庄严肃穆。后殿由陈母葛夫人殿、梳妆楼和三清宫组成。左为太保殿;右殿塑有三十六婆官像,壁上保留陈靖姑出身及其降妖伏魔故事传说的绘画,是研究清代建筑艺术和中国道教三奶派的重要实物资料。由此可见,古代百姓是按照自己的需要塑造神明。他们把世俗里人与人之间的关系移植到宗教的神与人之间的关系中去,相信在世俗的人际关系中,既接受了人家的钱财,就应该为人家排忧解难。

闽海民间信仰的多元融合性的特征,与中国传统文化中的"厚德载物"精神和三教合一思想紧密地结合在一起,有其深厚的文化基础。《易经》中"厚德载物"精神,培育了中华民族效法大地负载万物的宽厚德性,使中国文化在对待外来文化中表现出很大的宽容性和强烈的融合性。

二是区域性与宗族性。福建处于丘陵地带,境内山峦叠嶂,江河纵横,交通极不方便,不同地区之间的往来比较困难,基本上处于相对隔绝的状态。特别是福建的汉民族是从东汉以后陆续从北方迁徙入闽的,除了几次大规模移民进入福建外,小规模的移民活动接连不断,前后延续了千余年。迁徙入闽的北人除了河南中州外,还有从两湖、江浙、江西等地转徙而来的,他们多是举族南迁,带来了各自的语言特征和风俗习惯。入闽后,又往往聚族而居,保存着原有的语言特征和风俗习惯,加上交通闭塞,不同地区间交往甚少,逐渐形成了不同的方言。自然地理条件闭塞和方言的不同,导致了福建人具有十分强烈的地缘观念,反映在民间信仰上就产生了不同区域间的明显差异。另外,府、州、县行政区域的划分和明清时期里甲制度的推行,对于闽海民间信仰区域性特征的形成也产生了重大的影响。

福建民间信仰的区域性特征具体表现为大到方言区、小到聚落铺境所崇拜的神明存在着明显的差异。从方言区来看,临水夫人信仰主要在以古田、福州为信仰中心的闽东方言区内流行,保生大帝信仰则主要在以漳州、厦门、泉州为信仰中心的闽南方言区内流行,定光古佛信仰在闽客方言区内有较大的影响。

在同一方言区内,不同的府、州、县又有不同的神明崇拜对象。以闽南方言区为例,开漳圣王、三平祖师信仰主要在漳州府属各县流行,而清水祖师信仰则主要在泉州府属的永春、安溪、德化等县流行,广泽尊王信仰主要在南安县流行,青山公主要在惠安县流行,等等。其他方言区的情况也大致如此,各府、州、县都有自己的保护神。

与地域性的特征相联系,福建民间信仰又具有强烈的宗族性特征。秦汉以前,福建原是闽越族的聚居地,西汉元封元年(前110年)闽越国被灭,除了小部分闽越人遁逃山谷外,大部分闽越人被强制迁往江淮一带。东汉以后,北方士民开始陆续南迁入闽,为了克服迁徙途中的艰难险阻,他们多是举族南迁。入闽后,为了在新的环境中求得生存和发展,他们也多聚族而居,依靠家族或宗族的力量来保护自身的利益,甚至利用家族或宗族的力量来扩大本族的势力范围。也就是说,在北方士民迁徙和定居福建的过程中,宗族或家族内部的团结起着十分重要的作用。而维护宗族或家族内部团结的途径,除了传统的宗族制度外,有的还把宗族制度与民间信仰有机地结合起来。比如不同的家族有各自的祖先崇拜,有的往往还有本家族或宗族的保护神。通常每个家族至少有一座家庙或族庙,有的家族的家庙或族庙有几座甚至几十座,如莆田戴氏家族有戴公庙、状元庙、天妃宫、三教祠、广济庵、半月堂等十余座神庙,惠安山腰乡庄氏家族拥有各种庙堂不下50座。由于福建自古以来就有聚族而居的传统,里社一类的基层行政区域往往根据不同家族的居住区来划分,家族守护神与里社守护神从神明到职责相合归一的现象相当普遍。不同家族或里社的守护神都有特定的守护地域,抬神巡游时不能越界犯境,否则就会引起家族间的冲突甚至械斗,使民间信仰带上了宗族性的特征。故民间信仰与家族制度的结合更加密切。

三是民间信仰移民性与传播性。神缘,大致的意思是因各种神明信仰而结成的社会组织和纽带。它以一定的人神结构关系决定人们的社会秩序,是人们在长期社会交往中形成的相对稳定的关系模式、结构和状态。

闽海民间信仰的信众结成的神缘社会丰富了传统社会纽带。一般的社会纽带主要是血缘和地缘,民间信仰随着信众的迁徙发展了神缘纽带。例如,福州市茶亭街的"五帝庙"是一种很特别的历史内涵非常丰富的民间信仰崇拜,"五帝庙"也被称为"五通庙""五显庙""五福庙""五圣庙"的。其表面为瘟疫神,实际为祭祀明初战争死亡的军人;明清易代之后,汉族民间社会又托名张、刘、钟、史、赵等五位举人舍身救城民的故事继续保留寺庙对亡者的祭祀活动,它又成为寄托民间追奉明代的隐秘的民族情感的寄托物。台湾的五帝庙,都是从福州分灵过去的。连横《台湾通史》中对台湾民间"五帝"崇拜有详尽的论述:"五福大帝,庙在镇署之右,为福州人所建。武营中尤崇奉之,似为五通矣。然其姓为张,为刘,为钟,为史,为赵,均公爵称部堂,制若帝王。"❶由于五帝庙随着福州移民又传入台湾,从而成为闽台神缘纽带和文化象征物。这种特殊的民间崇拜只有闽台两地才有,其内涵无论如何改变,海峡两岸五帝信仰一脉相承是改变不了的,两岸神缘也像两岸同胞的亲缘一样,是其他力量切割不断的。所以,五帝庙对于闽海来说,又具有非常重要的神缘关系。

在台湾,五帝崇拜也很盛行,比较著名的有台南市忠义街的五帝庙,彰化市、嘉义市、高雄市、屏东市等地都建有这一类的祠庙。总之,闽海的"五帝庙",最早建立的就是福州茶亭街的"五帝庙",也可以说它是闽海五帝庙的祖庙❷。台湾客家民间信仰中的神明大多源自大陆,如妈祖、关帝、公王、伯公等。

神缘也是血缘的一种投影,民间信众结成的神缘社会丰富了传统社会的人际交往纽带,通过拟制血缘扩大人际交往范围,形成新的社会纽带❸。例如,一些特定行业家族和劳工组织拥有自己的行业神信仰,他们借信仰某一共同神明完成身份认同,并通过宫庙建筑、大型的敬神祀神活动等向社区表达自身及该组织的存在。卞梁、连晨曦以台湾大甲镇澜宫为研究对象,考察了镇澜宫在台岛内的实际活动、运作,指出其兼具典型性及特殊性。其典型性在于,镇澜宫是岛内繁复民间信仰体系的代表,代表着基层那种"只求个人与家庭之富贵财子寿"的淳朴信仰。其特殊性在于,不同于诸多小型宫庙所具有的信仰号召力,镇澜宫妈祖的影响力已远超民间信仰的范畴。镇澜宫已成为海峡两岸关系发展历程中的重要坐标,其影响力辐射两岸。究其根源,妈祖作为两岸共同的海神,千余年来一直闪耀人性光辉与神性,长期发挥着护国庇民的作用。以大甲镇澜宫妈祖为代表的中国民间信仰应进一步突破自身局限,凝聚起推动两岸和平统一的重要岛内社会力量。以"和平女神"妈祖为主要联系纽带的两岸民间信仰文化交流体系,是"两岸一家亲"理念的基础❹。

3.2.3 闽海民间信仰当代文化社会功能

闽海民间信仰当代文化社会功能主要表现在四个方面:传承文化、促进闽海两地文化交流、创新民间信仰文化发展、开拓民间社会纽带和社交网络等。

一是传承文化,形成文化共融共生。闽海民间信仰文化具有兼容并包、扬善弃恶的思维方式和价值追求。佛道教传世经文所体现的信仰和主要信念、民间信仰活动实践等在闽海民间社会生活中的影响和作用既有正面影响,也难免存在不足。要求我们以去糙存精的态度对待这文化遗产,加强引导力度。深度认识其社会功能,有效发挥其道德教化、凝聚人心、文化娱乐、心理慰藉等积极作用。

---

❶ 连横.台湾通史(卷二二,宗教志·台湾庙宇表)[M].北京:人民出版社,2011.

❷ 廖天章.福州茶亭街"五帝庙"与闽台神缘[J].福建史志,2012(3):35-37.

❸ [加]苏珊·平克.村落效应:为什么在线时代,我们必须面对面重新连接?[M].青涂,译.杭州:浙江人民出版社,2017.

❹ 卞梁,连晨曦.大甲妈祖与两岸民间信仰互动的文化学阐释[J].闽台文化研究,2019(1):38-45;卞梁,连晨曦.民间信仰与公共事务——以台湾大甲镇澜宫为研究对象[J].武陵学刊,2020(6):45-49,55.

二是可促进闽海两地及跨地区、跨国文化交流。例如，张圣君是唐宋之际真实人物，后来发展为闽海的农业神。张圣君素有"陆上圣君，海上始祖"的尊称。俞黎媛通过个案考察，指出闽中地区张圣君信仰通过延伸神祇职能，复苏传统祭祀仪式，开展庙际联谊等途径成功转型和复兴❶。柯兆云指出：发祥于福州地区的张圣君信仰，是闽台颇有影响力的民间信仰。近年来，榕台张圣君信仰文化交流热络，成为海峡两岸民间信仰文化交流热点之一。榕台张圣君信仰文化交流加深了海峡两岸人民情感，成为海峡两岸文化交流的桥梁。探讨张圣君信仰文化及其在两岸文化交流中的作用，对弘扬中华文化、增进海峡两岸融合发展、促进祖国统一大业有重要意义❷。一脉相承的闽海民间信仰是维系两岸关系的重要纽带。2018年5月17日，首届海峡两岸张圣君文化节开幕，100余位来自台湾的信众聚集在福州闽清县金沙镇张圣君祖殿，进香朝拜，开展祈福交流活动。

三是创新民间信仰文化发展形式，促进基层社会公共治理，协调宗教信仰与城镇化关系。乡村人口流动性加大、经济快速提升以及现代社团组织制度初步确立，使得民间信仰向民众的公共性事务发展和过渡，需要协调当地宗教信仰与城镇化关系。吴江姣、郑衡泌以闽海永安市唐王庙（主祀"孚佑广烈王"李肃）为例，探析村落庙宇的城镇化❸。研究发现唐王庙通过从村庙向区域性庙宇转化，以地方神的新身份去适应和嵌入新的城镇生活空间：(1)在精神生活上满足了附近居民的信仰需求，信众数量增加；(2)响应新老信众的信仰需求，创设庙会出巡活动，扩大信仰空间；(3)通过庙宇建筑、例行信仰活动、请神出巡等途径扩大其影响力；(4)管理组织多主体化、专门化、市场化和现代化；(5)通过登记活动场所、信仰活动仪式正规化、纳入道教协会受政府间接管理等实现合法化，响应城镇法治化发展要求。

四是社交功能，解读村落空间。乡土社会是相对稳定和静态的，形成了富有历史底蕴和社会内容的村落空间。传统聚落是熟人社会，以血缘和地缘关系为基础的村庄社会关联构造了以熟悉和亲密为基本特征的微观权力关系网。熟人社会秩序主要表现为日常生活和仪式情境。人情互动是村庄社会里家庭人伦的扩展。村庄社会的人情互动体现在生产生活的诸多方面，例如劳力配置、生产帮扶、生活互助等。人情互动是熟人社会秩序再生产的重要方式。

乡村社会的民间信仰作为一种社会关系结构，以身份伦理为中心，以人伦实践为基础，呈现出一种根植于一定社会空间的伦理本位和关系本位❹。村落中的民间信仰、庙会仪式、民俗活动等具有塑造地方社会结构秩序的机制。龙柏林等认为，仪式整合是传统文化整合的空间路径，且通过空间控制的形式实现文化的空间渗透，主要表现为空间场域的确立、象征系统的空间在场以及制度化、生活化的空间渗透❺。在乡村振兴战略实施的背景下，回到村落历史与社会的深处探究村落空间的社会学意涵，有助于深化村落空间秩序的理论认识。

传统村落社会发展中的很多问题都与村民之间的信任和利益关系有关。从网络紧密度和网络传递性看，民间信仰是以神明的名义人群相聚，强化了人际相互信任感，宫庙建筑则是村落民间信仰的重要空间载体。正如苏珊·平克(Susan Pinker)在《村落效应》一书中所说，面对面交流塑造更好的朋友圈，这种接触是作为社会性动物的人类最古老、深刻的需求❻。

---

❶ 俞黎媛．传统神灵信仰在当代的变迁与适应——以福建闽清金沙堂张圣君信仰为例[J]．世界宗教文化，2012(2)：78-81.

❷ 柯兆云．榕台民间信仰文化交流增进海峡两岸融合发展——以榕台张圣君信仰文化交流为例[J]．福州党校学报，2020(5)：68-70.

❸ 吴江姣，郑衡泌．村落庙宇的城镇化响应——以福建永安市唐王庙为例[J]．亚热带资源与环境学报，2021(4)：65-74.

❹ 李向平．信仰是一种权力关系的建构——中国社会"信仰关系"的人类学分析[J]．西北民族大学学报(哲学社会科学版)，2012(5)：1-17.

❺ 龙柏林，刘伟兵．仪式整合：中国传统文化整合的空间路径[J]．新疆社会科学，2018(2)：143-149.

❻ [加]苏珊·平克．村落效应：为什么在线时代，我们必须面对面重新连接？[M]．青涂，译．杭州：浙江人民出版社，2017.

3.3 闽海民间信仰文化当代发展与表现

3.3.1 闽海民间信仰文化当代发展

民间信仰文化生产与传播自古及今皆有。中国古代对于社会符号系统的重视，体现在衣服、饰物、器皿等，也体现在宫室、庙堂、屋舍的大小、间数、色彩、装饰等方面，甚至，在宫室、庙堂中举行的仪式，也成为整个符号系统的一个有机组成部分。民间社会的神明祭祀本身是按等级划分的一种社会符号行为，因而也成为宇宙秩序的一个有机的组成部分。费孝通先生长期考察近代中国社会生活变动后，指出："社会变迁最重要的动力是各种不同生活形式的接触。"❶他提出的"差序格局"理论认为，一个差序格局的社会是由无数私人关系搭成的网络构成的。这个网络像一个蜘蛛网，有一个中心就是自己。以己为中心和别人联系成的社会关系像水的波纹一般，一圈圈推出去愈推愈远，也愈推愈薄❷。中国传统文化传播也呈现"差序格局"特点，人们从出生的那一刻起，就与周遭的他人形成了某种意义上的共同体，建立起了休戚与共的社会关系。

跨文化研究是人类学、历史学等的常态，如英国的泰勒、汤因比，德国的卡尔・雅斯贝斯等大师相继出现，当代文化研究是一项融马克思主义（阿尔都塞，葛兰西等）、符号学和后结构主义、后现代理论和后殖民主义等思想和流派为一体的文化和思想运功。研究西方文化研究的发展状况，有助于我们探讨西方文化研究的内在机制和基本范式，并推动中国文化研究，获得一些启发。

美国技术社会学家威廉・奥格本（William F. Ogburn，1886—1959）在《社会变迁——关于文化和先天的本质》（1922）中较早提出文化变迁理论，即"文化决定社会变迁"，他定义的"文化"是与人的先天本质不同的"社会遗产"，还发明了文化堕距（文化迟滞）、文化调适、文化更新等概念。但他在研究社会文化时偏向运用统计学的计量研究方法，把情感、道德、文化等要素排除在其学术视野之外。"文化堕距"也特指非物质文化仍在适应新物质状态所造成的失调的那段时期❸。虽然运用了计量分析方法，但在总体上仍属于主观主义的文化研究，导致他的理论有一定局限。20 世纪 50 年代，跨文化传播研究兴起于美国，"跨文化"概念由美国人类文化学者爱德华・霍尔（1914—2009）在 1959 年首先提出，并建立了一套知识内涵和理论框架。霍尔在《无声的语言》（1959）中首创了"intercultural communication"一词即"跨文化"，成为这一学科的开山之作❹。20 世纪 70 年代以来，跨文化传播学成为传播学的一个分支。越来越多的国家和地区的学者加入这一领域的研究，过去单一的研究视角逐渐被打破，原有的知识内涵和理论框架受到质疑，它在更广阔的历史、经济、政治和社会语境中进行。跨文化传播研究所寻求的是在"互相参照"的过程中认识文化的特性，使各种文化都能通过对话而获得新的思想资源；同时，反思传播中的权力关系及其影响、现实的文化冲突与文化霸权，探索在相互沟通、理解、尊重的基础上，维护和发展世界多元文化。

爱德华・霍尔认为，文化决定了人们对于时间和空间的理解，而不同的理解会导致人际间交流的困难。这一时期的跨文化研究主要是微观文化研究。霍尔指出跨文化传播的三个要素是认知要素、言语语言、非言语语言。其中，认知要素中的文化价值观是跨文化传播中至关重要的因素，正如民国时期广大民众对我国台湾、东北地区强烈的民族认同感情，坚决抵制日本、沙皇俄国等侵略者的领土扩张野心和侵略行径。霍尔还指出，跨文化传播主要关联到两个层次的传播：日常生活层面的跨文化传播和人类文化交往层面的跨文化传播❺。文化差异也可能使跨文化传播变得极其困难，在某些情况下甚至无法进行。成

---

❶ 费孝通. 费孝通全集.［M］. 呼和浩特：内蒙古人民出版社，2009.

❷ 费孝通. 乡土中国［M］. 北京：生活・读书・新知三联书店，1985.

❸ ［美］奥格本. 社会变迁——关于文化和先天的本质［M］. 王晓毅，陈育国，译. 杭州：浙江人民出版社，1989.

❹ ［美］爱德华・霍尔. 无声的语言［M］. 何道宽，译. 北京：北京大学出版社，2010；在《无声的语言》中，霍尔创造了"历时性文化"的概念，用以描述同时参与多个活动的个人或群体，与之对应的是"共时性文化"，用来描述有序地参与各种活动的个人或群体。

❺ ［美］爱德华・霍尔. 超越文化［M］. 何道宽，译. 北京：北京大学出版社，2010.

功地进行跨文化交流，既要了解自己所属的文化，又要了解不同的和互补的文化。因此，民间信仰既是一种社会存在事实，也是一种历史文化现象。民间信仰的文化分布、文化互动与沟通、文化认同、文化传播与变迁、文化竞夺与创新等，都是值得我们关注的领域。

3.3.2 闽海民间信仰文化当代延续与传播

民间信仰文化历史延续和变迁推动传统聚落美好生活建设。文化变迁是为了更好地适应社会环境、文化环境等的变化。当然，在文化变迁的过程中，一事物通过与另一事物的竞争与交流可以促使双方或取长补短，或扬优弃劣，甚至有机融合，从而得到新的发展。正如哈维兰所说，“所有文化变迁的终极来源都是创新”❶，在创新、适应、竞争与交流这四种动力因素的联合作用下，闽南民间信仰文化在其性质、功能、价值、传承方式等方面均发生了流变，从而推动其朝着现代化方向不断发展。而在闽南民间信仰的现代化进程中，需要突出强烈的主体性色彩。及时的信息反馈能有效地使闽南民间信仰在现代化进程中进行自我调整，保证其不偏离方向，保持着民族性、本土性特色方面发展。

闽海民间信仰文化传播活动，大多围绕着古已有之的宫庙这个历史载体和空间进行。这种弘扬中华文化的民俗信仰，无疑对增强民族凝聚力、加快改革开放、发展文旅业、促进祖国和平统一是有利的。例如，关帝信仰围绕着关帝庙的建造和祭祀仪式活动，从中原传到漳州又分香到台湾，这也是一种建筑文化现象，其内涵是中国民间传统中崇尚关帝“仁义忠勇”精神的民间文化在建筑上的表现。从这个意义上说，没有这些民间信仰文化就没有这些既成的宫庙建筑，相反没有这些既成的宫庙建筑，也就没有这些民间信仰文化活动的开展与传播。因此，宫庙建筑与民间信仰文化应是合而为一的，诠释了信仰文化的物质性与精神性。

民间信仰涉及平民个体的日常生活。如何重建个体的日常生活？它涉及个体的主体文化意识和行为、社会组织和管理策略等。

途径之一是举办闽海同一神明祭祀的民俗文化节，文旅融合促进乡村振兴。如举办妈祖、关帝、保生大帝等祭祀与文化节。以关帝节为例，每年五月关帝圣诞期间，漳州市东山县皆举办关帝文化节。每次文化节，台湾各大关帝宫庙以及湖北当阳、河南洛阳、山西运城等地的关帝庙以及世界各地研究关帝文化的专家学者，皆组团到东山参加盛典。1997 年的东山关帝庙全国重点文物保护单位揭牌仪式、2000 年的第九届东山关帝文化节以及 2004 年的第十三届东山关帝文化节，皆有大量的台湾关帝信众共襄盛举，掀起了一次又一次的海峡两岸关帝文化交流的高潮。

关帝祭祀相关文化活动。1995 年 1 月，东山关帝庙神像从东山港出发，直航抵达台湾，并在台湾全岛巡游达半年之久。关帝所到之处，台湾各地同胞信众携老扶幼，夹道恭迎，盛况空前。两岸的经贸、文化交流活动，也在关帝文化互动的促进下，渐成高潮。东山与台湾关帝文化信仰传播，是同根同源的神缘关系，也是中华民族文化积淀的效应。而其在传播过程中形成的海峡两岸地缘相连、亲缘相近、神缘相同、业缘相助、物缘相似的新理念，迸发出不可估量的凝聚力和诱人的向心力，并走上和谐融合的道路，在海峡两岸共同铺架起一座通向祖国和平统一大业的桥梁。

途径之二是开展民间艺术项目实践。考虑到民间艺术与思想在闽海各地的传播与交融越加日常化，民间艺术项目可通过引入文化与习俗，在一系列集体性、游戏性、事件性、日常性中，实现情境建构的文化策略和观念主张。激发参与者对日常本真生活的热爱和回归，使艺术家和更广泛的人群以艺术之名重建起一系列淳朴、诗意和游戏的日常生活。促使这些实践更加本土化、微观化、游戏化，强调集体参与、协商和共处，形成一种艺术、生活和游戏互通的乡村文化情境建构。

途径之三是在地方政府的基层社会治理层面实现乡村文化变迁和创新，实现乡村振兴。比如，福建漳州市为提升民间信仰活动场所环境、文化内涵和整体形象，更好地服务“富美漳州”和“清新福建”建设，

❶ [美]威廉·A 哈维兰. 文化人类学(第十版)[M]. 瞿铁鹏，张钰，译. 上海：上海社会科学出版社，2006.

民族和宗教事务局(简称民宗局)在全市民间信仰活动场所中开展"优美民间信仰活动场所"创建活动。这项活动可称为当代"漳州实践"的积极探索。2014年市民宗局下发《关于印发漳州市2014年"优美民间信仰活动场所"示范建设竞赛方案的通知》4号文件。活动主要突出组织领导坚强有力、场所内部建设规范有序、外部环境建设美化优化等三方面。创建活动2014年开始运作,市民宗局组成工作组现场核验,对达标场所拟给予授牌。漳州市开展"优美民间信仰活动场所"创建活动经验做法于2018年3月在《中国宗教》杂志刊登,起到良好的宣传和推广作用;福建省民族和宗教事务厅于2018年8月在南靖县举办全省民间信仰活动场所联系点负责人培训会,推广漳州市开展"优美民间信仰活动场所"创建活动的经验做法。

截至2019年漳州市已有62个民间信仰活动场所被漳州市民宗局评为"优美民间信仰活动场所"。例如,漳州市天宝镇珠里村的"优美民间信仰活动场所"——天宝玉尊宫,原名开元观,始建于唐代中宗时期,宋代改为天庆观,尊玉帝神号为"太上开天执符御历含真体道昊天玉皇上帝",除主祀玉皇大帝外,还陪祀文神如太白金星、文曲星、丘弘济真人、许旌阳真人、二十八宿、九曜星官、四值功曹、千里眼、顺风耳等。元世祖元贞元年又易名为"玄妙观"。明太祖洪武二十年改为"玉尊宫"。民国八年援闽粤军驻漳州,总司令陈炯明毁寺观,玉尊宫被夷为平地,仅存有六支蟠龙石柱❶。后在原址新建宫庙,面阔五间,进深五间,形成面积达3 500平方米的宏伟宫庙。可见,漳州民间文化实践优化了民间信众朝拜环境,提升了该地区文化内涵和特色,提高了文化场所安全系数和整体形象,为"富美漳州"建设增添光彩。

3.3.3 历史时期的台湾文化与民间信仰文化表现

明清以来是台湾民间信仰的繁荣和发展时期。明代以前,大陆地区特别是福建人只是零星移民台湾,且因渡海来台的艰辛与海上的诸多不确定因素,使得许多人往往半途而废,因而在岛内远未形成一个移民社区。在这样一个缺乏相对稳定的社会环境里,一切活动尚处在毫无组织、缺乏秩序的自由状态,民间信仰活动也处于原始宗教与好巫术、尚鬼神的萌芽状况。相对而言,澎湖岛由于开发比较早,并形成了一定规模的社区,有关的宗教信仰活动才得以渐次展开,其显著标志是庙宇的出现。明万历年间(1573—1615),澎湖最先建造妈祖庙,把渔民信仰的海上女神供奉在岛屿上。

台湾的历史发展在清代至当代曲折跌宕,17世纪至21世纪历史发展阶段大致分为五段:(1)荷兰侵占时期(1622—1661):荷兰东印度公司割据台湾达38年。(2)明郑时期(1662—1683):又称台湾明郑时期,即从1662年郑成功收复台湾到1683年清政府统一台湾这一时期,约21年。由于台湾这一时期仍使用明代年号,受郑氏政权的管辖,故称为明郑时期。这一时期主要的宗教有道教(信仰真武玄天大帝)、儒教、基督新教等。(3)清治时代(1683—1894):历康雍乾嘉道光五朝。在清治开垦时期,地方豪强垄断开垦权,形成类似封建贵族的阶层,也是族群斗争的核心力量。例如,板桥的林家以屯垦富甲一方,台中的林家,曾经组织台勇参加过左宗棠的湘军,新竹的郑家和彰化的施家分别是郑成功和施琅的后人,这些豪强大族发挥了地方治理作用。在台南市将军区,还有施琅后人建的施琅祠堂。(4)日本侵占时期(1895—1945):又称日本殖民统治时期,中日甲午战争后,清代签订《马关条约》割让台湾之后,台湾被日本帝国殖民统治的时期。主要宗教:神道教(日本推行的官方宗教)、佛教、道教等。(5)民国政府治台时期(1945年以后至今):"二战"之后中华民国政府接收台湾,开始治台时期,民国政府奠定的政治制度框架仍在延续。

台湾文化的一些特点,如文化孤悬、族群争斗、现代经济发展迅速等对民间信仰发展有较大影响。台湾人口中约72%为泉州、漳州等地的闽南人,13%为粤东的客家人,外省人和其他约占15%。来自大陆的人口迁移到台湾后自然聚居,形成了方言族群或区域族群。族群社会具有初级社会的共有特点,封闭性和排他性,大规模的族群械斗时有发生。不同族群的信仰也有所不同。台湾原住居民,例如高山族至清代仍保留着许多原始宗教歌舞活动,"番舞"就是此文化的体现。台湾高山族无论农业收成、猎归,还是出

❶ 陈国强,叶文程,吴天发,等.闽海漳州地区玉皇宫庙调查[J].闽台玉皇文化研究,1996(1):172-174.

战、酬神，都要载歌载舞以媚神，俗称“番舞”。舞者十余人手拉手，围着篝火，有节奏地跺脚、跳跃、摇身、摆手，希望通过舞蹈博得神明的欢心，以赐福禳灾。另外，从台东县考古出土的马武窟小马1遗址、台北芝山岩遗址以及台东卑南遗址、屏东裘拉遗址等都可以证明当时已有灵魂观念，有原始信仰等民间崇拜的迹象❶。

从现存的文献看，福建汉族人民较大规模迁居台澎诸岛是从宋朝开始的。据何乔远《闽书》引宋志云：“澎湖屿，在巨浸中，环岛三十六，人多侨寓其上，苫茅为舍，推年大者长之，不畜妻女，耕渔为业，雅亢放牧，魁然巨羊，散食山谷间，各恏耳为记。有争讼者，取决于晋江县。府外贸易岁数十艘，为泉州府。其人入夜不敢举火，以为近琉球，恐其望烟而来作犯。王忠文为守时，请添屯永宁寨水军守御。”❷另外，从《宋史·艺文志》《直斋书录题解》《文献通考·经籍考》《文渊阁书目》及其宋淳祐年间的《清源志》均表明至少在南宋时福建人民已定居澎湖列岛上，并建造了房屋，进行农耕和捕鱼业，以及蓄养山羊，“散食山谷间”，而且民间争执事宜均到晋江县衙门审决，同时，泉州的商船也经常往来贸易。

北宋末南宋初，德化县城郊宝美村的苏氏族人徙居台湾，据《德化使星坊南市苏氏族谱》记载，南宋绍兴三十年(1160年)该家族七世祖苏钦为本姓族谱撰写的一篇序文里写道：苏氏一族于南宋绍兴年间，“分支仙游南门、兴化涵江、泉州晋江、同安、南安塔口、永春、尤溪、台湾，散居各处”。可见那时的台湾已有苏氏族人迁徙的足迹。此外，泉州《德化上涌赖氏族谱》中也记载了宋代族人徙居台湾的内容。❸ 另外，台湾大学考古系在澎湖的实地考查，发现大量的宋代瓷片和宋代铜钱等等，都足以证明宋代福建人迁居台湾、澎湖等地。所以，连横在《台湾通史》卷二《宗教志·台湾庙宇表》中指出：“历更五代，终及两宋，中原板荡，战争未息，漳泉边民，渐来台湾，而以北港为互市之上，故台湾旧志，有台湾亦名北港之语。”❹

元代，福建闽南与台湾的关系进一步密切。一方面，元顺帝至元年间在澎湖设巡检司，管辖澎湖、台湾等岛屿，隶属于福建泉州路同安县(今厦门市)。这是我国在台湾设立专门政权机构的开始，迄今已有600多年的历史。政府除在澎湖设立政权机构外，还注意对台湾采取政治措施，至元二十九年(1292年)，元世祖曾派海船副万户杨祥为宣抚使，携带忽必烈的诏书至台湾，招谕高山族。大德年间(1297—1307年)，福建行省徙治泉州，其目的是经营台湾。

另一方面，闽南聚落不同家族的族人陆续移居台湾的人数也有所增加。泉州永春的《岵山陈氏族谱》、南安的《丰州陈氏族谱》以及石井的《双溪李氏族谱》等都记载了元代时期族人过台湾的相关信息。如元顺帝时，旅行家汪大渊的《岛夷志略》中真实地记载了当时澎湖、台湾的情况。该书“澎湖”条云：“岛分三十有六，巨细相间，坡陇相望，乃有七澳居其间，各得其名，自泉州顺风二昼夜可至。有草无木，土瘠不宜禾稻，泉人结茅为屋居之。气候常暖，风俗朴野，人多眉寿，男女穿长布衫，系以土布。煮海为盐，酿秫为洒，采鱼、虾、螺、蛤以佐食，燕牛粪以爨，鱼膏为油。地产胡麻、绿豆。山羊之孳生，数万为群，家以烙毛刻角为记，昼夜不收，各遂其生育。工商兴贩，以乐其利。”❺可见，元代时澎湖进一步得到开发。元代中央政权所采取的重要政治措施，使台湾与祖国大陆的政治经济联系不断地得到加深和扩大。

明洪武五年(1372年)，明代政府遣使直达今琉球群岛上的琉球国❻，然后以“流求”“琉球”称呼，台湾则改称为“小琉球”。明代中叶，明政府的文件中正式使用台湾这一名称。14世纪，由于倭寇骚扰我国东南沿海，明代政府认为澎湖孤悬海外，难以防守，洪武二十一年(1388年)曾一度撤除澎湖巡检司，把岛上居民迁至漳、泉一带。永乐年间(1403—1424年)，明政府积极发展对外关系，出现郑和下西洋的壮举。郑

❶ 段凌平. 闽南与台湾民间神明庙宇源流[M]. 北京：九州出版社，2012.

❷ 何乔远. 闽书[M]. 福州：福建人民出版社，1994.

❸ 苏黎明. 家族缘：闽南与台湾[M]. 厦门：厦门大学出版社，2011.

❹ 连横. 台湾通史(卷二二，宗教志·台湾庙宇表)[M]. 北京：人民出版社，2011.

❺ [元]汪大渊. 岛夷志略[M]. 沈阳：辽宁教育出版社，1996.

❻ 目前，琉球群岛一直处于日本托管之下，但主权不属于日本，根据1945年7月26日的全称《中美英三国促令日本投降之波茨坦公告》(简称《波茨坦公告》)第八条的补充规定，日本应将金、马、澎、台、琉球诸岛归还中国。所以，琉球群岛在法理上属于中国，琉球群岛主权属于中国。古代琉球国的疆域北起奄美大岛，东到喜界岛，南止波照间岛，西界与那国岛。当前，在全世界各地，均有大量人士支持“琉球国复国的运动”或“琉球回归中国的运动”。

和的船队曾在台湾赤嵌汲水，并深入大冈山一带。郑和第7次(1431年)下西洋曾到过台江(即今台南、高雄之间海岸)。郑和所率领的船队，对台湾产生了一定的政治影响。至15、16世纪时，倭患猖獗，倭寇以沿海岛屿为据点，与此同时，西方殖民者也开始侵入台湾、澎湖。明代政府认识到台湾、澎湖的重要性，于嘉靖四十二年(1563年)，又恢复了澎湖巡检司机构，又于天启年间，"筑城于澎湖，设游击一，把总二，统兵三千，筑炮台以守"❶。明代中叶，从福建到台湾、澎湖的移民增多，进一步促进了台湾的开发。他们当中著名的有林道干、林凤、颜思齐，郑芝龙等人。崇祯初年，福建连年旱灾，土地歉收，饥民遍野。大批灾民到台湾开荒，由此极大地增加了台湾的人口，促进了农业生产的发展，并改变了台湾部分地区落后的原始生活方式。据不完全统计，自1624年到1644年，福建一带的汉人移居台湾的大约有2.5万户。到1644年，台湾已有汉族人口约3万户，10万人左右❷。

清初1662年郑成功收复台湾，结束了荷兰人对台湾长达38年的殖民统治。此后，他在台湾的经营给台湾的开发开创了崭新的局面，这是人们在后来尊称他为"开台圣王"的最直接原因。在郑氏政权治理台湾时期(即明郑时期)，台湾的人口，除了高山族原住居民外，来自大陆的汉族移民和郑氏官兵近20万人。这些移民不仅为台湾经济的发展增加了劳动力，还带去了大陆先进的生产技术，使得台湾经济进入了飞跃发展的时期。一方面，这使得原来人烟稀少、土地荒芜的地方逐渐变为良田，渔业、商业贸易兴起；另一方面，促使一批新的村镇出现。开始时，拓殖区域限于承于府、安平镇附近，以后渐次向外拓展，南至凤山、恒春，北迄嘉义、云林、彰化、埔里社、苗栗、新竹、淡水、基隆各地。经过明郑几代的经营，台湾的农业、手工业、商业外贸和文化教育，都有了明显的发展。台湾出现了人畜兴旺、物产丰饶的繁荣景象。

1683年清代统一后，在台湾设置一府三县，总兵官一员，兵8 000人，澎湖设副将一员，兵2 000人，隶属福建省。从此，台湾在清代政府统一的全国政权的统辖下，与大陆之间的联系得到了进一步加强。据统计，清初居台的汉人20多万人，至嘉庆十六年(1811年)已达200万余人，120多年间台湾汉族人口增加了6倍多。如乾隆年间，开发台湾的客家移民中，最负盛名的当推胡焯猷(字瑞铨，号仰堂，福建省汀州府永定人)，乾隆年间迁台，居住于淡水兴直堡之新庄山脚。"当时的兴直堡一带，多未垦辟"，有"荒土之地"的古称，胡焯猷赴淡水厅请垦，出资募佃，建村落，筑陂圳，大兴水利，尽力农功，"不十数年，启田数千甲，翘然为一方之豪矣"❸。

台湾文化是中华文化的一种区域性体现，是中华文化的亚文化，这是由台湾移民社会形成的历史过程所决定的。自17世纪中叶到19世纪下半叶，持续200多年的来自闽粤地区的大陆汉族移民构成了台湾社会的人口主体❹，并以其所携带的以闽南地区和客家地区为主要特征的汉民族文化，奠定了台湾社会的基本形态和发展基础，与台湾固有的原住民文化(也是中华民族文化中的少数民族文化)一起，成为中华民族文化的一个组成部分❺。台湾人口以中国民间信仰者为绝大多数，近代以来信仰基督教、天主教的人口约为5%。

概括起来，台湾文化主要特征有以下四点：

第一，台湾文化主要体现为一种移民文化，地处海峡西岸的福建沿海地区，尤其是闽南地区则是台湾移民的主要祖籍地，一般认为泉州人入台最早，占据了沿海地区；漳州人随后，进入内陆平原地区；闽粤客家人再次进入，占据丘陵山区。其"地缘"要素促使了台湾移民文化的发展，形成了与移民相关的祭祀圈和信仰圈❻。中华民族文化精神在台湾传播与发展，同样也随着闽南人移居台湾而成为最早的传播者，台湾的教育科举文化、语言文化、礼乐器皿、地方戏曲等文化的融通，说明了闽海两岸的"文缘"关系十分融

❶ [清]余文仪.中国地方志·续修台湾府志(卷一，建置)[N].中华典藏电子书[EB/OL].https://www.zhonghuadiancang.com/tianwendili/xuxiutaiwanfuzhi/.

❷ 何绵山.闽台区域文化[M].厦门：厦门大学出版社，2004.

❸ 高峻，俞如先.清代福建汀州人入台垦殖及文化拓展[J].福建师范大学学报(哲学社会科学版)，1994(1)：109-113.

❹ 2018年数据：台湾有2 358万人，其中约2%的人口为南岛系少数民族，约有46万人。

❺ 刘登翰.驳所谓"台湾文化不是中国文化"——"台独"文化理论批判之三[J].现代台湾研究，2002(4)：4-7.

❻ 林美容.祭祀圈与地方社会[M].台北：博扬文化事业有限公司，2008.

洽。台湾文化中的衣食住行，及婚丧喜事等习俗和礼仪与福建极为相似，甚至民间崇拜的神明也是从福建祖庙分灵，其庙宇建筑、民居建筑、官衙建筑等都可以在海峡西岸找到原型，甚至匠师、建筑材料等都来自闽南及其周边地区。因此，闽海两岸"物缘"关系十分清晰。同时，移民文化也促使台湾文化呈现多元文化特征，即：有原住居民文化，有移民带来的中原文化，也有日本、欧美等国家的文化。在多元文化中台湾文化的主体是中华民族文化，台湾文化从起源、发展、演变、影响等诸方面均体现了中华民族文化的同一性、完整性、发展性特征，是中华民族文化的海洋延伸和拓展，中原文化进入台湾主要经由福建、广东等地的二度传播，具体表现在人同种、语同音、神同缘、行同伦等方面，尤其是"神同缘"，主要来源于"帝国礼教"的一套象征观念体系。

第二，随着北人南迁，中原文化被带入福建，并逐步融合闽越文化等，形成闽文化。后来由以福建人为主的移民跨海入台，这种文化与承载主体一同迁徙的传播过程，保持了文化的同一性，是中原文化的全面移入和异地再生式"克隆"。在台湾近数百年的移民史上，汉族移民大多是血缘族群、同宗同乡一同迁徙。离乡背井的一群人的同乡意识空前增强，他们在寻找生产经营的合伙人、选择婚姻对象时，以同乡为首选对象，同乡组织、同籍聚落相继形成。特别是以垦殖开发为目的的经济性移民保持了较为完整的原有的血缘、地缘社会纽带形式，一方面以宗族为核心，表现出以血缘关系为纽带的"继承式宗族"、以地缘关系为纽带的"依附式宗族"及以利益关系为纽带的"合同式宗族"等组成微观的基层社会；另一方面，以民间信仰为核心，表现为以"神缘"为纽带的民间信仰团体，由信众组成另一种牢固的微观的基层社会。

入台移民的原籍地区分布不均衡。据 1926 年日本所设台湾总督官房调查统计资料《台湾在籍汉民族乡贯别调查》记载：当时鹿港全镇泉州籍人占总人口的 99.3%，是典型的泉州籍族群聚居的社会形态。又如，早期移民开发宜兰时"名为三籍（漳、泉、粤）合垦，但三籍人数比例极为悬殊，漳籍十居其九"。早期移民以单身男性为多，形成的社会组合方式以地缘性为主，为了共同的生存利益，他们扩大家族的界限，不同的分支房派、不同衍脉祖地，甚至不同省份的同姓，都视为同宗一体，如台北的"全国林姓宗庙"、台南的"台南吴姓大宗祠"就是这一地缘现象的反映。移民定居台湾后，回原籍招徕佃户、搬眷、娶亲，血缘、亲缘逐渐成为族群发展的条件，他们维系着祖地的家族体系，续修家谱记载家族成员迁台的历史、族产沿革、家法族规和谱系分支、人口繁衍的诸种情况，在墓碑上留下祖籍地的地名，交代后代回籍寻根。寻根意识和寻根文化也是移民文化的重要特征。家族文化不仅承载着作为社会细胞的家族历史的记忆，也继承了中华母文化。

在台湾，无论是小规模的家族，还是大规模的宗亲族群，都保留着与祖籍地一样的宗族组织系统，宗族在台湾的系谱结构完整，如彰化平原的社头一带肖姓宗族一至八世都是"唐山祖"，血缘关系的联系以宗祠为特征。在福建有祀奉祖先的宗族组织，在台湾聚居地的族人，也为始祖以下的历代直系祖先设立了"祭祀公业"，依仿祖籍地建立宗祠，所谓"家家建追远之庙、户户置时祭之资"❶，以"代代设祭"。祠堂是中国人家族、宗族组织的中心，它不仅是供奉祖先神主牌位和祭祀祖先的场所，而且是宗族议事、执行族规、族人活动的地点，从其建筑格局到修撰族谱、祭祀仪式都强调祖先与中国历史上的望族、名人的关系，强调血缘、正统的重要性，以巩固族内的团结，维护家族的纯洁性，发扬家族传统精神，台湾的祠堂同样发挥了这种功能。这使得祖籍地的生活方式、生产技术、风俗习惯、宗教信仰、民间文化得到较完整的再现、传播。

第三，在民间信仰方面，台湾民间信仰宫庙的分灵、进香与巡游仪式活动，体现了闽海文化的根与源与流的密切关系。大陆早期移民入台时，对原乡土神明的信仰不仅使之在精神得到依托，还巩固了移民群体的地缘关系。他们将祖地的乡土神明如妈祖、保生大帝、清水祖师等的神像或香火袋作为护身符以祈求保护，逐渐在台湾建立福建诸神的开基庙，再从中分灵到台湾各地，形成了福建主庙、台湾开基庙、台湾分灵庙的三层神缘关系网络。台湾庙宇分灵如同中国家族祭祀中的"分灶火"，除长子继承父亲的老灶

---

❶ 乾隆上杭县志（卷一一，风土）[M]. 福州：福建人民出版社，1993.

外，其余诸子只从旧灶中取一些炭火放进自己家中的新灶，表示“薪传不绝”。经过分灵程序，确立分庙与主庙之间存在类似“父子(女)”关系的文化生态链。在大陆沿海普遍信奉的莆田籍神祇妈祖被移民视为航海保护神，移民渡海来台湾的时候携带妈祖神像和神位，以求渡海平安，抵台后完全仿造大陆神庙样式在台建造妈祖庙，1983 年台湾的妈祖庙有 515 座，香火之旺盛在台湾众多的神明中独占鳌头❶。在台南、鹿港、台北和淡水等地也有供奉观音菩萨的龙山寺，有 440 座之多，都是福建泉州供奉观音菩萨的龙山寺的分灵庙，其名称和建造式样与主庙一致，仿佛未曾离开故土。福建不同地域的神明在台湾的开基庙及各地的分灵庙建立之后，与福建祖庙产生“血统”上的承袭关系，保持与祖庙源头的联系与香火延续，定期到祖庙乞火，进香谒祖，参加主庙的祭典，就像诸子归祭祖坟、赴主屋或长子家中团聚一样，以示自己是主庙的“直系后裔”❷。台湾每年都有数以万计的信仰者前往大陆主庙朝拜，完成寻根祀神、进香谒祖仪式活动。福建庙宇间的绕境巡游仪式与中国古代帝王“中央巡狩四边”政治仪式相似，是对主庙权威的确认，被巡游的地方以此提高了它在本地区的重要性，强调与主庙的直属关系，大陆主庙神明金身巡游台湾分庙，成为主庙与各地分庙的盛大祭典❸。宫庙成为移民聚会活动的重要场所、传承家乡文化的载体、维系移民之间感情的文化空间纽带。

第四，在传统习俗生活方式上，台湾地区人们的衣、食、住、行方面无不保留大陆传统风俗习惯。在台湾建筑中也能够找到许多中国传统图案，如云卷纹、花草纹及拼花等，汉代漆器上有一种如意形状的云气纹，被反过来成为屋顶山墙的三角形造型，寓意“云如意头”。台湾的建筑造型、纹饰还包括由太极图形衍变而来的名为“喜相逢”的图案，以表达喜庆之意。台湾佛教寺庙的云卷纹、花草纹、万字纹等则更为普遍常见。

可见，由于历史文化复杂变迁，台湾区域文化是一种国家/地方、中心/边缘二元结构的文化结合体。这种二元文化结合体既向往追寻中华的核心主流文化，又在某种程度上顽固地保持边陲地区的边缘文化的变异形态❹。它既遵循中华民族大一统儒家政治文化体制，并积极为之作出贡献的同时，又不时超越传统与现实的规范与约束，出现海洋地域文化特征❺。

下面重点介绍台湾自清代以来的民间信仰发展历程。

荷兰侵占台湾时期在台湾本岛的台南一带已相继建起了多座大陆汉人移民的庙宇，如土地庙、大道公庙、威灵宫、保安宫等。而真正促使台湾民间信仰大发展的是在明郑时期经过郑氏父子两次移民的推动，大批福建人陆续移居台湾，使得汉文化在台湾得到了进一步发展，台湾的民间信仰有了较快的发展，终于建立起了一个初具规模的移民社会，人们才有可能耗资倾力去建造分灵宫庙。

这一时期，大陆移民的民间信仰活动一直没停止过，并在台南县新化镇建起大道公庙，不仅成为台湾最早的保生大帝庙，也是目前所知道的福建神明在台湾的第一座神庙。据《重修台湾府志》记载，台湾府五大神佛庙宇中，保生大帝庙居首位。从文献记载的宫庙建筑分布区域看，由南部台南、高雄到中部的嘉义、云林，再到北部的台北、宜兰，保生大帝宫庙一路扩增，恰与大陆移民开发台湾的路线吻合。由此，佐证了台岛民间信仰中的神明与福建的漳、泉等地移民相伴相随，是早期福建移民披荆斩棘、开拓新家园的精神支柱之一。

佛教传入台湾的确切年代虽然还不能确认，但是在明郑时期永历十五年(1661 年)十二月郑成功驱逐荷兰殖民者之后，福建省泉州、漳州、福州及广东省惠州、潮州两地人民大量移居台湾，闽粤一带的佛教也随之传入，在明郑时代先后有了竹溪寺、弥陀寺、龙湖岩三座名刹耸立于南台湾❻，竹溪寺被视为台湾最早建立的佛寺。连横在《台湾通史》卷二十二《宗教志·台湾庙宇表》中也有记载：“竹溪寺：在大南门外，康

---

❶ 林国平. 闽台民间信仰源流[M]. 福州：福建人民出版社，2002.

❷ 范正义，林国平. 闽台宫庙间的分灵、进香、巡游及其文化意义[J]. 世界宗教研究，2002(3)：131-134.

❸ 张杰. 移民文化视野下闽海祠堂建筑空间解析[M]. 南京：东南大学出版社，2020.

❹ 陈支平. 台湾通史[M]. 福州：福建人民出版社，2020.

❺ 萧庆伟，邓文金，施榆生. 闽台文化的多元诠释(一)[M]. 厦门：厦门大学出版社，2013.

❻ 卢嘉兴. 台湾的第一座寺院竹溪寺[Z]//中国佛教史论集(台湾佛教篇). 台北：大乘文化出版社，1979.

熙三十年(1691年)建。径曲林幽,清溪环拱,颇称胜概,颜其山门曰:小西天。"❶

台湾本岛内最早的妈祖庙建于清顺治四年(1647年),位于彰化县鹿港镇玉顺里中山路430号的鹿港天后宫❷,妈祖崇拜在清代被收复台湾的施琅将军力推,清军与郑成功军队的长期军事抗争,加上清代初年的海禁,民间偷渡的艰险,提升了航海神的地位,妈祖庙因此增多。其他如城隍、东岳大帝、观音、沙陶太子、大人(王爷)、龙湖、水仙、施琅、哪吒、将军等,多是些与镇邪或水神有关的,体现了最初移民对安全的祈盼。

清治时期,台湾从移民社会逐步向定居社会转化,民间信仰繁荣,并随之发生了一系列的变化。首先,神明偶像种类增加。随着社会分工的形成,各行各业的祖师神传入台湾,而读书人也逐步增多,城镇建设兴起,由此文昌祠、城隍庙、社稷坛等不断涌现。其次,神明来源的多元化。随着民间移居台湾的增加,福建的民间神明也不断传入台湾,如福州的临水夫人、闽西的定光佛信仰等在台湾的传播影响力增大,丰富了台湾的民间信仰。再次,宫庙的规模愈加宏大。一宫一庙所供奉的神像往往有几个或十几个,甚至数十个,三教的神像往往同处一庙宇中,共同接受信仰者的膜拜。

据学者的一些统计可知,在1685年,台澎地区约有宫庙32座,其中主祀神属道教的有11座,属佛教的有4座,其余均属民间杂祀神庙。日本侵占台湾时期,据1918年底的调查,台湾土地公庙数量居第一位,有669座;王爷庙有453座,居第二位。据1934年底的统计,台湾各地已经有大小庙宇共计3 580座,其中,王爷庙增加到550座,仍居第二位;妈祖庙有335座,数量居第三位。1960年王爷庙数量进一步上升为730座,成为全台各种宫庙中数量最多的神庙,土地公庙居第二位,妈祖庙仍居第三位❸。除此之外,台湾还有保生大帝、清水祖师、广泽尊王、临水夫人庙等❹。这些庙宇中除了开台圣王、有应公(大众爷)等为台湾本土的新神明外,其余多数来自福建,如安溪移民奉清水祖师神明入台,以为守护神❺;泉州人奉广泽尊王神明入台,先在台湾中部云林地方传播,后成为泉籍移民的神明;惠安"境神"灵安尊王(俗称"青山公"),先在彰化芬园乡溪头村建灵安宫,后成为惠安籍移民的守护神等。而闽西客家人,开始在"台北一带汀州人聚落,如淡水阿里蓍沿岸,家户均供定光佛",后逐渐向台中发展,定光佛信仰也随之传播到台湾中部地区,成为在台客家人的守护神❻之一。

据1987年有关统计,台湾民间信仰的神明共有300多种,其中80%是由大陆(主要是福建)"分灵"过去的。"分灵"包括"分身"与"分香"两种形式,台湾各地的分灵庙自建立以后,即与福建的祖庙确立了源与流的神缘关系。为了保持和增强这种特殊的联系,各分庙每隔一定的时期都要上祖庙乞香火,参加祖庙的祭典,俗称为"进香"。还有一些祖庙的主神巡游台湾各分庙,接受信仰者的顶礼膜拜。

在台湾宫庙建筑的修建方面,台湾学者将宫庙修建不同的阶段特点描述如下:第一阶段是拓垦初期的无庙时期。汉族移民来台拓殖之时,垦民把家乡的守护神随船带到台湾,以祈求渡海平安、开垦顺利。大多私人携带的香火或神像,因陋就简,就地取材祀奉,只能安置于他们居住的草寮或简易住所,甚至于田头田尾。第二阶段是小祠、小庙时期。定居以后,庄社基础初奠,财力尚单薄,只能建成小祠、小庙供奉神明,以土地庙的普遍设立为特征。第三阶段是中型宫庙时期。待移民村落定型并有所发展,社区渐渐成形,聚落里开始有村民共建的庙祠,这些公厝成了社群的中心象征、活动集会的场所。逐渐出现较有能力、专业的工匠从事建庙工作,各地渐渐落成中型宫庙。第四阶段是宏大宫庙时期。"二战"以后,台湾社会较稳定,经济繁荣,民间财力雄厚。富人乐于出资兴建宫庙。庙宇的翻新、重建处处可见,庙宇越建越大,越盖越壮观。

---

❶ 连横. 台湾通史(卷二二,宗教志・台湾庙宇表)[M]. 北京:人民出版社,2011.

❷ 一说是公元1661年台湾彰化鹿港修建的天后宫。

❸ 朱天顺. 闽台两地的王爷崇拜[J]. 台湾研究集刊,1993(3):82-91.

❹ 洪荣文. 闽台民间信仰的传承与交流[J]. 泉州师范学院学报(社会科学版),2008(1):33-35.

❺ 林国平,邱季端主编. 福建移民史[M]. 北京:方志出版社,2005. 林国平先生认为台湾最早的清水祖师庙建于清顺治四年至十八年间,共有2座,一座为台南市楠梓区的清福寺,另一座为彰化县二林镇的祖师庙。

❻ 姚同发. 台湾民间信仰的由来与发展[J]. 黄埔,2009(4):56-58.

需要指出的是，闽海文化的传播是双向的，并非简单的单向传播，海峡两岸的民间信仰一直保持在双向互动的传播。

由于地缘上的接近，使历史上的福建移民成为开发台湾的主体力量。广大福建移民在开发台湾的同时，也把祖籍地的文化传统、生活习惯、宗教信仰等带进台湾列岛，在民间信仰方面则表现为源自福建的地方神明成为台湾民间信仰的重要组成部分。在台湾地区，一般认为，妈祖、王爷、关公等是台湾民间信仰最兴盛的神明，也是大陆地区共同祭拜的神明。对于现代台湾地区的人民来说，祀奉这些曾陪伴他们的祖先漂洋过海、艰苦创业的来自故乡的神明，不仅仅是一种宗教信仰，更是他们作为中华民族的后裔，缅怀开台祖先、表达思乡之情的一种精神寄托。

由于台湾的许多庙宇都是其在福建的祖庙的分香庙，台湾庙宇回福建祖庙进香成为重要的两岸神缘关系。在一般意义上也就是为了保持和增强两地庙宇间的传承关系，增强分香庙宇中分身神像的灵性和威力。因此，自古以来台湾各分灵庙每隔一定的时期都要返回大陆进香，到相应的福建祖庙烧香朝拜。台湾民间信仰中个人或团体到福建进香的内容和方式，除了焚香礼拜之外，不少庙宇的代表还不辞辛苦带上在台湾的原有分身神像回到祖庙，让其在祖庙再次“过火”以增强分身神像的神力；或者请求再次获得祖庙香火（“乞火”），或请得新的分灵神像等带回台湾祭拜；进香队伍在福建祖庙期间，还积极参加在祖庙举行的各种祭典仪式等。例如，当代福州的临水夫人信仰得以迅速恢复，包含了台湾临水夫人信众和宫庙的大力宣传、推进和资助，促使福州和古田快速地重建或新建了与陈靖姑生平及神迹相关的庙宇建筑，完善了已经趋于荒废的仪式祭典。厦门王爷信仰中的一些仪式也有直接从台湾传回来的内容。台湾民间信仰在两岸民间信仰互动过程中获得的本土化特征及其意义[1]。另外，海峡两岸客家虔信的定光古佛和惭愧祖师的渊源及其传播为例，也可说明两岸客家神缘同为一脉[2]。改革开放后，闽粤台客家民间信仰交流频繁，台湾同胞纷纷赴大陆祖庙进香，是两岸交流中十分重要的一种文化交往[3]。

---

[1] 杨孔炽，陈宜安．两岸民间信仰互动发展视野下的台湾民间信仰[J]．宗教与民族，2012(00)：229-241．

[2] 张佑周．再论两岸客家神缘一脉——以定光古佛和惭愧祖师为例[J]．嘉应学院学报，2016(4)：18-22

[3] 刘大可．闽粤台客家惭愧祖师信仰的互动发展与文化认同——田野调查与文献记载的比较[J]．世界宗教研究，2018(2)：97-112．

4 闽海民间信仰宫庙建筑功能分析

4.1 闽海民间信仰神明体系建构

4.1.1 两种神明体系划分标准

第一种是根据宗教人类学的宏观理论，把民间信仰神明体系分为天神、地祇和人鬼三大类。

(1) 天神。中国人自古以来认为日月星辰、山川雷电等自然现象都有其相应的主宰，而其最高的主宰天帝（民间俗称天公、玉皇大帝）统辖天、地、人三界。天神包括日月星辰、风雨雷电等天象和自然物，另外还包括佛、道和传说中天界的一些神明。如福建天湖岩位于永春下洋镇含春村天湖山五凤山顶，始建于宋，原存清代建筑，1988 年重建。天湖岩又名大池岩、七星岩，主祀三位祖师（黄公祖师、刘公祖师、陈公祖师）；再如，德化虎贲岩是传统佛教寺庙，位于德化县雷峰镇李溪村虎贲山上，近年重修，祀奉如来、观音等诸佛、菩萨。另外，台湾新竹城隍庙内保存有光绪皇帝所赐“金门保障”匾额，是台湾经历代帝王封赠的城隍庙中“神的官位”最高的庙。由此可见天神对人间的庇护。

(2) 地祇。地祇为人类居住的地球表面和环境中的一些自然物或物的神圣化，如土地、山岳、河海五谷等等的神化，还有对各式日常生活物的崇拜，如梁柱、床榻、灶房、厕所等物的崇拜。例如，闽南人偏重崇拜“土地公”，土地公庙到处皆有。一般人家的厅堂也设有“福德正神”神位，年节及每月初二、十六按时祀奉❶。对闽南人来说，土地公亲切、随和，庙并不在乎大小，所以土地庙没有一定规制，大小都行。安溪下镇溪石土地宫，面积仅仅 2 平方米，但一直是该地域百姓信奉的神明之一。万春寨土地宫兼为东雨亭，是百姓祭祀土地、祈求风调雨顺的神明。

(3) 人鬼。人鬼信仰在三种神明类型中最为复杂。在中国信仰文化中，“鬼”与“神”是有区别的，主要表现在道德上的善恶、神力大小、神界中的等级高低等区别。一般是由“鬼”转化为“神”路径为主，也有极少数是反向的。

闽海民间接受人分为躯体和魂魄两部分的观念。认为一个人如果受到重大惊吓、打击，有时魂魄会离开身体，因此，民间用“收惊”的方式来招“鬼魂”。人死后成为鬼，有被人供奉的，在漳州、台湾的一些地区对此要在“对年”（即周年）后将姓名列入公妈牌，称为“公妈”，成为祖先神的一部分，不称为“鬼”，对于没有被人供奉的或者非正常死亡的、冤死者，亡魂会留在去世现场，必须由家属招魂，如果不这样做，鬼就成了孤魂野鬼，到处飘荡、作祟，甚至“找替身”，成为狭义的“鬼”❷。例如，金门陈坑村的李府将军庙与下坑前宫仔都是针对这类人神而建的庙宇，其目的就是安抚亡灵。又如，王爷信仰起源于人们对鬼神的敬畏和崇拜。目前泉州民间供奉的王爷神有 130 多个姓氏，每个姓氏对应一个人物。多数王爷神在历史上确有其人，多为贤臣猛将名士；也有一部分只是传说中的虚拟人物。

另外，到了明代，随着泉州城“铺境制”的推行，王爷神信仰逐渐地成为当权者推行儒家思想统治的必需品。在民间，王爷神的崇拜成为凝聚一族、一姓、一区，及至一城的强大精神力量，薪火相传，数百年不熄。如泉州南安洪邦村六姓府公宫，即为人神庙宇；永春县五里街镇埔头村的福庆堂宫则主祀张章肖三

❶ 清代江苏苏州地区的土地诞是二月二日。见清代顾禄《清嘉录》卷二《土地公公》条记载：“二月二日，为土地诞，俗称土地公公，大小官府皆有其祠，官府谒祭，吏胥奉香火者，各牲乐以酬。”[清]顾禄. 清嘉录[M]. 来新夏，点校. 上海：上海古籍出版社，1986.

❷ 段凌平. 闽南与台湾民间神明庙宇源流[M]. 北京：九州出版社，2012.

位法主，以及祖师等，是埔头村的本境神庙之一；再如，原台北县的十八王公庙，相传有 17 名渔民出海捕鱼遇难，其中一人所养的忠义犬见主人未归，日夜守候，饮食不思，后来竟投海追随主人而去。当地居民为纪念这只忠义之犬，遂建造一庙，命名为十八王公庙(图 4-1)。

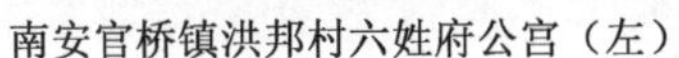

南安官桥镇洪邦村六姓府公宫（左）　永春县五里街镇埔头村的福庆堂宫（中）　台北县十八王公庙（右）

图 4-1　人神庙

第二种神明体系则是以玉皇大帝(天公)为轴心的神明层级体系。“天”是宇宙万物的主宰，也是万物生长发育的本源，“天”是民间信仰崇拜的至高无上的神。根据闽海民间信仰的实际情况，以天公信仰为轴心的神明体系建构更具地方特征。大致以天公为最高神，三官次之，其他神明再次之的神格等级秩序，诸神各有职掌，构成类似世俗政权中的中央—地方各级的神明框架体系。下文详细介绍。

4.1.2　闽海民间信仰天公神明体系

闽海推崇天公即玉皇大帝，其地位至高无上，凡天、地、人三界，儒、释、道三教，无论自然神与人格神，都归玉皇大帝指挥。因此，围绕玉皇大帝形成了闽海民间信仰独特的神明框架与系统。

玉皇大帝又称玉皇上帝、昊天上帝、玉帝、天公祖等，为闽海民间的最高神祇[1]。玉帝对仙界的统领是按一定的神明系统进行的。玉皇之下有三官大帝三位神仙(又称“三界公”)，分别管理天界、地界、水界(或天仙、凡人、阴鬼)；三界之下有各司其职的神明，如：务农的神农大帝、务工的巧圣先师、务商的关圣帝君、医疗的保生大帝、教育的文昌帝君、航海的天上圣母、司法的东岳大帝、生育的临水夫人、阴间的阎罗王等。

闽海民众祀奉的天公就是玉皇大帝，玉皇大帝的全称昊天金阙无上至尊自然妙有弥罗至真玉皇上帝，又称“玉皇赦罪天尊”“昊天通明宫玉皇大帝”“玄穹高上玉皇大帝”，简称玉皇、玉帝，俗称“天公”，是道教中天界的实际领导者，也是地位最高的神之一，居住在玉清宫。玉皇是主宰天界最高的神，他是统领三界内外十方诸神以及人间万灵的最高神，代表至高无上的天。

正月初九是玉皇大帝的诞辰，当天的民俗活动有香会和庙会。信众家庭里的妇女多备清香花烛、斋碗，摆在天井巷口露天地方膜拜苍天，求天公赐福，寄托了劳动人民祛邪、避灾、祈福的美好愿望。玉皇大帝在腊月二十五日会亲自降临下界，巡视察看各方情况。依据众生道俗的善恶良莠来赏善罚恶。玉皇在其诞辰日的下午回銮返回天廷。是时道教宫观内均要举行隆重的庆贺斋醮科仪。玉皇的生日，人们都会举行祭典以表庆贺，自午夜零时起一直到当天凌晨四时，都可以听到不停歇的鞭炮声。

“拜天公”是闽海人最重视的民间节日，每年正月初九，当地群众视这一天为最高神天公的生日，家家户户隆重祭祀。节日前夕，家家户户都要打扫卫生、制作龟粿、发粿等，作为供品。红龟粿呈龟红色，打龟甲印，象征长寿。祭拜天公仪式过后，大家吃一顿丰富的年餐，以示团圆、吉祥。它流传于台湾、海南、新加坡、马来西亚等闽南人聚集地。

闽海祭拜天公仪式十分隆重，在正厅天公炉下摆设祭坛，一般都是用长板凳或矮凳先置金纸再叠放高八仙桌为“顶桌”，桌前并系上吉祥图案的桌围，后面另设“下桌”。“顶桌”供奉用彩色纸制成的神座(象征天公的宝座)，前面中央放置香炉，炉前有扎红纸面线三束及清茶三杯，炉旁为烛台；其后排列五果(柑、

[1] 段凌平. 闽南与台湾民间神明庙宇源流[M]. 北京：九州出版社，2012.

橘、苹果、香蕉、甘蔗等水果)、六斋(金针、木耳、香菇、菜心、豌豆、绿豆等)祭祀玉皇大帝;下桌供奉五牲(鸡、鸭、鱼、卵、猪肉等)、甜料(生仁、米枣、糕仔等)、红龟粿(像龟形,外染红色,打龟甲印,以象征人之长寿)等,用来祭玉皇大帝的从神。

拜天公的祭典自正月初九的凌晨开始,一直到天亮为止,但俗传因为天公的神格非常尊贵,因此越早敬供越有诚意。在这一天前夕,全家人必须斋戒沐浴(如今神明崇拜仪式越来越人性化,没有了条条框框的束缚,基本只保留了摆供品和礼拜)。家家户户都在正厅前面,放置八仙桌,搭起祭坛供桌,并面线塔,另设清茶三杯,还有甜粿、社龟,到了时辰,全家整肃衣冠,按尊卑长幼依次上香,行三跪九叩礼拜。祭拜完成后烧天公金、天公座。

有些天公信仰盛行地区的信众会提前一天即正月初八的半夜先于家中敬拜天公,再前往邻近的天公庙上香献敬。祭祀仪式期间的禁忌包括禁止家人晒衣服尤其是女裤、内衣,不可以随意对外倾倒便桶,不可以口出秽言;祭品如果要用五牲,一定要用雄性牲畜,不能用雌性的;若是要还愿,必须用全猪或全羊以显示厚重。

《泉州民间信仰》中有文字言及当地天公信仰中的"做天香"祭天盛典。据《温陵旧事》载,当地人在正月间分别择日赛会,朝拜天公、祈年降福,事先推举有钱有名望的士绅主持,赗金请期,设醮迎神。届时,富裕人家自报出钱妆阁,雇人或扮神像,或扮传说中人物,坐立于高座或软棚上头,由四至八人抬着游行,常有数十台。又以闾里自报扮作骑士、军校、苍头、旗手,举着戈铤矛戟、龙头钩镰等兵器,还有高招旗、五方旗、帅旗、三军司令旗各色旗帜,每有百余人。更杂以马上吹、步吹、五音、铜鼓等乐队,抬出境内的大小神像,浩浩荡荡,巡游街巷……从这浩浩荡荡的行进队伍中,也可以看到广东人称为"飘色"、陕北人称为"社火"的戏剧式装扮,场景效果十分突出。另外,泉州地区的民俗,凡结婚、生子、寿庆要拜天公、谢天公,携带祭品往城中最早的道观元妙观(俗称"天公观")"烧天金",也与天公信仰有关。

民间神明的信仰、仪式及宗教活动都与日常生活密切相关,是人们日常生活的延展;因此,人们常常以人间既有的行政系统模式来建构神界的结构与系统,例如,人间有"三公",神界必然有"三官大帝"等,以此形成类似于人间制度的神权体系。

秦以后的封建王朝,皇帝之下实行三公九卿制,协助皇帝掌管政务、军务和监察及分担一些具体事务。到了隋朝,设立了"三省六部"。与之对应,秦以来的行政系统与后来形成的神明架构,在很多方面有相似之处:秦的中央系统是以一个帝王,之下有三个辅佐,其次有若干个机构处理具体事物。民间神明也一样是以玉皇为中心,之下有三官大帝辅助,继之若干神明掌管相关的行业。

从这些神明类别的设置看,神明系统和人间行政部门的安排极其相似。但是在具体职责的安排上,人间的行政机构更为周到和臻密,神明系统的安排则较空乏和松散。如丞相管行政但不涉及军权,太尉管军事而无行政权,御史大夫负责监察其他官员但是没有行政和军事权,各个部门分工严密又互相牵制。而神明系统的三官之间,天官赐福,地官赦罪,水官免灾,各司其职,没有相互牵涉的说法。可见民间神明虽有专职,但仍然是一身多能。如保生大帝主司神职是医疗,兼有消灾、祈雨等多种功能。祭祀保生大帝时主要的颂唱经典为《大道真经》,吸收了道教医疗养生的一些内容。

闽海神明系统形成以玉皇为中心、其他主要行业神明为辅的神明系统。闽海神明框架与中国古代的中央三公九卿、基层的郡县制大致相同,但又不如人间行政系统的严密。随着闽台民间信仰的发展,其神明系统将逐渐完整和严密❶。

由于出现多神崇拜的现象,在闽海民间信仰宫庙中的神明有的是主祀神明,有的是陪祀神明,考虑到本身的合祀与变迁,本书先做分离研究和静态研究,主要关注天公、妈祖、关羽、保生大帝、临水夫人等主祀神明建筑的基本情况。

下面对闽海民间信仰主要神明与主祀建筑进行简单的文本分析。

闽海民间信仰神明体系与宫庙建筑功能具有内在的统一性,是建筑形式与功能之间的高度统一,体现其高度统一的文化性。本章主要研究闽海民间信仰神明分类体系下,不同神明宫庙建筑的文本表现。

---

❶ 段凌平.试论闽南与台湾神明的构架系统[J].漳州师范学院学报(哲学社会科学版),2013(4):1-5.

从古至今，以“皇天”“后土”为代表的造神狂飙，诸神的位序等级排列大体依照人世间的权力结构为参照，正如马克思所说的那样“宗教本身是没有内容的，它的根源不是在天上，而是在人间”❶。在闽海传统聚落民间信仰文化生态系统中，留存着大量宫庙建筑，如妈祖庙、城隍庙及铺境等，而且至今还以多种形式发挥作用；它们有的还成为国家级、世界级文化遗产，成为展示中国传统文化的重要物质遗产。这些宫庙建筑是闽海民间信仰文化的重要物质载体，也是闽海民间建筑文化的重要组成部分，宫庙建筑承载的活动和文化共同营造了一个血缘、地缘、神缘交织下富有人情和人伦精神的闽海社会。

闽海民间信仰传播大致有两个不同的方向：一是全国性信仰传入闽海，首推玉皇大帝（天公）信仰，次为关羽、城隍信仰等；二是福建本土民间信仰向外传播，有的形成跨区域的、全国性的信仰，如妈祖信仰、保生大帝、临水夫人信仰等。

台湾较为典型的宫庙建筑有保生大帝宫庙、台南孔庙、台南学甲慈济宫、台北孔庙等。大陆先民赴台移民开垦路线主要是从金门、澎湖列岛直到台南等地开始的，台南在 17 世纪是台湾的政治文化中心与经济发展重心。此后政治、经济才逐渐从南向北发展，逐步形成今日台湾社会政治经济区域格局。台南市是一座中国文化古城，有密集的中华文化历史古迹，其中以台南孔庙与学甲慈济宫最为典型。

4.1.3　天公信仰传播和影响

4.1.3.1　天公信仰——玉皇大帝信仰的历史形成

道教承袭了中国古代“天神、地祇、人鬼”的神灵格局思想，认为天地人三界中存在有各种职司不同的神灵，其中地位最高的是昊天上帝，并将其人格化。南宋宁全真授、王契真纂的《上清灵宝大法》卷十《三界所治门》云：

昊天上帝，诸天之帝，仙真之王，圣真之主。掌万天升降之权，司群品生成之机。三洞四辅禁经之标格，大梵至妙无为之神威，乃三界万神、三洞仙真之上帝君也。……故以形象言之谓之天，以主宰言之谓之帝。故曰玉真天帝玄穹至圣玉皇大帝❷。

天公信仰源于道教，道教溯源于先秦道家，形成于东汉。他们在思想理论上都以“道”为最高范畴，主张尊道贵德、效法自然，以清净无为法则治国修身和处理鬼神信仰，处理人与自然之间的关系，因此被称作“道家”。道教是一种宗教，信奉“道”，通过精神形体的修炼而“成仙得道”的宗教。作为一种宗教实体，道教不仅有其独特的经典教义、神仙信仰和仪式活动，而且还有其宗教传承、教团组织、科戒制度、宗教活动场所。这样的宗教社团，与道家有所不同，但是道家是“道教”的源流所出，道家、道教的基本信仰都是“道”，二者实不可分割。当代道家研究学者卿希泰在其主编的经典著作《中国道教史》中说：“中国道教是中国的一种具有悠久历史的社会现象，是中国文化的一个不可缺少的有机组成部分。”❸他充分肯定了道教的文化地位。历史上贬低玉皇、摧毁玉皇庙的活动是动摇中国民间信仰的民族根基，必然要激起民众的激烈反抗。鲁迅先生曾经说过“中国的根柢全在道教”❹，这个根柢就是在社会深层之中，在绝大多数民众之中，在中国文化的核心之中。

宋代道教大兴，以帝室尊崇为主因，崇道的宋真宗把玉皇的神品推到了极致。“大中祥符七年（1014年）正月，真宗又奉‘天书’到亳州太清宫祭献，尊老子为‘混元上德皇帝’。大中祥符八年正月，又尊玉皇为‘太上开天执符御历含真体道昊天玉皇大天帝’”。同样崇信道教的宋徽宗在政和六年（1116 年）又“上玉帝尊号曰太上开天执符御历含真体道昊天玉皇大帝”。在真宗和徽宗那里，玉皇已与传统的上帝相结合，成为天上的至高神，道教信仰与国家礼典正式合流❺。道教具有鲜明的世俗性，在许多方面成为人们现实生活的补充：许多活动在不知不觉中转化为民间习俗，如相宅择墓、岁令时节、天灾疫疾、斋醮祈禳、祈雨止风、念咒画符、占卜扶乩等道术流行于民间，满足了一般民众的避祸祈福的愿望。祀奉玉皇大帝而

❶ 马克思，恩格斯. 马克思恩格斯全集（第二十七卷）[M]. 北京：人民出版社，1972.

❷ 道藏（第 30 册）[M]. 北京：文物出版社，1988.

❸ 卿希泰. 中国道教史（第一卷）[M]. 成都：四川人民出版社，1988.

❹ 鲁迅. 致许寿裳 1918 年 8 月 20 日[Z]//鲁迅书信集. 北京：人民文学出版社，1976.

❺ 郑镛. 玉皇信仰与儒道同异[J]. 漳州师范学院学报（哲学社会科学版），1999：70-73.

营建的玉皇庙又称玉皇观、玉皇殿、玉帝观、玉皇阁、玉皇宫及玉圣宫等。

玉皇庙属于中国道教建筑之一种，道教讲究阴阳五行、八卦四方，建筑庭院采用中国汉族传统的封闭的四合院形式。庭院的四方代表金、木、水、火，中心为土，所以这种四合院象征着五行俱全、吉祥如意❶。道教建筑组群关系上大都中轴对称、规整有序，建筑平面呈长方形。沿中轴线布置一系列主要建筑，依次为戏台、山门、献殿和主殿等。中轴线两侧，依次对称排列着东西配殿、偏殿和一些次要建筑，围合成几个院落，从而形成一个完整的序列空间❷。

玉皇庙单体建筑的整体布局上，大体保留传统坐北朝南或坐东向西的单层单座式建制。

宋代以后，玉皇大帝在民间信众心里是道教的最高神明，俗称“天公”。供奉玉皇的宫观称为“玉皇阁”“灵霄宝殿”“灵霄宫”等。例如，石狮朝天寺即在寺庙最高处修建玉皇阁供奉玉皇大帝，每逢正月初九玉皇诞辰都要举行盛大的祈祷仪式，诵经礼忏。民间又以腊月二十五日为玉皇出巡日，相传此时玉皇要下界巡视，考察人间善恶，信众要举行接送玉皇的仪式❸。

“天人合一”是中国传统的哲学观和宇宙观，无论君臣民都以崇奉天神为万神之主，玉皇就是天神人格化的象征。自唐宋以后，玉皇大帝被人们升至道教“四御”（玉皇大帝、中天紫微北极大帝、勾陈上官天皇大帝和后土皇地祇）之一的神格，且在人们的信仰中成为道教最高神灵，管辖一切天神、地祇、人鬼，犹如一位人间皇帝的化身。所谓“没有统一的君主就不会出现统一的神，神的统一性不过是统一的东方专制君主的反映”❹。

对于道教斋醮仪式中三清尊神与玉皇等四御神的座次排列，不存在尊卑的分别。道书《灵宝领教济度金书》中指出：“醮坛即醮筵也。中间高设三清座，前留数尺许，通人行。又设七御座（首席为玉皇），每位高牌曲几，香花灯烛供养如法。盖玉清为教门之尊，昊天为三界之尊，各居一列，各全其尊。”❺另外，中国民间保持有“认庙不认神”的朴素思想，有的宫庙即使曾被损毁，也多在原地被重建，信众相信原宫庙的灵应。

4.1.3.2 闽海玉皇庙建筑

天公诞是福建、台湾等地的民间传统节日，福建人有“拜天公、大过年”的传统。福建地区的“玉皇诞”又称“天公诞”，台湾地区称“拜天公”。

泉州玄妙观，奉祀玉皇大帝，是泉州最大的道观。大门前殿颇高昂，有阶直上。两廊装塑二十八宿像，雕塑之精，国内罕见。正月初九为玉皇诞辰，例演正音班。由广场而上即中殿，名三清殿，祀上清、玉清、太清三天尊，留全发的道人在该殿主持香火。后殿祀玉皇上帝，像甚高大，唯其至尊不让人看，故皆围以密帐。正月初九拜天公仪式，点三柱香，放金箔纸钱，称“天公金”。信众酬神唱戏，谢天做敬以及泉州各地巡境神也需由信众抬着前往观中拜谒“玉皇大帝”，可知旧时玄妙观香火不断。“文革”中庙已毁，改建厂房，青石龙柱雕刻精细，移存文管会。后经当代重建，规模宏大。

民间常年供奉“天公”的场所并不限于宫庙，人们还在家里供奉“天公”，与各种祭祀活动联系在一起。有的人家只在厅堂挂一盏“天公灯”，上写“祈雨平安”及一个“心”字，表示一心诚敬，祈雨赐福。在重要祭祀活动时点三支香，也有虔诚者信众每天早晚都点，这样“家祭”中的玉皇大帝信仰活动把节日祭祀和常年祭祀结合起来。

福建漳州民间冬季有一个独特又隆重的民俗节“家安节”（有的地方叫“谢平安”）。它与漳州民间农历二月的传统祈祷和许愿活动“祈平安”相呼应。农历正月初九，福建漳州天宝镇珠里村玉尊宫举行盛大的拜天公传统习俗，广场上整整齐齐摆满了几百多张桌子，桌子上摆满各色供品，拜祭的信众们以此祭拜天公，场面蔚为壮观。相传正月初九这一天是闽南地区“天公生”，即玉帝诞辰日，每到这一天的前夜，玉

❶ 罗哲文，刘文渊，刘春英. 中国名观[M]. 天津，百花文艺出版社，2006.

❷ 乔匀. 道教建筑：神仙道观[M]. 北京：中国建筑工业出版社，2004.

❸ 福建省社会科学界联合会，福建省民俗会，台湾宜兰玉尊宫管委会. 玉皇大帝信仰的塑成及影响[C]//闽台玉皇文化研究，1996.

❹ 马克思，恩格斯. 马克思恩格斯全集(第二十七卷)[M]. 北京：人民出版社，1972.

❺ 灵宝领教济度金书[Z]//道藏(第7册). 北京：文物出版社，1988.

尊宫的家家户户都会在宫前的广场上摆上供品，燃放烟花爆竹祭拜。❶

4.2 林默—妈祖信仰—妈祖庙

林默是历史上的真实女性人物，经历了由地方神到跨地区普世神祇、比较特殊的闽海神明的传播路径。

众所周知，妈祖是闽海民众祀奉的主要神明对象之一，是历代船工、海员、旅客、商人和渔民共同信奉的神祇，其信仰十分兴盛。妈祖，又称天妃、天后、天上圣母、娘妈、马祖、妈祖婆等。“妈”是闽南对女长者、有尊望者的尊称，有“祖母”之意。按照妈祖面部形象及妈祖显灵时不同的场所，又可以划分为红面妈祖、金面妈祖、乌面妈祖和粉面妈祖等。另外，妈祖庙中多配祀罗府元帅、千里眼、顺风耳等神明。

4.2.1 林默化身妈祖

妈祖原名林默，又称林默娘，福建莆田湄洲屿人，相传生于宋太祖建隆元年(960 年)，卒于宋雍熙四年(987 年)，在世仅仅 28 年，是否有婚配不详。民间相传妈祖出生后一个月不哭，故被称为默娘，她 8 岁读私塾，13 岁因乐施得道，懂“玄微秘法”，16 岁得到神授予的铜符而称神姑，或称通贤灵女，可预知祸福，28 岁时白日升天，实际情况是在一次救险中发生意外，再也没有回来。人们传说妈祖在湄洲岛顶峰升天而去，于是乡亲们就在岛上燃起香火供奉她，称其为“通贤灵女”，同时立祠祭拜妈祖，最初称作“通贤灵女庙”，尊称她为“神女”“龙女”“天妃妈祖”等，妈祖对信众有求必应。❷ 至今还有数十个与妈祖相关的民间传说在民间广泛流传。

究其原因，福建湄洲岛屿地处泉州港附近，是南北航运的避风良港，加上腹地物资丰富、大量外销，因此该岛近海航运颇具规模。由于当时航海技术水平低下，渔民、船民和客商面对风涛险恶而无能为力，便产生了祈求神明保佑平安的愿望，妈祖信仰在这种情况下适时产生了。南宋廖鹏飞撰写的《圣墩祖庙重建顺济庙记》载：林氏出生于本地，心地善良、乐于助人，“以巫祝为事，能预知人祸福”❸。可知，林默娘生前是一位女巫，羽化升神之后，“常驾云飞渡大海，众号曰‘通贤灵女’”❹，乡里为立庙祭祀，后来逐步扩大其影响成为海上保护之神。

有关妈祖的生平事迹，在闽南文献记载中有一个逐步演变发展的过程，大致是宋代略简，元代演变，明代发展，清代完备或定型，即：第一，两宋时期，妈祖信仰发源于福建沿海莆田并逐渐取代其他海神成为闽海广泛信仰的海神；第二，元明时期，在社会经济和封建政权的推动下，妈祖信仰上升为全国性的海神信仰，并远播海内外；第三，清代以来，妈祖信仰遍布大陆与台湾各地。这个演变过程不仅反映了历代不同的社会背景与思想观念，而且还体现了民间造神运动的一般规律❺。

妈祖的第一次“灵应”是在北宋末期徽宗宣和四年(1122 年)，给事中路允迪奉旨出使高丽，海上航行途中遇到狂风怒浪，其余的船只均覆没，唯有路允迪所乘的船只在妈祖显灵的指引下，避开风浪平安抵达❻。事后，路允迪上奏朝廷，为妈祖请功，宋徽宗特赐莆田宁海圣墩庙的庙额为“顺济”，历代有关妈祖的文献都视此事为官方正式承认妈祖信仰的开始，也成为妈祖信仰为国家正祀的起点。

南宋时期，妈祖信仰得到统治阶级的大力扶植，先后被赐封的各种封号达 14 次，封号的等级也从“夫人”一直晋升为“妃”，其身份也由民间巫神转变为道教神仙，其影响力也进一步扩大，各地的妈祖庙纷纷

---

❶ 林胜利.泉州和台湾“天诞”庆典风俗谈[C]//福建省民俗学会.闽台岁时节日风俗——福建省民俗学会第二届学术研讨会论文集，1991；蓝达居.闽南民间天公崇拜述议[C]//闽台玉皇文化研究，1996.

❷ 段凌平.闽南与台湾民间神明庙宇源流[M].北京：九州出版社，2012.

❸ 林国平，彭文宇.福建民间信仰[M].福州：福建人民出版社，1993.

❹ 林尧俞.天妃诞降本传[Z]//蒋维锬，周金琰.妈祖文献史料汇编.北京：中国档案出版社，2009.

❺ 林国平，彭文宇.福建民间信仰[M].福州：福建人民出版社，1993.

❻ 路允迪出使高丽时，遇到风暴，八舟溺七，路允迪惶恐万分，仰天祷告，恍惚觉得有个神女立于桅杆之上，风浪立即平息了。路允迪询问船上的人，有一个随船的莆田人说，神女是他家乡信奉的圣墩女神。后来，路允迪回到朝廷，向皇上说出了这番经历，皇上钦赐圣墩“顺济”的匾额。这是妈祖得到官方的第一次承认。到南宋末年，朝廷对妈祖的封号由“夫人”晋封为“妃”。

建立。❶ 由于整个南宋立国江南且外患不断，军费开支浩大，统治者更是健全和完善了市舶司机构，积极扩大海外贸易，海事活动益加频繁，客观上加速了妈祖信仰的传播。妈祖信仰逐渐走出莆仙地区向周边辐射：先沿海路传播至与湄洲岛一水之隔的晋江口，再传至泉州地区。当时的泉州不仅是闽南文化的中心，还是中国乃至世界最大的商贸中心和海港。庆元二年（1196 年）泉州首建天妃宫。至此，妈祖信仰找到一个最适合扬帆远航的出海口，向南北沿海、海峡对岸和海外传播。

元代，妈祖成为漕运的保护神。在元代朝廷的推崇下，妈祖由凡间人神提升到天神，并且管辖四海诸神妖怪，这就完全确立了妈祖在四海诸神中至高无上的权威。元王朝对妈祖的推崇，在中国沿海各地掀起了崇拜妈祖的热潮，这使妈祖信仰得到空前的传播和扩散。妈祖信仰逐步取代了泉州当地的海神“通远王”，也随着泉州港地位的提升而走出福建，传播到中国沿海各省。至元十四年（1277 年），泉州市舶司的地位再次上升，且泉州市舶收入成为元代政府重要的税收来源。但是，由于气象知识缺乏，漕运和海运凶险难测，航海者需求“神明护佑”才能安全抵京。在这种情况下，至元十八年（1281 年），元世祖忽必烈授予妈祖“护国明著天妃”的封号。这是妈祖信仰第一次超越众海神，上升到“天上神仙”的地位。元代在统治中国的 90 年中，共给妈祖赐额 1 次，加封号 6 次，晋爵为“天妃”。漕运沿线和福建省重点的妈祖宫庙，朝廷每年都要派官员前往祭祀。

明代初期为避东南沿海的倭患，朝廷推行严格的海禁政策，妈祖信仰也随之暂时沉寂，由高峰跌入低谷，妈祖在朝廷的地位也有所下降，由“天妃”改封名号为“圣妃”，这种状况一直持续至永乐年间，郑和的七下西洋带动了妈祖信仰的复兴。郑和船队随行的船员多为福建泉漳一带水手，笃信天妃，历次远征中均因祷求天妃保佑而得以摆脱遇险遭难，于是郑和命每航必于船头祀奉其神像，沿途及抵岸不断祭祀，增修庙宇，并于永乐五年责令福建当地官员重修泉州天妃宫，明令规定凡朝廷官员出使琉球、爪哇、满剌加等国必须先行前往泉州天妃宫拜祭。朝廷也于成祖永乐七年（1409 年）恢复了妈祖的“天妃”名号，并敕建南京“龙江天妃宫”，这是唯一一座皇帝御赐建造的妈祖庙。

清代妈祖信仰的传播发展到一个新的层面，朝廷对妈祖的推崇也达到了一个新的高度。康熙二十三年，妈祖被封为“护国庇民昭灵显应仁慈天后”，至咸丰七年（1857 年），妈祖的封号已长达 64 字。直至光绪元年（1875 年），清代共敕封妈祖达 16 次。按照清代定例，封号的字数最多是 40 字，而对妈祖的封号字数竟多达 68 字，并昭告天下对妈祖行三跪九叩首礼，可见，清代对妈祖的推崇到达了历史顶峰❷。

从“夫人”“妃”“天妃”及至“天后”，历经多次褒奖晋封，使妈祖已由原先的江海女神而演变成了无所不通的万能天神，妈祖信仰传播至大陆腹地及海外地区。福建商人和官员在所到之处祀奉他们的“福建之神”妈祖，妈祖庙也不再只是神明的府邸，还是供闽商子弟在此读书修业、商人进行宴饮交际，宦游官员途经此地者歇息、联络乡谊的场所，妈祖又成为福建的地方神。妈祖庙多与分布在各地的福建会馆（三山会馆）结合，成为多功能的建筑文化载体。

4.2.2 泉州天后宫

泉州天后宫始建于南宋庆元二年（1196 年），是泉州首座天妃宫，也是现存年代最久、规模最大、规格最高的祭祀海神天后的重要宫庙。

泉州天后宫位于鲤城区天后路，面临晋江，为浯江、巽水二流之汇、番舶客航聚集之地，是古泉州城最繁华的地方。该宫历代均有修缮，坐北朝南，占地面积 7 200 多平方米。主体建筑分布于南北中轴线及其两侧，依次有山门、戏台、东西阙、正殿、东西廊、寝殿、凉亭、梳妆楼等（见图 4-2）。布局严整，规模宏大，风格独特，建筑技术和装饰艺术都具有很高的成就，是海内外众多天后庙宇的建筑范本，也是历史上天后信仰极为重要的传播中心❸。泉州天后宫于 1988 年被列为全国重点文物保护单位。

---

❶ 蒋维锬. 妈祖文献资料[M]. 福州：福建人民出版社，1990.

❷ 郑丽航. 宋至清代国家祭祀体系中的妈祖综考[J]. 世界宗教研究，2010(2)：120-131.

❸ 陈祖芬. 城厢妈祖宫庙概览与研究[M]. 上海：上海交通大学出版社，2017.

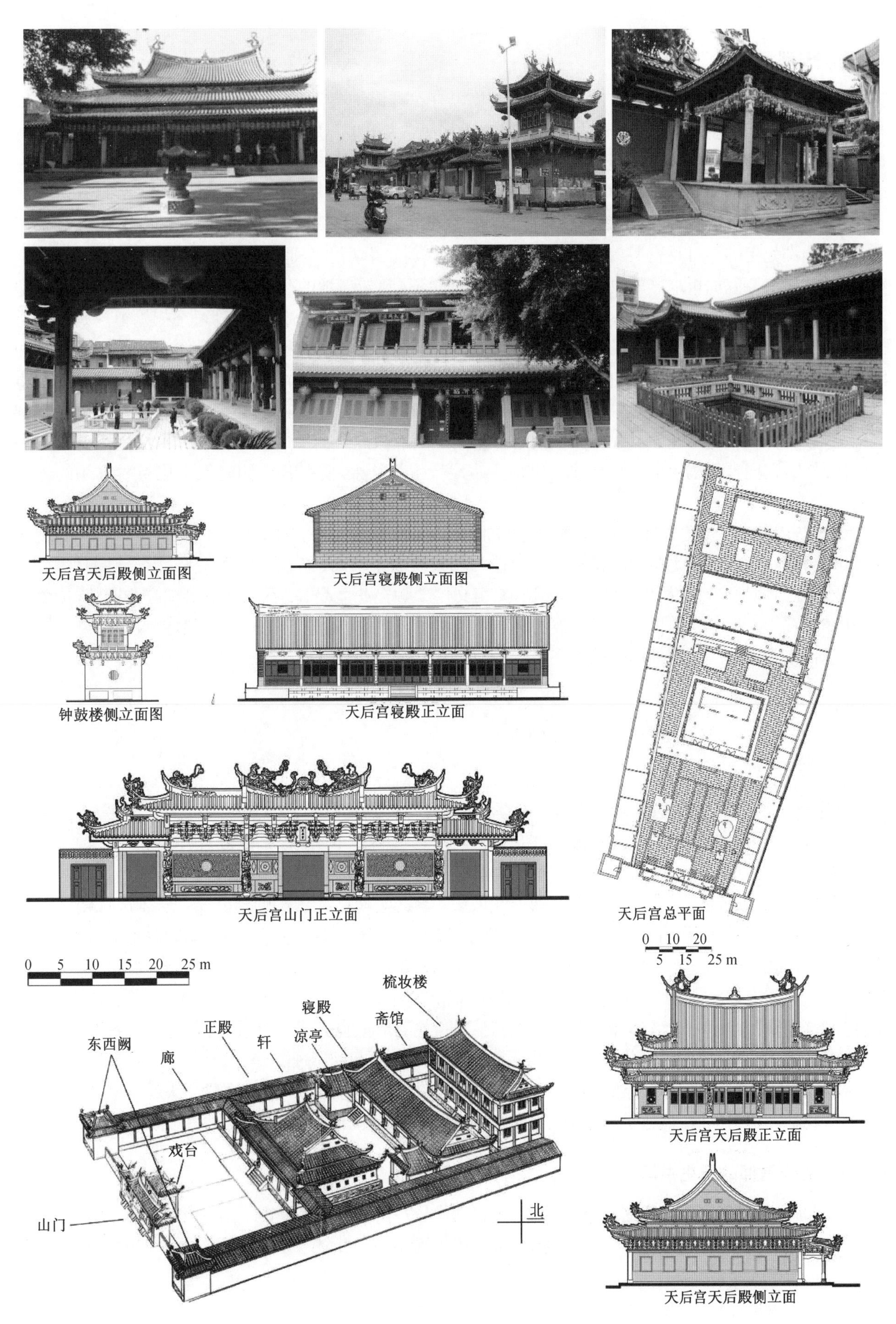
天后宫天后殿侧立面图
天后宫寝殿侧立面图
钟鼓楼侧立面图
天后宫寝殿正立面
天后宫山门正立面
天后宫总平面
0 10 20
5 15 25 m
0 5 10 15 20 25 m
梳妆楼
寝殿
斋馆
正殿
轩
凉亭
东西阙
廊
戏台
山门
北
天后宫天后殿正立面
天后宫天后殿侧立面

图 4-2 泉州天后宫

4.2.3 湄洲妈祖庙

闽中是妈祖文化的发祥地，莆田市妈祖宫庙集中分布在南部靠海的乡镇和街道，以湄洲岛妈祖信仰和妈祖庙最有名。这些区域，多是渔村，而且是商埠和码头集中区，是航海和商贸的起点或中转站，同时是台风等自然灾害最易侵犯的地区，因此该地区的人们对妈祖的心理需求更大，妈祖信仰在此更容易发展壮大。

虽然很多地方的妈祖都是从湄洲岛通过"割香"分灵过来，但是这些宫庙的妈祖生日却各不相同。例如，莆田湄洲妈祖的生日是三月二十三，泉州蟳埔就把正月二十九当作是妈祖的生日，并在这一天举行声势浩大的"讨海"活动，祈求好的收成。各地妈祖生日的不同，与当地的生产方式有密切的关系。有的地方，人们会在农忙过后，或者捕鱼高峰期后，选择一个合适的时间作为妈祖的生日来祭祀妈祖。妈祖文化传播到新的地方以后，受到当地民俗和地理环境的影响，形成了各自独特的妈祖习俗。例如沿海地区的湄洲妈祖庙，在祭祀活动期间，就有莆仙戏、木偶戏以及莆田民间武术表演。湄洲岛有新船下水和船工祭妈祖的习俗，在出海的时候，还有挂草席的习俗。至今还流行妈祖髻和红黑、红蓝拼接的裤子。闽北宁德市霞浦县还有"妈祖走水"的民俗活动，以此用来感谢妈祖解救遇险渔民的恩情。一般沿海地区都有祭海的传统民俗，这些都是妈祖信仰与当地文化相互碰撞产生的结果，使得各地的妈祖文化有着鲜明的海洋特色。

而一些内陆地区或者是不靠海谋生的地区的妈祖信仰，也发生了一些变化。例如泉州永春县的鹏溪村从事耕种业，人们就将妈祖视为谷神。每当播种和收获的季节，人们就会烧香祭拜，祈求风调雨顺、五谷丰登。受当地生产方式和生活环境的影响，妈祖文化要想在此立足，就不得不做出相应的调整，增添了一些内陆特征，这样妈祖信仰就更易于被当地居民所接受。总之，通过迁移扩散、接触扩散和传染扩散等方式，整合出真正适应当地环境的妈祖文化。

4.3 关羽—关帝崇拜—关帝庙

历史人物关羽(160—219 年)，东汉河东解县(今山西解州，一说运城)人，是三国时期蜀国的一员武将。儒家称关羽为"文衡帝君"，清代奉为"忠义神武灵佑仁勇威显关圣大帝"，尊为"武圣"；佛教尊关羽为伽蓝护法神，在很多寺庙里都有伽蓝殿，专门祭祀关羽；道教将关羽奉为"关圣帝君"，为道教的护法四帅之一，并有《关帝觉世真经》。历代政权帝王对关羽推崇备至，以其为忠义的化身，成为教育民众忠君爱国的样板。现存文献证明，关羽被列入道教始于北宋末年❶。尤其是在清代顺治九年(1652 年)，朝廷封关羽为"忠义神武关圣大帝"，后来不断给关羽加封号，前后共十次之多：乾隆三十三年(1768 年)，加号"灵佑"。嘉庆十九年(1814 年)，加号"仁勇"。道光八年(1828 年)，加号"威显"。咸丰二年(1852 年)，加号"护国"；次年，又加号"保民"。咸丰六年(1856 年)，加号"精诚"；次年，又加号"绥靖"。同治九年(1870 年)，加号"翊赞"。光绪五年(1879 年)，加号"宣德"❷。关羽形象也完成了"侯而王，王而帝，帝而圣，圣而天"的人神转化过程，成为中国传统文化中"封神榜"上又一位重量级人神。

在民间信众的心目中，关帝还是万能之神，司福禄、佑科举，治病消灾、驱邪避恶、诛叛罚逆，以至于招财进宝、庇护商贾。同时，他还被描金业、皮箱业、香烛业、绸缎业、成衣业、典当业等行业视为保护神。

4.3.1 关帝信仰的历史书写

关羽在民间最初是以厉鬼的形象出现的，据《三国志・关羽传》的注引《吴历》所记："权送羽首于曹公，以诸侯礼葬其尸骸。"张志江认为，关羽崇拜的始作俑者是吴主孙权，在孙权残忍地杀害关羽并使其身

---

❶ 蔡东洲，文廷海.关羽崇拜研究[M].成都：巴蜀书社，2001。

❷ 郑土有.关公信仰[M].北京：学苑出版社，1994.

首异处后，因害怕其鬼魂会作祟危害自己，便以诸侯之礼埋葬关羽尸骸。再加上关羽死后，擒杀他的吴将吕蒙不久即病逝，而且被吴国所夺回的荆州，当年又瘟疫流行。这些都使百姓对于关羽鬼魂显灵作祟深信不疑，并对其诚惶诚恐，毕恭毕敬[1]。我国第一座供奉关羽的庙宇建于南北朝时期湖北当阳的玉泉山。[2]

对于关公形象，晚唐范摅的《云溪友议》卷上《玉泉祠》称："蜀前将军关羽守荆州，梦猪啮足，自知不祥，语其子曰：吾衰暮矣！是若征吴，必不还尔。果为吴将吕蒙麾下所殛，蜀遂亡荆州（今吴楚之俗，梦半猪者，乃书其屋柱而禳之）。玉泉祠，天下谓四绝之境。或言此祠鬼兴土木之功而树，祠曰三郎神。三郎，即关三郎也。允敬者，则仿佛似睹之。缁俗居者，外户不闭，财帛纵横，莫敢盗者。厨中或先尝食者，顷刻大掌痕出其面，历旬愈明。侮慢者，则长蛇毒兽随其后。所以惧神之灵，如履冰谷，非斋戒护净，莫得居之。"[3]另外，孙光宪《北梦琐言》（《关三郎入关》）记载的关羽也有相似的形象[4]。这些民间记载的关羽形象，受历史上关羽勇武的形象和被东吴擒杀经历的影响，一直延续至宋代。

关羽神格化的大致过程：开始于三国孙权政权，[5]隋代关羽相关的神话传说出现，其家乡解县的关帝庙也始建于隋文帝开皇九年（589 年），解州关帝庙是目前全国现存最大的关帝庙。至宋代开始，关羽信仰得到很大发展，原因大致有如下几点。

首先，儒释道三教融合对关羽信仰的推动。

对于关羽成神的早期形态来源于隋代天台宗创始人智顗（又称智者大师）收关羽为佛教伽蓝神一事，该事件可在唐德宗贞元十八年（802 年）董侹《荆南节度使江陵尹裴公重修玉泉关庙记》以及北宋元丰四年（1081 年）张商英的《重建关将军庙记》中有相关记载[6]。相传隋代天台宗的创始者智顗，有一次曾在荆州的当阳玉泉山入定，于定中听见空中传来"还我头来！还我头来！"的惨叫声，原来是关羽的头被敌人砍下来，其愤恨不平，到处寻找自己的头。智者大师反问："您过去砍去他人的头无数，您今日怎么不去还别人的头？"并为其讲说佛法。关羽当下心生惭愧，而向智者大师求授三皈五戒，成为正式的佛弟子，并且誓愿作为佛教的护法。后来，当阳关帝庙为全国四大关帝庙之一。这也是智顗对佛教的一大贡献，他使天台宗成为一个民间流传最广、历时最久的宗派。

到了元初，关羽护持佛法的说法得到了官方认可，元世祖正式封关羽为伽蓝神；关羽又被引入了藏传佛教的黄教中。到了明代所撰的《历代神仙通纪》卷十四中记载了唐仪凤末禅宗六祖神秀建玉泉山寺，立关羽为伽蓝神的当阳神话。由此，随着更多的佛教宗派奉关羽为伽蓝神，关羽也在佛教寺庙中获得了独立的伽蓝菩萨神像位置。

在道教中，现存最早的关羽和道教有关的传说是关羽帮助张天师在山西解州盐池铲除蚩尤，从而恢复解盐正常生产的故事。

其次，关羽转化为民间财神信仰。

明清时期，资本主义萌芽开始在我国沿海一些地方出现，部分农民离开土地成为无业游民或工商业者，随之而来的是各种行会、帮会的出现。到了清代，更有一部分人到海外谋生，或经商或打工，成为"华工"。商人们附会出关羽在曹营"上马金、下马银"的故事，将关帝奉为财神，于是关羽不仅成了他们崇拜的英雄和为人的表率、相互团结的精神纽带，还成了能招财进宝的财神。

---

[1] 张志江. 关公[M]. 北京：中国社会出版社，2008.

[2] 郑土有. 关公信仰[M]. 北京：学苑出版社，1994.

[3] [唐]范摅. 云溪友议[M]. 上海：上海古籍出版社，2012.

[4] [五代]孙光宪. 北梦琐言[M]. 上海：上海古籍出版社，2012.

[5] 张志江. 关公[M]. 北京：中国社会出版社，2011；据《三国志・关羽传》的注引《吴历》所记："权送羽首于曹公，以诸侯礼葬其尸骸。"张志江认为，关羽崇拜的始作俑者是孙权，在孙权杀害关羽后，因害怕其鬼魂会作祟危害自己，便以诸侯之礼埋葬关羽。再加上关羽死后，擒杀他的吴将吕蒙不久即病逝，而被吴所夺回的荆州，当年又瘟疫流行。这些都不免使一般百姓对于关羽鬼魂显灵作祟深信不疑，并对其诚惶诚恐，毕恭毕敬。

[6] 包诗卿. 明代关羽信仰及其地域分布研究[D]. 郑州：河南大学，2005：4.

在闽海,关帝作为财神的影响已远超过其他神力方面❶。

再次,历代帝王对关羽开始了加封晋爵的神格化历程。

如宋哲宗绍圣二年(1095年)赐当阳庙额“显烈”;宋徽宗崇宁元年(1102年)封“忠惠公”;宋大观二年(1108年)加封“武安王”;宣和五年(1123年)敕封“义勇武安王”;元代天历元年(1328年)加封关羽为“显灵义勇武安英济王”等等。明中叶以后,明神宗进一步对关羽进行封帝:“三界伏魔大神威远镇天尊关圣大帝”,几乎与皇帝本人平起平坐。❷ 到了清代,顺治九年,敕封关羽为“忠义神武关圣大帝”,据《清史稿》卷八十四《历代帝王陵庙》载:“顺治九年,敕封忠义神武关圣大帝。乾隆三十三年,以壮缪原谥,未孚定论,更命神勇,另号灵佑。”关羽的封号最多时有26个字“忠义神武灵佑仁勇威显护国保民精诚绥靖翊赞宣德关圣大帝”。❸ 至此,古代帝王统治者对关羽崇拜的推波助澜到了顶峰。由于关羽信仰得到政府、皇帝的肯定,儒家士大夫也不再强调“子不语怪力乱神”,而取“神道设教”的方针,力图将关羽纳入儒家伦理体系❹。另外,不同时期民间的杂剧、小说等民间文艺也成为关羽神格化的一个无可比拟的推动力量。

总之,儒佛道、官方推崇及民间文艺等都对关羽的神格化过程起到了关键性的推动作用。在关羽成了儒教国家祭祀的高级神祇后,佛道二家也争相把他延请入自己的教门;在民间,关羽充当家喻户晓的民间护法神之一❺。与关帝信仰相适应的关帝庙不仅在全国各地分布广泛,还远播海外。山西省解州关帝庙、湖北省当阳关帝庙、河南省洛阳关帝庙、闽海东山关帝庙成为国内四大关帝庙,日本、韩国、马来西亚等国也有数量不等的关帝庙。

4.3.2 闽海关帝信仰历史传续

唐总章二年(669年),高宗李治诏令陈政将军率部入闽,击溃蛮獠,平定闽粤.成为历史上汉民族第二次大规模入闽。当时士兵们带来了家乡所祀奉的关羽神像作为心灵的依托,建庙祭祀,关帝信仰成为闽地的神明崇拜之一❻。又据郑镛、涂志伟研究,关帝信仰于北宋时期传入福建,据《重纂福建通志》文献记载,福建最早的关帝庙始建于宋宝祐年间(1253—1258年)在长汀县河田镇的关帝庙❼。

闽海现存最早的关帝庙是建于明代漳州的东山关帝庙,由江夏侯周德兴在沿海建立卫所时所建,关帝爷是明军祀奉的军神❽。明清时期,闽海地区的关帝崇拜可以划分为三个时期:明初至明中叶为肇始阶段,明中叶至明末为发展阶段,明末至清中叶为鼎盛阶段。

福建关帝崇拜肇始阶段与明初沿海的卫所建置有着密切的关系。明代,福建都司的辖卫主要分布在沿海地带,如福州三卫、兴化卫、泉州卫、镇海卫、福宁卫等。福建行都司所辖卫所主要分布在福建西部山地,分别是建宁左卫、建宁右卫、延平卫、邵武卫、汀州卫和将乐千户所。这些军士主要来源于北方南下的明代军人,这些卫所为福建沿海及西部地区带来了较早的关羽信仰。福宁州关庙于洪武十五年(1382年)由“守御百户张清创建”❾;漳州府的镇海卫城、六鳌所城、铜山所城、玄钟所城均为洪武中后期所建。明正德年间漳州府铜山所《鼎建成铜城关王庙记》称:“国朝洪武之二十年(1387年),城铜山,以防楼寇,刻像祀

---

❶ 段凌平.闽南与台湾民间神明庙宇源流[M].北京:九州出版社,2012.

❷ 马书田.全像中国三百神[M].南昌:江西美术出版社,1992.

❸ 清初沿用明代封号,顺治九年(1652年),封关羽为“忠义神武关圣大帝”。但后来不断给关羽加封号,前后共十次之多:乾隆三十三年(1768年),加号“灵佑”。嘉庆十九年(1814年),加号“仁勇”。道光八年(1828年),加号“威显”。咸丰二年(1852年),加号“护国”;次年,又加号“保民”。咸丰六年(1856年),加号“精诚”;次年,又加号“绥靖”。同治九年(1870年),加号“翊赞”。光绪五年(1879年),加号“宣德”。见张志江.关公[M].北京:中国社会出版社,2011.

❹ 张志江.关公[M].北京:中国社会出版社,2008.

❺ 马书田.全像中国三百神[M].南昌:江西美术出版社,1992.

❻ 徐晓望.福建民间信仰源流[M].福州:福建教育出版社,1993.

❼ 福建省地方志编纂委员会,整理;[清]孙而准,修,[清]陈寿祺,纂;[清]程祖洛,续修,[清]魏敬中,续纂.重纂福建通志[M].北京:社会科学文献出版社,2018.

❽ 林从华,闽台关帝庙建筑形制研究[J].西安建筑科技大学(自然科学版),2002(4):329-333.

❾ [明]黄仲昭编纂.弘治八闽通志(卷六〇,祠庙)[M].福州:福建人民出版社,2006.

之，以护官兵，官兵赖之。”[1]因而，这一时期的关羽信仰带有明显的军事保护神性质。其次，嘉靖倭变进一步推动了关帝庙的兴修，但此时所修关庙主要集中在沿海地区。如漳州府诏安县关庙，就是嘉靖三十七年(1558 年)由“知县龚有成梦有护城之功，得应，故立”[2]。海澄县的石马镇上马、下马关庙也都为嘉靖间修建。到了明代隆庆、万历年间关帝庙的兴修进入了一个大发展的阶段。如漳州府府治关庙兴修于万历元年(1573 年)；汀州府宁化县两座关庙分别建于万历十六年(1588 年)和万历三十二年(1604 年)；永定县关庙建于万历二十三年(1595 年)等。同时，随着其庙宇的新建，关帝信仰也逐步融入当地的神祇信仰中，成为闽南沿海民众航海安全的守护神，“凡舶中往来，俱昼夜香火不绝，特命一人为司香，不他事事，舶中每晓起，率众顶礼”[3]。明末开始，福建社会地位相近的民众“异姓结拜兄弟”风逐步兴起，至清代乾隆时期已十分盛行，通俗文学《三国演义》中的“桃园三结义”故事进一步促使了这一风潮的发展，一个个“异姓兄弟”团体被泛称“神明会”，大都以集忠义武勇为一身的关公为神明。由此，民众对关羽崇拜达到了全新的高度。

明清时期，福建各县建有若干座关帝庙。据历史文献记载，当时福州街巷随处可见关帝庙，福州人梁章钜说：“今吾乡街巷皆有关帝祠……即士大夫无不知敬关帝者。”[4]泉州的关帝庙也不下百座。清代的李光缙在《关帝庙记》中也说：“今天下祠汉寿亭侯者，遍郡国而是，其在吾泉建宫，勿虑百数。……上自监司守令居是邦者，迨郡缙绅学士，红女婴儒，亡不人人奔走，祈靡不应，应靡不神。”[5]

东山(铜陵)关帝庙成为闽地众多关帝庙中最著名的关帝庙建筑，它与重建于明嘉靖年间(1522—1566 年)的泉州通淮关岳庙共同成为台湾关帝庙进香“分灵”之处和漳、泉籍移民神明的寄托。

明代的闽南地区每年上元都要举行迎神赛会，“泉中上元后数日为关圣会，大赛神像，妆扮故事，盛饰珠宝，钟鼓震，一国若狂”。[6] 明万历《泉州府志》载：“上元内外……装饰神像，穷极珍贝，阅游衢路。”清《温陵岁时记》载：“上元前后夜间，好事者或摘某诗句、某传奇，饰稚小儿童，装扮故事，导以火把鼓吹，爆竹盈耳，游行市上，谓之装人。”一般的神明出赛，只能坐四抬大轿，唯有关帝、保生大帝、妈祖等可坐八抬大轿，其中关帝又排在众神轿之前；每次赛神，“关大帝、吴真人灯牌以数千计，钟鼓架、香架以数百计，火炬亦千百计，长街望，如星宿，如燎原。凡兹皆不招而至，不约而同，欣欣而来，满愿而归者也。”[7]可见，关帝庙会期间信众向关圣帝君进香祀奉、顶礼膜拜，场面热闹非凡。

民国时期，信仰关帝之风不减，《永定县志》载：“五月关帝诞辰，十一至十三结合，庆祝者遍乡邑。又六月二十四日重祝，亦有结会庆祝者。”[8]《宁化县志》称：“武圣庙尤为灵应，士女祈祷者咸趋之。”[9]

正如林从华指出的，关帝信仰是始于民间信仰，倡于朝廷，成于儒、释、道的一种传统文化。例如关羽被儒教尊奉为“武圣”，称之“关圣夫子”，被道教尊奉为“伏魔大帝”和“关圣帝君玉皇大天尊”，被释教尊奉为“护法伽蓝菩萨”，关羽神化为关帝，成为三教共祀的神祇[10]。关羽成神的历程具有典型性，也是三教合一的重要体现。

关帝信仰传播到东亚、东南亚地区，日本、新加坡、马来西亚以及菲律宾等国家，甚至美国、英国的华人区域。大凡有华人的地方，就有关帝信仰。他既是道德圣君又是招财之神，是普通民众追求幸福人生的典范。

---

[1] 郑镛. 关帝崇拜与漳州民风[J]. 漳州师范学院学报(哲学社会科学版)，1998(3)：24-29.
[2] [清]沈定均，修；陈正统，整理. 漳州府志[Z]. 北京：中华书局，2011.
[3] [明]张燮. 东西洋考[M]. 北京：中华书局，1981.
[4] [清]梁章钜. 退庵随笔[M]. 广州：文物出版社，2019.
[5] [清]李光缙. 关帝庙记[Z]//道光. 晋江县志(卷一六，祠庙志). 福州：福建人民出版社，1990.
[6] [明]何乔远. 闽书(卷三八，风俗)[M]. 福州：福建人民出版社，1994.
[7] [清]怀荫布，修. 乾隆泉州府志(卷二十，风俗)[M]. 上海：上海书店出版社，2000.
[8] 徐元龙. 永定县志(卷一五，礼俗)[M]. 厦门：厦门大学出版社，2015.
[9] 宁化县志(卷一五，礼俗志)[M]. 福州：福建人民出版社，1992.
[10] 林从华. 闽台关帝庙建筑形制研究[J]. 西安建筑科技大学学报(自然科学版)，2002(4)：329-333.

4.3.3　当代闽海关帝庙个案分析——泉州通淮关岳庙

泉州通淮关岳庙是闽海地区具有盛名的关帝信仰活动场所之一。通淮关岳庙位于福建省泉州市鲤城区的繁华商业中心，相传始建于明洪武年间。明初推行关帝信仰，据《泉州三义庙重建前殿碑记》载："明太祖朱元璋崇信关羽，命江夏侯周德兴入闽整顿海防，修建卫所城，命泉州七座城门都得建关帝庙。"洪武元年初封关羽为"前将军寿亭侯"，后来神宗年间加封为"协天大帝"，熹宗年间诏海内外遵行"帝号"。

乾隆《泉州府志》载有："明嘉靖间长史李一德重修……天启元年于后殿塑帝衮冕像。郡绅杨维清、李光缙、徐某修庙。"李一德重修关侯庙并作碑记《重修关侯庙记》，其侄复重修并作《重修关帝庙记》。明代关庙的规模体制为左右堂，三进式。清代关庙也历经数次修缮增扩，道光《晋江县志》载："九年辛亥，邑人捐修。乾隆四十三年戊戌，郡绅士捐修……道光三年复劝捐修葺。"❶据庙志载，乾隆年间关岳庙增建右殿——崇先殿祀祖神，于正殿前建礼乐亭演奏祭祀舞乐，光绪年间改为学校。

明清时期，闽南关帝享有一年三祭，关庙规制不断提高，关帝信俗在泉州蓬勃发展。

民国时期，国民政府下令关庙增祀岳飞并竖匾，"其意是既不得罪关帝，也让岳王痛饮黄龙酒"❷。泉州通淮庙至此又得名"通淮关岳庙"。

通淮关岳庙是一种信仰祭祀建筑，遵循中国传统建筑中轴线构图手法，即在中轴线上置山门、献殿、正殿，并山两旁的护室或围廊组成三进二院落的平面基本形式，院落成为祭祀的活动空间，有时门与献殿组合或献殿与正殿相连形成四合院式的平面布局。崇先殿和三义庙等由两廊外侧的过水门再配置护室横向扩展而成，这是一种较成熟的寺庙形态。

关帝信俗：以泉州通淮关岳庙祭祀的主祭仪式和"过炉"进香仪式为主线，仪式艺阵表演内容，具有仪式意涵❸。

泉州通淮庙作为闽海关帝信仰的祖庙之一，民众年末祭祀的重头戏之一就是家家户户都要到关帝庙前上香献供。里面现存签诗100签，每签都是一首七绝诗文，这类民间信仰宫庙里的签诗，在劝善戒恶方面包含了丰富的人生哲理，虽然是以佛、道观点为表现形式，但是签诗的制造者多为民间儒学之士，渗入了儒家学理的精髓。如第七十六签中"东波解"："所谋未善，何必祷神，当决于理，改过自新，但能孝悌敬君事亲，和气生福，家道回春，"这一签诗明显地指出只要守孝悌、事君亲、多改过、生和气，便能"家道回春"。因而，万事"当决于理"，而不必"祷神"。这种"理高于神"的现世观念表现出中华儒学的核心价值观。虽然，这类民间信仰签诗以民间神明的旨意为依附，但对于神佛的"天命"却并非以"迷信"的态度来揣度，而是将儒家、道家、佛家的思想精华不着痕迹地糅合在一起，最终汇聚成中华文明宽宏博大而微妙精深的价值观。

改革开放之后关岳庙得到了迅速重建，并经过三次修整扩建，已经形成了一座在中心城区占地5 000平方米左右、每年进香客达一百多万人次、日均接待数千名香客、年收入逾千万的宫庙，也有力地带动了当地的经济和文化发展。

4.4　王爷信仰—王爷庙

4.4.1　闽海王爷信仰与王爷庙的发展

王爷是闽海重要的民间信仰之一，闽南话中的"王爷"是对有功德者崇敬、尊重的一种尊称。王爷信仰就是对于这些人神崇拜而产生的民间信仰。

---

❶　吴幼雄，李少园. 通淮关岳庙志[M]. 北京：中国社会科学出版社，2008.

❷　曾焕智，傅金星. 泉州通淮关岳庙志[M]. 泉州：泉州通淮关岳庙，1986.

❸　苏秋婷，郑玉玲. 闽南关帝祭祀仪式的表演形态与文化意涵——以泉州通淮关岳庙为例[J]. 闽台文化研究，2021(1)：75-83.

由于福建地处亚热带，气候炎热潮湿，在古代经常发生瘟疫。汉代淮南王刘安称福建为“呕泻霍乱之区”，直到唐宋时期，闽南地区仍被外省人视为“瘴疠春冬作”的是非之地。❶ 有关瘟疫流行、死者无数的记载在福建各地的方志中随处可见。瘟疫是一种急性传染病，传染性极强，一旦染病，十有九死，所以人们对瘟疫心存恐惧，又无可奈何。对于瘟疫的无助与无奈，使人们相信瘟疫是瘟鬼作乱引起的，于是纷纷延请巫师到家中跳神驱邪。后来瘟鬼演变为瘟神，民间又为瘟神造庙，供奉神像，希望借助超自然的力量消弭瘟疫。整个福建民间的瘟神数量众多，且不同的地区有不同的瘟神体系和关于瘟神的神话传说。台湾道教学者李丰楙通过对《道藏》文献深入研究，认为中国人的瘟神崇拜始于晋代的早期道经——《女青鬼律》与其后的《太上洞渊神咒经》，在闽海瘟神崇拜起源研究方面取得重大突破❷。白彬、代丽鹃进一步指出，《女青鬼律》的成书年代应为东晋中期，不晚于东晋永和八年(352 年)。唐以前基本上只在江南地区流行，对丧葬制度的影响主要局限在南方地区。唐宋元明时期，其流行地域和影响仍主要在南方地区而不是北方地区❸。现《道藏》本《女青鬼律》中有山川户井之鬼，如“山精之鬼”“五色气鬼”“河伯鬼”等❹。《女青鬼律》现存六卷，卷一、卷二、卷四、卷六主要载有鬼主、六十日鬼、自然之鬼、天下邪魅、十方之鬼的名号，卷三、卷五注明须奉行的道教戒律和经典下世缘由。《太上洞渊神咒经》一名《洞渊神咒经》，简称《洞渊经》《神咒经》等，为图谶式之道教经典，洞渊派之首经，在南北朝、隋唐时期流传极为广泛，是研究早期天师道教义及唐代洞渊派思想的重要经典。该书约成书于东晋末刘宋初，晋末道士王纂假托太上道君降授。今存两个版本，一是《道藏》本，共二十卷，收入洞玄部本文类。前十卷约成书于东晋末刘宋初，为六朝古本；后十卷完成于中唐以后至唐末，为中晚唐道士增补❺。从《洞渊经》的出现地域，多数学者认为它是在江南地区创作并流行的一部道经。《洞渊经》的鬼魔主要有两个类别：一类是承自自然崇拜，完全虚构的鬼，如三足鬼、水鬼、门户之鬼；另一类则是承自先秦以来的祖先崇拜，人死之后游走在世间的鬼，如秦汉时期的败军死将、国主，甚至是先秦神话传说中的人类始祖。民间立祠不绝，于是败军死将成为千万鬼兵将领，得以行凶于人间现世。

《洞渊经》记载：“道言：自今以去，若有道士受此三洞经，力行化求道、遵奉三尊、救度愚人者，我亦遣十方天丁、三十六天力士覆护，法师所治之处为禁。疫鬼不去者，令力士次次斩之矣。”❻二是敦煌写本，写于唐高宗麟德元年，主要为前十卷内容，另有第二十卷“长夜遣鬼品”的部分残片 2 件。该经继承了先秦以来的祖先祭祀与自然崇拜，同时引入古灵宝经、早期上清经的斋仪、神灵体系，并借鉴佛经同类经典的劾鬼形式，完成其道教经教体系的构建。

道藏本《洞渊经》：卷一誓魔品，卷二遣鬼品，卷三缚鬼品，卷四杀鬼品，卷五禁鬼品，卷六誓歹羊品，卷七斩鬼品，卷八召鬼品，卷九杀鬼品，卷十煞鬼放人品。敦煌本《洞渊经》卷目与其相同。日本学者吉冈义丰指出，“神咒”的借用，与帛尸梨蜜多罗所译佛教咒文经典《大孔雀王神呪经》有关❼。《洞渊经》和《女青鬼律》对鬼魔的描述都借鉴了不少《佛说摩尼罗亶经》，当然具体的大小邪鬼形象在构造中加入了中国本土的元素和特征。

南宋陈元靓《岁时广记》卷七所引诸书中，多次出现有瘟神的文字记载，摘录如下：

《藏经》：每岁五月五日，瘟神巡行世间，宜以朱砂大书云：本家不食牛肉，天行已过，使者须知十四字，贴于门上，可辟瘟疫。盖不食牛肉之家，瘟神自不侵犯，今人多节去，本家不食牛肉六字，只贴云：天行已过，使者须知八字，遂使《藏经》语意不全❽。

---

❶ 林国平. 闽台民间信仰源流[M]. 福州：福建人民出版社，2003.

❷ 李丰楙. 唐代〈洞渊神咒经〉写卷与李弘——兼论神咒类道经的功德观[Z]//六朝隋唐仙道类小说研究. 台北：学生书局，1986；李丰楙.《道藏》所收早期道书的瘟疫观——以《女青鬼律》及《洞渊神咒经》系为主[J]. 中国文史研究集刊，1993(3)：417-454.

❸ 白彬，代丽鹃. 试从考古材料看《女青鬼律》的成书年代和流行地域[J]. 宗教学研究，2007(1)：6-17，222.

❹ 女青鬼律(卷六)[Z]//道藏第 18 册. 北京：文物出版社，1988.

❺ 太上洞渊神咒经[Z]//道藏第 6 册. 北京：文物出版社，1988.

❻ 太上洞渊神咒经[Z]//道藏第 6 册. 北京：文物出版社，1988.

❼ [日]吉冈义丰. 道教经典史论[M]. 东京：道教刊行会，1955.

❽ [宋]陈元靓. 岁时广记[Z]//丛书集成初编本. 北京：中华书局，2010.

从史料看，明代福建有些地方确已有送瘟习俗，正月、上元，每月的十三、十四、十五各家门首悬灯，各里造纸船以送瘟鬼❶。在闽海王爷形象四个类型中，第四种是闽台王爷信仰中的主体神明，我们将重点考察瘟神王爷这一类神明信仰宫庙空间。瘟神王爷庙中常见的王爷是中原三瘟鬼、五瘟神的转化。在闽台民间，王爷庙中的王爷数量并无定规，最少1尊，多则超过10尊，但比较常见的是3尊和5尊，称“三府千岁”“五府千岁”。据研究者统计，仅闽南地区的瘟神“王爷”数量就多达360位，闽南地区王爷庙合计有1 420座❷。

在福建民间，瘟神王爷信仰又有三小类：

第一类是有名有姓的历史人物演变而来的人神。如泉州富美宫祀奉的主神萧太傅在历史上就确有其人，据《汉书》记载：萧太傅，名望之，字长倩，西汉东海兰陵（今山东苍山西南）人。汉宣帝时，历任冯翊、大鸿胪、御史大夫、太子太傅等官，以清正刚直、爱国爱民著称，《汉书》赞其“有辅佐之能，近古社稷臣也”。汉元帝时，萧望之遭宦官陷害，被迫饮鸩自杀。后来，民间为其立庙祭祀。萧太傅一生忠君爱民，刚直清正，不畏权势，傲骨铿锵，折而不挠，正气凛然，受到人民群众的爱戴和崇敬，其高风亮节完全符合人民群众观念意象中‘神’的标准。加上萧太傅宁死不屈，含恨自裁，更引起广大民众的深切同情，不断怀念与追思。萧太傅其人及其事迹经过民间大众口碑的广泛传播，萧氏族人的煊染，久而久之，逐渐升华神化❸。萧太傅成为泉州富美宫的驱瘟主神，社会影响巨大，据《泉郡富美宫志》称：“因萧太傅的高风亮节精神，深受人民所敬重。故择为本宫主神，萧太傅信仰自本宫发祥之后，英灵显赫，香火日盛，慕名前来分香的，由近而遗遍各地。随着泉州先民移居海外谋生，萧太傅信仰也同时传入台湾和东南亚各地。”❹现存泉州富美宫建于明正德年间，保持了福建闽南传统宫庙建筑特色，富美宫保留有“放王船”“放生公羊”“借王钱”等特殊的民俗活动，流传至今❺。台湾省云林县《光大寮开台萧府太傅沿革志》记载：“萧太傅暨诸神神威灵显，保佑万民，问祸求福，有求必应，灵绩昭彰，尤以驱邪除魔或为民解冤息仇，闻名遐迩。盖其护国庇民之功着于寰宇，得乃世之崇仰矣。”❻

第二类王爷是传说中的真实人物，如因为救百姓而服用有瘟毒的井水而死，民间祭祀这些亡者。如池王爷、丁王爷、五府王爷等属于这一类。厦门同安区马巷镇五甲美街元威殿祀奉的池王爷是闽南及台湾池府王爷的信仰源头。据方志所载，池王爷名然，字逢春，原籍南京，明万历三年武进士，为人耿直，居官清正，后任漳州府道台。相传他途经马巷小盈岭，路遇往漳州撒播瘟疫的使者，为拯救千万生灵，他设计智取瘟药并全部吞下而死。玉皇大帝感其德，封他为代天巡狩，并委派在马巷元威殿为神明。这些民间传说曲折地反映了古代闽南地区的人们对瘟疫的恐惧与脱离瘟疫之灾的强烈愿望，在无法摆脱瘟疫的情况下，人们塑造出“舍己救生”的善良瘟神，代替从前传播瘟疫的邪恶瘟神，这应是闽南巫鬼信仰传统与自然地理条件相结合而产生的崇拜文化。

第三类王爷是民间虚构的善类人物，大多有姓无名。朱天顺在《闽台两地的王爷崇拜》中指出，据1918年12月底的调查，供奉王爷为主神的寺庙有453座，占各种寺庙数的第二位，第一位的是土地公庙，有669座；据1934年底的统计，王爷庙增加到550座，到1960年又进一步上升为730座，成为全台各种宫庙中，数量最多的庙。❼ 自1980年代海峡两岸恢复交往以来，福建王爷信仰交流日趋频繁，交流的形式日渐多样，即由单向到双向互动，交流的对象日趋多元，交流的领域不断拓宽，成为两岸文化交流的重要组成部分❽。林国平、苏丹指出：闽台王爷庙数量很多，福建王爷庙主要分布在闽南地区，据最近调查，泉州

❶ （明）陈桂芳，修纂.嘉靖清流县志（卷二，习俗）[M].福州：福建人民出版社，1992.
❷ 林国平，苏丹.闽台瘟神王爷信仰及其主要特征[J].地域文化研究，2021(3)：124-129.
❸ 杨清江.萧太傅成神考[EB/OL].http：www.360doc.com/content/16/1013/23/114364_598253743.shtml，2020年11月16日.
❹ 林国平，苏丹.闽台瘟神王爷信仰及其主要特征[J].地域文化研究，2021(3)：124-129.
❺ 陈淑贤，邱飞龙.泉郡富美宫萧太傅信仰及民俗[J].闽台缘，2018(2)：44-46.
❻ 泉州富美宫董事会，泉州市区道教文化研究会.泉郡富美宫志[Z].泉州市区道教文化研究会内刊.泉州：泉州七彩印刷厂，1997.
❼ 朱天顺.闽台两地的王爷崇拜[J].台湾研究集刊，1993(3)：82-91.
❽ 丁玲玲.泉州与台湾王爷信仰交流的特点——以泉郡富美宫为例[J].泉州师范学院学报，2014(1)：28-32.

地区的王爷庙共 853 座，其中荔城区 29 座，丰泽区 44 座，洛江区 30 座，泉港区 13 座，台商投资区 39 座，石狮市 149 座，晋江市 338 座，南安市 33 座，惠安县 71 座，安溪县 107 座。厦门市王爷庙共有 406 座，数量比第二名的保生大帝庙(240 座)和第三名的土地公庙(153 座)总和还多❶。漳州地区的王爷庙共 161 座，其中芗城区 17 座，龙文区 7 座，龙海市 15 座，漳浦县 62 座，诏安县 3 座，东山县 4 座，平和县 2 座，南靖县 33 座，华安县 3 座，长泰县 10 座，投资区 5 座。闽南地区王爷庙合计 1 420 座。实际上，福建省的王爷庙数量要多于此数。一方面闽南地区的许多小型王爷庙未统计进去，据学者调查，南安市某乡镇就有 70 多座王爷庙。其他王爷信仰还有祖师信仰。陈在正对原台北县清水祖师庙的研究中指出，随着明末清初安溪移民到台湾，清水祖师信仰也传播到台湾，先后在台湾盖起了一批清水祖师庙。现在全台有近百座清水祖师庙，在台北县市则有 16 座。清水岩祖师庙位于台北市龙山区长沙街，乾隆五十五年(1790 年)建；长福岩祖师庙位于原台北县三峡镇秀川里，乾隆三十四年(1769 年)建；泰山岩祖师庙位于原台北县泰山乡明志村，乾隆五十七年(1792 年)建；泰山岩祖师庙位于原台北县泰山乡山脚村，光绪元年(1875 年)建；集福宫位于原台北县土城乡顶埔村，1924 年建；永福宫位于原台北县土城乡中央路，兴建时间不详❷。

4.4.2　闽海王爷信仰主要祭祀仪式

由于瘟疫是一种极为迅猛的传染性疾病，古人对之异常恐惧，他们认为是瘟疫神在作祟，因而在很早以前就有驱傩逐疫的仪式。对于祭祀瘟神王爷的活动，闽海传统聚落经常举行，且祭典较隆重。其中，以闽南“送王爷船”最为典型❸。

每年十月二十，闽南百姓都要在早上 7 点举办“烧王船”活动，活动分为三个部分，即造王船、迎王船和烧王船，其间伴有舞龙、舞狮、杂技、地方戏表演等。这些传统节日及逐瘟驱疫的民俗旨在送走瘟神，祈求风调雨顺，也包含了百姓对于平安幸福生活的向往❹。王爷船为木制，长二三丈，能载重二三百担，中间设神位，正中为主神，左右为陪神，每条船上供三、五或七尊单数的王爷像，船上两侧插着大牌、凉伞等神道设施，神座前陈列案桌，供奉各种祭品以及纸人等。后仓装着柴米油盐等日常生活用品，船上还放一只白公鸡或白山羊。在经过一系列仪式后，王爷船被推入水中，先由佩戴符箓的水手驾驶出海，然后在海滩停泊，择定方向，水手将佩戴的符箓烧掉，并祷告，寓意将王爷船交于神明，然后水手上岸，任凭王爷船顺水漂走(图 4-3)。

图 4-3　晋江福全村八姓王爷庙中的王爷船

晋江福全村八姓王爷庙是村民祈求平安、避灾降福、驱疫鬼的重要信仰场所之一。八姓王爷庙坐落

---

❶ 主海四记. 厦门民间信仰的分布：同安敬王爷，海沧重保生，岛内多妈祖[EB/OL]. https:dy.163.com/article/ERQ7E4TE0541966A.html; 余光弘. 台湾民间宗教的发展——寺庙调查资料之分析[J]. 台湾“中央研究院”民族学研究所集刊，1982(53).

❷ 陈在正. 台北县清水祖师庙与安溪移民[C]//闽台清水祖师文化研究文集. 香港：香港闽南人出版公司，1999.

❸ 林胜利. 台湾与泉州民间的“王爷”崇拜[J]. 文史杂志，1994(4)：34-35.

❹ 周利成. 中国传统节日驱疫民俗[J]. 中国档案，2020(2)：84-85.

在福全城北门内，背靠凤髻山，傍依北城墙，前临官厅池，是福全四大庙之一。现存八姓王爷庙为三开间仿木结构，正殿、拜亭、左右厢房齐全，外观典雅壮观。整幢建筑占地 120 平方米，建筑面积 86 平方米(图 4-4)。

图 4-4 晋江福全村八姓王爷庙

八姓王爷庙始建于明代，历史悠久。几经复修，至 1965 年倾颓，金身荡然，将成废地。为保护数百年古圣迹，乡贤许经习、陈梦麟、李文华、刘春生、蒋连应、蒋丽途、蒋人通、郑道兴、蒋才林、蒋人注、张荣业、林超群、蒋人强、黄进福和鲤鱼穴村施东海诸善信倡议重建。于 1986 年 6 月兴工，同年 11 月完竣。并重塑金身，既保持原貌，且更加壮观。拜亭石柱楹联书“金炉不断千年火，玉盏常明万岁灯”。庙门楹联书“神镇福全称八姓，威灵乡境佑黎民”。王爷庙中祀奉玉、七、天、包、黄、金、马、朱八位王爷，左侧配祀福德正神(土地)、船王公和神马，右侧配祀八姓王爷的配偶夫人妈。整个庙宇的神灵神威显赫，灵庇四方。王爷庙海分灵鲤鱼穴村和龙水寮村祀奉，香火兴盛。每年十一月初一是土地神诞日，四方善信至庙中祭祀，祈求平安，演戏酬神，热闹非凡。村中乡贤蒋申智撰写了《重修八姓府庙碑记》及楹联“庙貌辉煌光福里，神灵显赫护全城”。

台湾西南沿海及澎湖一带民间有烧王船的风俗习惯。时间有在三月二十八或四月初，也有五月进行的。台湾烧王船源于瘟神信仰，原始意义是送瘟神出海。烧王船仪式中的王爷乃是“代天巡狩，白吃四方”的瘟神，载着王爷的王船所到之处，如不隆重祭典，便会给人招来瘟疫。这一习俗延续到今天则有祈福之意，成为台湾南部民俗文化特色之一[1] 2010。近年来，闽台的王醮祭典的豪奢程度大大超过往昔，王船越做越大，装饰也越来越豪华，王船内外的祭品堆积如山，最后则付之一炬焚化成灰，似与惜物理念、生态环保理念相悖，值得反思。另一些神诞庆典活动开支庞大、物资浪费惊人。个别经济欠发达地区受王爷祭典的攀比之风裹挟，盲目跟风，大肆操办，竭泽而渔，加剧了当地信众的经济负担。

4.5 吴夲—保生大帝—慈济宫(保生大帝庙)

4.5.1 吴夲与保生大帝信仰的形成

保生大帝俗称吴夲(tāo)(979—1036 年)，又称大道公、吴真人、花桥公等，字华基，号云冲。据《泉州府志》《晋江县志》《同安本县志》等方志记载，吴夲北宋太宗太平兴国四年(979 年)三月十五日出生于福建路泉州府同安县白礁(今属漳州台商投资区白礁村)，父名通，母黄氏，自幼贫寒。吴夲是闽南地区著名的

[1] 杨济襄.台湾“王爷信仰”的祭典与祀仪[C]//福建省炎黄文化研究会，龙岩市新罗区政府，台湾中华闽南文化研究会.闽南文化新探——第六届海峡两岸闽南文化研讨会论文集.厦门：鹭江出版社，2010.

民间医家，因医术高明，义不收费、慈济苍生，故深受人们敬仰，并被奉为“神医”。在民间传说中，宋仁宗景祐三年(1036年)五月初二日吴夲因上山采药救人而牺牲。吴夲去世后民间称他为吴真人，朝廷追封他为大道真人，乡民感其医德，建庙祀奉。

自宋至明，吴夲神明有28次受朝廷褒封。如，明代永乐年间，明成祖朱棣敕封吴真人为“恩主吴天医灵妙惠真君万寿无极保生大帝”。我国大陆、台湾至今仍有数百处保生大帝庙，吴夲成为大陆、台湾以及东南亚等多个地区所共同信奉的民间医神。

保生大帝信仰与历史真实人物吴夲有关，吴夲的家庭、生平、籍贯、职业等情况分别考证如下。

清代黄化机《吴真人谱系纪略》对吴夲先祖的历代迁徙作了如下的记载：

真人讳夲，字华基，号云冲，乃泰伯之后，首封列国，胙土金陵，建国姑苏，传三十一世到公子季札，让国延陵，仍吴姓。后国被越吞，子孙逃窜九州，一支插入清溪，因粮累分寓临漳。九世修齐，圣父讳通公，圣母氏黄，避乱隐居于银同之南，沧海之滨，择白礁结茅而居。

据此，吴夲先世曾定居于安溪石门，只是后来因“粮累”而迁居临漳，后来其父又携妻辗转移居于同安白礁。另外，在龙海角美镇丁厝村的《白石丁氏古谱》里记载，丁族三世祖丁迁过世前留有遗嘱，以诗歌的形式劝勉后人力行善事、节俭济人，其第四子丁祖并为遗嘱作叙。到北宋仁宗间，族裔请吴夲录遗嘱及叙于祠堂：“追宋仁宗朝，吴真君以通家善书为吾舍再录此颂及叙于祠堂，为世守芳规。其榜末题云：天圣五年腊月吉日，泉礁江濮阳布叟吴夲谨奉命拜书。”❶这也证明了吴夲出生于同安白礁。

对于吴夲的医生职业，清代黄家鼎《吴真人事实封号考》中有明言：“遒博考典籍，得庄郡守夏白礁乡慈济祖宫、杨进士志青礁乡慈济宫两碑文”。❷ 庄郡守夏即庄夏，杨进士志即杨志，他们都是南宋时期人，先后留下的青礁宫、白礁宫《慈济宫碑》收录于《海澄县志》卷二十二《艺文志》，是目前所见关于保生大帝信仰的早期资料❸。

庄夏于南宋嘉定六年(1213年)出任漳州知州，在其所作《慈济宫碑》(简称《庄碑》)中载：“(吴夲)尝业医，以全活人为心。按病投药，如矢破的；或吸气嘘水以饮病者，虽沈痼奇恠，亦就痊愈。是以厉者、疡者、痈疽者，扶升携持，无日不交踵其门。”《庄碑》又载：“侯无问贵贱，悉为视疗，人人皆获所欲去，远近咸以为神。”可看出《庄碑》中的吴夲，其生前的医疗活动已被“医巫并用”，有着强烈的道教色彩。

杨志所作《慈济宫碑》(简称《杨碑》)载：“侯弱不好弄，不茹荤，长不娶，而以医活人。枕中肘后之方，未始不数数然也，所治之疾，不旋踵而去，远近以为神医”，表明吴夲生前有着享誉远近的高明医术。吴夲去世后，其生前拥有的高明医术被信仰者神化，并渗入浓厚的道教色彩。《杨碑》又载：“既没之后，灵异益。民有疮疡疾疢，不谒诸医，惟侯是求。撮盐盂水，横剑其前，焚香默祷，而沉疴已脱矣。”表明吴夲虽颇类道家者流，但生前并没有使用道教仪式为民疗疾，只是在去世后才被信仰者加以附会。

另外，在南宋孙瑀的《西宫檀越记》中也有相关记载，旁证了《杨碑》与《庄碑》内容的真伪。综上可以得知，吴夲生前有高明的医术，及对神仙道术的追求。他死后被奉为医神，信仰者把这两者结合起来，并由此创造出种种其生前活动的神话。

宋高宗绍兴二十一年(1151年)，朝廷准许为吴夲立庙祀奉，后赐吴夲庙额“慈济”。自此以后，漳泉各地纷纷为吴夲立庙。在民间的建庙活动中，吴夲已由医神升格为地方守护神，成为漳泉民间信仰体系中的主神。与此同时，有关吴夲的灵异传说日益增多。如《庄碑》记载的吴夲显灵御盗的故事，“会草窃跳梁，漫淫境上，忽有忠显侯旗帜之异，遂汹惧不敢入，一方赖以安全”。这表明了吴夲信仰已有弥寇御盗、护卫乡里的功能了。再有《杨碑》载：“若夫雨旸不忒，寇盗潜消，黄衣行符，景光照海。挽米舟而入境，凿旱井而得泉，秋涛啮庐，随祷而退。”引文中的“黄衣行符”“景光照海”则指吴夲具有保驾护航的神通。由此，吴夲的神通不再局限于治病救人，而逐步拥有了具有全知全能的本领，因而逐渐受到社会各阶层的共

❶ 白石丁氏族人编写. 白石丁氏古谱(上册)[M]. 漳州：漳州市办志编制委员会，1986.

❷ [清]黄家鼎. 吴真人事实封号考[C]//黄家鼎，校补. 马巷厅志·附录下. 台北：同安县同乡会，1986.

❸ 杨志，庄夏. 慈济宫碑[Z]//中国方志丛书. 台北：成文出版社，1968.

同信奉，成为主宰一方的重要神明。

由此可见，保生大帝信仰起源于漳泉交界的青、白礁一带，宋元以来，其影响在漳泉地区不断扩大；明清时期，随着漳泉移民在台湾与东南亚一带的活动，保生大帝信仰的影响开始向更广泛的地区延伸。同时，保生大帝是因民间信仰制度化程度高而成为道教“尊神”的典型个案。

慈济宫随着保生大帝信仰而发生变迁，主要体现在宫庙分布的空间变化与宫庙的数量变化上。慈济宫数量众多，因其祖宫在闽南漳州、泉州、厦门地区，本书主要考察这些地区的慈济宫。其他地区的慈济宫，诸如石狮市蚶江龙显宫、南靖县和溪镇慈济行宫、平和县国强的碧岭宫、东山县铜陵真君宫等也各有特色，这些宫庙内都放置药签，以供香客信众求签问医。

石狮市蚶江龙显宫，香火即来自保生大帝的故乡同安慈济宫。信众到龙显宫的保生大帝座前求的签则是“药签”，均根据传统中医理论分门别类设置，据说颇为灵验。这在科学技术和医疗条件相对落后的时代，曾经起过一定的医疗救治和心理安慰作用，因为那些“药签”是包括吴真人在内的民间医生长期医疗经验的总结，也是一些常见疾病的民间验方，具有一定的科学性和实用性。

东山县铜陵真君宫，庙有药签，分为内、外科，共148首，并保存有明代吴真人神像及清代吴真人木刻板。青礁慈济宫有内科药签120首、外科药签24首。泉州花桥慈济宫(清代称吴真人庙)也有内科药签100首等。

4.5.2 慈济宫(保生大帝宫)发展历程

闽海的传统聚落中都普遍供奉保生大帝的神明建筑，称谓名称有慈济宫、真君庙、万寿宫、福寿宫、吴真人宅、真君庵、山后庵、六社庵等等❶。由于慈济宫为保生大帝祖宫的名称，使用比较广泛。

漳州的慈济宫建筑形制多为硬山顶，三川式燕尾脊，土木结构，三开间，明间穿斗、次间抬梁式梁架，建筑体量较小，多在200平方米以内。其中，54处慈济宫有配祀神明，主要为妈祖、玄天上帝、福德正神等；15处慈济宫尚留存有明、清时期重修碑刻，如台商投资区的白礁慈济宫、龙海石厝岱洲慈济宫、海澄镇山后红滚庙等❷。

厦门的龙海角美白礁村和厦门海沧镇青礁村为祖宫。吴夲去世后，青礁、白礁两地最早分别立祠庙祀奉，在宋绍兴二十一年(1151年)，两地都重建庙宇，把原来的小庙扩建为规模宏伟的青礁慈济宫(东宫)与白礁慈济宫(西宫)，这是保生大帝信仰最初最重要的两个祖庙，也是保生大帝信仰活动的发源地和中心。

此外，漳、厦、泉及附近府县出现保生大帝的祠祀，《杨碑》中提到青礁慈济东宫肇建后，保生大帝信仰开始向外开枝散叶，“数十年来，支分派别，不可殚纪。其在积善里曰西庙，相去仅一二里。同安晋江，对峙角立，闽莆岭海，随寓随创”。《庄碑》也记载了保生大帝宫庙更为宽广的信仰空间：“自绍兴辛未，距今垂七十年，不但是邦家有其像，而北逮莆阳、长乐、建剑，南被汀潮，以至二广，举知尊事。”从《杨碑》与《庄碑》记载中可知漳、泉两府及其他府县出现一批祀奉保生大帝的宫庙。另外，从地方志中，也可以进一步看出保生大帝宫庙的分布及其建设情况(表4-1)。

表4-1 福建方志载闽海保生大帝宫庙统计

宫庙庵名	地址	创建年代	资料出处	备注
白礁慈济宫	同安县积善里	宋绍兴二十一年(1151年)	乾隆《海澄县志》	
青礁慈济宫	海澄县三都	宋绍兴二十一年(1151年)	乾隆《海澄县志》	

❶ 郑振满. 乡族与国家：多元视野中的闽台传统社会[M]. 北京：生活·读书·新知三联书店，2009.

❷ 王丰丰. 漳州地区保生大帝文物建筑调查和信仰缘起探索——以祖庙白礁慈济宫为例[J]. 文化学刊，2019(2)：33-36.

续表

宫庙名	地址	创建年代	资料出处	备注
慈济宫	龙溪新岱社	宋绍兴二十七年(1157年)	光绪《漳州府志》	
慈济宫	诏安北门外	宋	光绪《漳州府志》	具体年代不明
渔头庙	漳州上街	宋	黄家鼎《马巷厅志》	具体年代不明
慈济冲应真人行宫	仙游县东慈应堂	宋	宋《仙溪志》	具体年代不明
慈济冲应真人行宫	仙游县公元台门外	宋	宋《仙溪志》	具体年代不明
花桥真人庙	泉州善济铺	宋绍兴年间	清乾隆《泉州府志》	
慈济宫	泉州育材坊	宋乾道间	明弘治《八闽通志》	
西亭宫	同安县西镇	宋宝庆元年(1225年)	民国《同安县志》	建于绍兴十五年(1145),原祀观音,1225年改祀保生大帝为主神
通利庙	同安民安里马家巷	宋	民国《同安县志》	志称朱子簿同时即建庙
慈济宫	长泰龙津桥畔	元	乾隆修、民国重刊《长泰县志》	具体年代不明
慈济真人庙	南安县武荣铺	元	康熙《南安县志》	具体年代不明
万寿宫	厦门后崎尾	明	乾隆《鹭江志》	具体年代不明
真君庙	上杭县东街	明洪武九年(1376年)	民国《上杭县志》	
真君宫	东山南门外沙湾上	明天顺二年(1458年)	民国《东山县志》	
迎祥宫	厦门黄厝保	明天顺年间	道光《厦门志》	
清溪宫	安溪福山狮峰山畔	明	乾隆《安溪县志》	具体年代不明
下林圣宫	云霄县西林	明	嘉庆《云霄厅志》	清修志者称"此宫兴建亦在前朝以上"
红滚庙	海澄祖山社	明	乾隆《海澄县志》	建庙时间参见《龙海县志》(1993年新编)
会堂宫	同安县仁德里	明	嘉庆《同安县志》	具体年代不明
吴真人祠	安溪县石门尖	清初	黄家鼎《马巷厅志》	具体年代不明
真君庵	海澄县新盛街	清康熙四十八年(1709年)	乾隆《海澄县志》	
武德宫	马巷十三都柏埔	清乾隆二十年(1755年)	黄家鼎《马巷厅志》	
石堂庵	安溪县	清乾隆二十年(1755年)	乾隆《安溪县志》	
寿山宫	厦门吴厝巷	清	道光《厦门志》	清修志者称"近年新造"
白礁慈济宫	漳州同安	清光绪四年(1878年)		

主要参考:范正义.民间信仰与地域社会——以闽台保生大帝信仰为中心的个案研究[D].厦门:厦门大学,2004:48-49.

白礁慈济宫作为吴夲信仰的祖宫,是最具代表性的宫庙之一。北宋景祐三年(1036年)吴真人逝世,白礁父老为缅怀其功德,集资在其生前修炼处建庵,并塑真身祀奉,取庵名为"龙湫庵",即今慈济宫正殿前身。后于南宋绍兴二十一年(1151年)建庙,并扩成二进。乾道二年(1166年)宋孝宗赐庙名为"慈济",淳祐元年(1241年)诏改慈济庙为慈济宫,至清嘉庆年间又增建前殿,至此成为三进宫庙。民国十二年(1923年)、当代1991年、2016年皆有修葺。现占地面积5 000平方米,建筑面积1 600平方米。建筑坐北朝南，自南至北依次为前殿、前天井、献台、正殿、后天井、两侧钟鼓楼、后殿。前殿为五开间两层单檐歇山顶。殿前 6 根青色花岗岩蟠龙石柱，天井有上下双重石砌须弥座构成的献台，镌飞天及双狮戏球浮雕图案，献台上置一蹲踞状石狮，石狮右掌还握一“卆”字印鉴。台前有龙泉井一口。主殿重檐歇山顶，面阔五间，进深三间。明间神龛祀奉保生大帝像。右次间配祀东圣侯、太上老君、张圣者；左次间配祀西圣侯、三将军、先生公。正殿两侧配祀三十六神将。后殿单檐歇山顶，亦为面阔五间，进深三间，正中神龛祀吴真人父母神像。左侧次间神龛配祀观音、千手观音、善财龙女、韦陀护法、王公等；右侧次间配祀注生娘娘等诸神。每年正月十六，白礁慈济祖宫即举行一年一度富有传统色彩的巡香活动，吸引了广大信众参加，保生大帝信俗也被列入第十批国家级非物质文化遗产。

4.5.3 青礁慈济宫与白礁慈济宫

青礁慈济宫位于厦门海沧台商投资区青礁村岐山东鸣岭，离厦门 12 公里。白礁慈济宫位于漳州台商投资区角美镇白礁村，离厦门 14 公里。这两座慈济宫均保留有宋代(960—1279 年)至清代(1644—1911 年)建筑风格的道教宫观建筑。慈济宫虽经近千年的风风雨雨，但仍保持宋代始建风貌，仍保留许多宋元明清文物。

青礁慈济宫面积 1 600 多平方米，大门与广场一端大戏台对峙，广场宽阔，可容纳数千人。祖宫分前中后三殿，前殿骑楼成一长廊，10 根石柱一字排开，当中 6 根蟠龙石柱。中殿 16 根立柱，第一排为 4 根蟠龙石柱，布局整齐。后殿升高，石阶十数级，开间阔 31 米，深 11 米，18 根石木支柱。前殿两侧，延伸为文武朝房，突出主体成辅佐之势，整体结构宏伟壮观。大门两侧一对踞立的镇殿石狮，系始建文物。层楼前为长廊，后为宽敞厅堂，长廊门额悬“真人所居”巨匾；长廊前沿置有勾栏，可以凭栏眺望广场；厅堂后为天井，两侧为钟鼓楼，光线充足，舒展大方。

建筑庄严雄伟，飞檐交错，金碧辉煌，宫中有四绝：一是彩绘中有一幅凤头、龙尾、乌龟身、四脚兽的神物；二是宫中保存着康熙、嘉庆、咸丰、光绪等朝代的重修碑记；三是东宫两侧后山，有一块“心”字石，此石形似人心，“心”字中间一点却在底下；四是宫殿椽子上的黑白画，据说来自唐伯虎的颜料配方和画法，不受虫蚀。

2011 年，两岸中医药博物园在青礁慈济宫奠基，成为海峡两岸医药文化交流共襄盛举的基地。

白礁慈济宫又称“慈济祖宫”，始建于南宋绍兴二十一年(1151 年)，是一座供奉保生大帝的道教信仰建筑，为全国重点文物保护单位。

郑成功收复台湾后，移居台湾的漳州人仿白礁慈济宫式样，先后在台湾建成 200 多座慈济宫，白礁宫遂成为祖宫，每年的三月十五日保生大帝诞辰日前后，即三月十一日至十七日，台湾漳籍人都要遥拜大陆祖宫，或渡海到祖宫举行“上白礁”谒祖祭典，仪式隆重，场面壮观。不到白礁，就不算拜过保生大帝。

白礁慈济宫是祀奉保生大帝的祖宫，是宋高宗颁诏赐建的宫殿式建筑，历经多次修缮，被誉为闽南“故宫”。现存白礁慈济宫为一座五开间三进皇宫式建筑(图 4-5)。白礁慈济宫有山门、殿宇，分前、中、后殿三部分。前殿共开五门，左右为文武朝房。正中大门上边，高悬“慈济祖宫”横匾，笔势雄浑有力，为著名书法家启功的神韵之作。殿前走廊立有数根方形石柱，石柱上镌刻两幅亦文亦画的竹叶联，立意新颖且惟妙惟肖，其联曰：“慈心施妙法，济众益良方”；“保我德无量，生民泽利长”。前殿有二楼，两边悬挂有巨钟及巨鼓。中殿与前殿之间有天井隔开。天井中有一眼水井，是当年慈济宫扩建时，保生大帝涌泉以饮病者的神迹。天井正中还立着一只手握印鉴、颇显匠心的石狮，称为“国母狮”。据说当年保生大帝化作道士，入宫医愈文皇后的乳疾后，文皇后感念神恩，特命能工巧匠雕塑一只握有保生大帝印章的石狮，派人由京城专程送至白礁慈济宫。在石狮与正殿之间，是一块四方形的献台，台椽四周镂有生动活泼的飞天仙女、狮子戏球浮雕。献台是各地同祀宫庙到祖宫进香时，奉献各种祭品的场所。

中殿即正殿，两边丹墀俱用光石铺成，中殿顶盖为蜘蛛结网式的木拱结构，美观精致，且有着独到的抗震功能。在漳州、泉州湾外海以及东山岛的地震中，慈济宫的正殿均因殿顶的蜘蛛藻井结构而安然无恙，这不能不说是建筑史的一个奇迹。

图 4-5 漳州白礁慈济宫

正殿保生大帝神像前祭桌的正中摆放着一个铜质香炉，这是保生大帝生前采药炼丹用过的香炉，距今已有千年之久。正殿中主祀保生大帝，两边陪祀东、西圣侯❶，正殿两侧则配祀邓天君、连圣者、刘海王、孔舍人等三十六神将。

正殿四壁以及宫楼上两侧边壁，绘满了精美的壁画。壁画内容丰富，有历史上的著名故事，取材自《三国演义》《封神榜》等，还有著名的典故，如郭子仪拜仙山、郑成功收复台湾、花木兰刻木思亲、岳母刺字、薛仁贵救驾、穆桂英大破天门阵、戚继光平定倭寇等。壁画中大部分题材则是根据慈济宫主祀保生大帝的事迹、历代的显灵与王朝的敕封等传说，绘成连环图画，展示给前来进香观光的信仰者与游客。保生大帝一生悬壶济世，无私地帮助贫苦民众，成神后也屡以家乡邦国为念，多次显灵救助家乡父老与励精图治的王朝君主。因此，这些壁画内容，既可以让那些不了解保生大帝信仰的人们开阔视野，开拓知识面，又对人们社会公德意识的培养可以起到一种引导作用。正殿后壁绘的一幅巨大的四顾眼菩萨是历史上流传下来的艺术瑰宝。此外，白礁慈济宫的楹梁石柱上，还镂有相当数量的浮雕。浮雕内容既有雕饰精美的山水、花木、虫鱼、鸟兽，也有一些图片的内容取材自历史典故，如长廊正面的王详守抱丹奈树、蔡襄营造洛阳桥等。

后殿祀奉圣父吴通协成元君与圣母黄氏玉华大仙。圣父母像前的一尊神像，有民间信仰者认为是保生大帝的兄弟。圣父母龛前的供桌上，从左到右排列着八尊小神像，依次为《封神榜》故事中的雷震子、托塔李天王、哪吒等。圣父母神龛左边，祀有千手观音、善财、龙女与韦陀等神像。再靠左些的神龛，合祀有王公、大妈婆与大使哥。圣父母的右边，祀奉专管小孩的注生娘娘。此外，后殿左壁下还祀有白礁王姓的祖神开闽王王审知，右壁下陪祀护国公。传说护国公专管牲畜，欲求六畜兴旺的信仰者往往到此神前祭拜。

白礁慈济宫的后殿与山石相连，右侧兀立着一块巨大的石头，上面雕有笔力苍劲的"寿"字。后殿外面，现已辟为环境幽雅、景色宜人的花园，前来进香、观光的人们可以在此小憩。慈济宫的外围，在宋时曾筑有一条周长 3 里的石城，东、南、西、北向各开一城门。今天石城虽已不见，但细细寻觅之下，仍可隐约发现旧时的城基。

白礁慈济宫于 1996 年 11 月被国务院列为全国重点文物保护单位。

4.5.4 泉州花桥慈济宫

泉州中山南路花桥亭慈济宫是泉州有名的医药信仰中心，也是近现代泉州慈善医疗场所。花桥慈济宫位于泉州市中山南路 605～607 号，始建于南宋绍兴年间(1131—1162 年)，800 多年来宫内祀奉的保生大帝是我国东南沿海及东南亚最重要的民间信仰之一。

清代光绪四年(1878 年)在这里成立的泉郡施药局，是我国最早的民间慈善机构之一。百余年来，慈济宫施医赠药的善举延续至今，体现了泉州人从未间断的人道主义精神。清代光绪四年，泉州三位进士

❶ 东、西圣侯即宋高宗在绍兴二十年(1150 年)敕庙白礁时，奉命入闽监督施工的官员。

黄抟扶、吴增、黄懋烈一起在花桥慈济宫成立“泉郡施药局”，后又改名“花桥善举公所”。花桥善举公所董事会成立之初，董事会成员均为泉州名士，善举项目除了施医赠药，还包括施棺（为穷苦人家办理身后事）、度岁（春节前向穷人施舍米粮或银钱）、平粜（遇到荒年粮食涨价，到外地购买粮食，回本地平价卖出）、赈济灾民（自然灾害后，在本地和东南亚募集资金赈灾）等等。每当泉州城内外发生水灾或遭敌机轰炸，遭难人民均由善举公所筹赈会给予紧急救济。

1985 年，“泉州花桥赠药义诊所”正式挂牌，延续至今。义诊所历来都有资深医生轮流坐班，20 世纪蔡有敬、陈凤仪等名医都在这里坐堂义诊，如今诊所有从泉州各大医院退休的知名医生，不论隆冬还是盛夏，从不无故旷工，义诊赠药，对病人认真负责，他们秉承宋代吴真人“业医济人”的精神，延续百年前泉郡施药局的大爱思想。义诊所还有自制的传统特效药，如专治跌打内伤的“大七厘”、医治“飞蛇”的特效药等，均据病情随讨随赠。

另外，晋江福全村内现存有保生大帝庙宇两座，石狮永宁镇传统聚落内主祀保生大帝的宫庙有 3 座，晋江深沪聚落的璧山山头宫与南门口的夫子公宫宝泉庵，以及台湾云林元长乡长北村鳌峰宫、台南白河镇河东里的显济宫中、台北芦洲乡的保和宫等，这些都表明了保生大帝神明在闽海深远的影响力。

4.6 陈靖姑—临水夫人—临水夫人庙

临水夫人，俗称陈靖姑，又称顺天圣母临水夫人、慈济夫人、南岩夫人、陈夫人妈及大奶夫人等等，台湾称台南助国夫人、顺天圣母、临水奶、夫人妈等等。历经长期发展，临水夫人信仰已成为闽海保护女子生育的重要女性神明之一[1]。临水夫人是闽海家喻户晓的民间守护神，拥有广泛的民间信众，发展最盛时其影响力仅次于妈祖信仰。临水夫人信仰具有多方面的人文价值，具有不可忽视的人格道德感召力量，是沟通和连接闽海民众的重要精神信仰纽带之一。

陈靖姑信仰对应的主祀宫庙名称有陈靖姑庙、临水夫人庙、顺懿庙、临水宫、慈济庙、碧云宫等。

4.6.1 陈靖姑信仰的发展历程

陈靖姑是福州下渡人（今仓山下藤路一带），传说出生于唐代大历二年（767 年），卒于贞元六年（790 年）。她被后人尊为“扶胎救产、保赤佑童”的女神。据《八闽通志》中《古田县志》收录的明洪武年间古田文人张以宁撰写的《临水顺懿庙记》记载：“顺懿庙在（古田）县口。临水神陈姓，父名昌，母葛氏。生于唐大历二年。嫁刘杞，年二十四而卒。临水有白蛇洞，中产巨蛇，时吐气为疫疠。一日，有朱衣人执剑，索白蛇斩之。乡人诘其姓名，曰：我江南下渡陈昌女也。忽不见。亟往下渡询之，乃知其为神，遂立庙于洞上，凡祷雨旸，驱疫疠，求嗣续，莫不响应。宋淳祐间封崇福昭、惠、慈济夫人，赐额‘顺懿’。”[2]该庙记为有关临水夫人信仰的最早文献。从庙记可见，陈靖姑最初是民女，早卒，后显灵救助百姓，古田县民间为其立庙，后来被追加神祇封号。

明清两代是陈靖姑信仰获得大发展的重要时期。清雍正年间，陈靖姑被封为“天仙圣母”。道光年间，陈靖姑被封为“太后”。据说这一册封起因于皇后难产，道光帝祈求陈靖姑相助，从而使皇后安然度过危险期。咸丰年间，陈靖姑又被加封为“顺天圣母”，封号地位接近妈祖。以张以宁的《临水顺懿庙记》为发端，这一时期编撰的《古田县志》《道藏》《闽书》《晋安逸志》《福州府志》《十国春秋》等文献或方志都对临水夫人信仰进行了记载。诸书的书写特点是不约而同地将历史传说追述与现实情境描述相结合，突出临水夫人信仰的象征和实践意义，体现了这一神明信仰的建构性特征。

明清时期有关临水夫人信仰源流的记载形成了各具特色的文本传承系统，其中以“唐代说”和“五代说”较为典型。“唐代说”的记载大都较为简单朴素，描述了临水夫人地方性的灵异事件；而在“五代说”

---

[1] 叶明生，郑安思. 古田临水宫志[M]. 香港：天马出版有限公司，2010.

[2] ［明］刘日旸. 古田县志[Z]//黄仲昭. 弘治八闽通志（下）. 福州：福建人民出版社，2006.

中,临水夫人的出现与闽王政权有关系,其神话不仅体现临水夫人的地方性特征,而且将王权直接纳入其神圣的范畴,反映了国家意识对民间信仰的深刻影响,即临水夫人信仰的建构遵循大文化传统的模式,大致上先由地方而国家,再由国家而地方的普及,从而构成一个不同阶层互动的信仰传播脉络❶。

另外,清代闽人何求的传奇话本小说《闽都别记》第二十一回《洛阳造桥观音显应 鬓发化蛇临水降生》、第二十四回《靖姑割肉补父痈母疽》等内容更是以文学化的描述展现了陈靖姑的传奇经历,塑造了一位斩妖除魔的女神形象。由于这部乡土小说影响深远,在民间广为流传,陈靖姑的神异形象随之便具有了广泛的民众基础,成为闽海民间集体记忆的重要内容❷。

4.6.2 陈靖姑—临水夫人信仰的传播

众所周知,福建大多数的县域都有陈靖姑传奇和信仰传播,其发源地以福州至古田县一线为核心,然后向北、向西、向南和向海外播化其传奇故事并形成稳定的民间信仰❸。明代,陈靖姑信仰主要集中在闽北和闽东地区。当时福建境内的临水夫人庙,又称慈济庙,仅有两座,一处在古田县,一处在福州罗源县。古田县大桥镇中村的临水宫因大桥镇在唐代称作"临水"而得名。唐贞元八年(792 年)始建,元至正七年(1347 年)重修。清光绪元年(1875 年)毁于火,翌年重建。历史上曾称顺懿庙、龙源庙、龙川庙等,为海内外顺懿庙(临水宫)祖庙。

清代,陈靖姑有了"太后"官方封号后,福建几乎每个县都建有主祀陈靖姑的神庙。对陈靖姑信仰的传播北至浙江南部的平阳、瑞安、温州、丽水、青田等地,南至台湾以及东南亚。据考证,明郑时期随郑成功收复台湾的重要人物中就有信奉陈靖姑的,台湾的临水夫人分宫即始建于郑成功时代。清顺治年间,台湾建造了台南白河镇南台临水宫,康熙年间建造了高雄大社碧云宫、高雄旗津临水宫;乾隆元年建了台南市临水夫人妈庙等宫庙。日据时期,许多人家因难产求救无门,婴儿死亡率高,而供奉"临水妈",以求她解厄、益寿、祈福、消灾、扶产、保幼等,由此陈靖姑的形象走入千家万户。据不完全统计,台湾现有临水宫近 200 座,另有兼司陈靖姑祭祀的庙宇数千座。海内外陈靖姑信众达 8 000 万人以上,其中台湾信众接近 1 000 万人。

长期以来,由于陈靖姑传说有独特的福建闽江流域历史以及具体的历史年代为背景,借助福建民众所熟悉的语言、胜迹、人物等使这一传说经久不衰。由此,在民众的经济生活与社会生活中,纵横交错地表现出不少具有陈靖姑色彩的事象。在陈靖姑信仰流布的过程中,传统的女神信仰主题的完善和社会现实依据的合理性,为这种流传提供了充足的动力。就前者而言,作为典型的女神信仰,陈靖姑的形象被塑造为姿容温婉、慈眉善目的女性,象征着美好、贤淑、奉献、自我牺牲等美好品质。在民间传说中,其具有强大的神秘法力,为世人"医病、除妖、扶危、解厄、救产、保胎、送子、决疑"等。这一女神形象既具有崇高性,又具有艺术性和亲和力,体现了道德美与外在美的高度结合。就后者而言,凡涉及陈靖姑神力部分的内容,无论是祖庙的"请香""接火",还是家庭中的祈祷禳邪,都是福建民众社会生活的重要组成部分。❹"在陈靖姑信仰圈,每个人都在成年之前受陈靖姑的荫护,女人的一生尤受该信仰的影响与约束,这已是这里人生过程的重要文化制约因素;在乡镇农人和城郊市民之中,每一个农业周期和四季轮转,陈靖姑神都会周而复始地每年一次或数次(诞辰、坐化等)被迎用祭奠,各家旦夕祸福,各家灾异重压之际,陈夫人均会在信众乞求召唤时显灵,安土佑民。"❺女神信仰也平衡了当时社会上的性别冲突,被抑制的女性地位受到一定重视。

陈靖姑生前作为巫师曾经脱胎祈雨,死后被奉为保胎救产的女性神明被民间崇拜。在闽海,产妇临产前把顺天圣母临水夫人像供在家中,并烧香祭拜以求生产顺利。在台湾,则有天公祖信仰护佑孕产妇。

---

❶ 蒋俊.地方神明建构脉络之解读——以陈靖姑信仰为中心[J].宗教学研究,2008(1):163-166.
❷ [清]里人何求.闽都别记[M].福州:福建人民出版社,1987.
❸ 庄孔韶.福建陈靖姑传奇及其信仰的田野研究[J].中国文化,1989(1):93-102.
❹ 黄建铭.闽台女神信仰的文化内蕴[J].中国宗教,2006(10):32-33.
❺ 庄孔韶.福建陈靖姑传奇及其信仰的田野研究[J].中国文化,1989(1):93-102.

当孕妇难产危急时，家人都诚心祈求天公祖保佑顺利生产。并且，还认为这是胎神在发难，家人也会请来道士念经祈祷，保平安。陈靖姑的核心神职是“救产保子”，陈靖姑这种保育的职能在福建众多的地方神明中独具特色❶。每年正月十五临水夫人神诞日，民众在临水夫人庙举行祭祀，仪式十分隆重。

另外，在陈靖姑信仰的发展过程中还受到了佛教和道教的影响。在明代万历年间编撰的《绘图三教源流搜神大全》中的《大奶夫人传》中写道：“观音菩萨赴会归南海，忽见福州恶气冲天，乃剪一指甲化作金光一道，直透陈长者葛氏投胎”❷，明确提出了陈靖姑是观音点化赐生，所以具有菩萨那样的保育功能和灵性。同时，民间传说中又说陈靖姑曾受异人传授口术，“神通三界，上动天将，下驱阴兵，威力无边”。还提到她去道教的闾山学法的事等。这样就把陈靖姑装扮成既具有佛性又有道性的神明了。因此，在古田、福全、永宁、土坑等传统聚落内的临水夫人庙中就充满了佛性与道性结合，同时又注入民间地域元素的人神同一的崇拜观念。

4.6.3 闽东古田临水宫

闽东古田临水宫由于宋代朝廷赐封而成为八闽及浙赣周边地区临水夫人信仰的中心和道教闾山派的发祥地，每年接纳数以千计的请香接火仪队。临水宫在其社区中有以民间社会组织——夫人会形式，对本宫的请香接火仪式从粮食、资金、住宿等方面给予周到的安排，使得本宫请香接火活动有条不紊进行，并延续了数百甚至近千年，使临水宫成为临水夫人信仰文化活动的中心。

正月十五是传说中的临水夫人神诞日，各地信众多将欢庆元宵与庆祝临水夫人神诞相结合，组织隆重的庆醮社火活动。人们把这种庆祝陈靖姑诞辰的仪俗称为“神诞庆仪”。这种神诞庆仪有闽西地区元宵“拨火”与闽东地区迎神赛会、舞蛇斩蛇等民间习俗活动。

古田的迎神赛会指的是旧时古田官方与民间联合举办的以庆祝临水夫人神诞为主题的大型元宵习俗活动。古田临水宫作为祖宫，不仅竭力做好庆诞祭典以昭示祖宫风采，同时还要为数百个来自各地的仪队相应安置作一些必要的准备。负责每年例行祭典及请香接火仪队安置事务的机构为临水夫人会，此会由临水宫附近的中村、宅里、横洋、梅坪、高洋、芝山、安章、丘地、澄洋、隆德洋、沂洋、芝茏、潘厝等 13 个村联合组成。临水夫人会的会首为轮值制，由各村族长或有影响的人物任福首，每村之福首轮流分管临水宫请香接火活动及全年宫庙事务一年，周而复始，故上述各村均以临水称之。自明代以来，夫人会由社会捐赠及宫庙乐捐盈余而置办庙地和田产，故拥有“夫人田”和“夫人山”，以其收租盈余用于请香接火仪式及全年开销等。常住夫人宫庙的有庙祝，负责宫庙香火供奉及宾客接待。夫人会轮值福首于请香接火前要做一些准备工作，如打草清路、洁净宫庙、搭盖雨棚、设置茶亭、筑灶安锅、维持秩序等，使远近香客在祭拜期间得到一些食宿方便和人身安全保障。年复一年，临水宫各村民众与各地香客结下深厚情谊，使临水宫请香接火仪俗穿过厚重的历史风尘保留至今。

各地仪队由供奉临水夫人的临水宫、大奶庙的宗族或社区信众组成，其成员为宗族或社区中的精英及代表性人物构成。每一仪队都由轮值福首领队，仪队成员主要为临水夫人之香客、义子❸和鼓乐队的吹鼓手，并有当地道师随行。仪队的组成时间因地区的远近不同而异，如浙江温州，闽东寿宁、福鼎等地仪队则于年前就已组建，古田、屏南之近邻村落则于年后正月十二、十三出发前一日选定即可。每支仪队所备请香接火的器具均有开路旗、锣鼓、凉伞、香亭及供品等，而大型仪队则有神舆、神像、銮驾执事和高大的香亭、香炉等器物。以往仪队多徒步，远离临水宫的地区，往返步行多达五六天，多在正月初三出行，其香火必须赶在正月十三回村，以举行社区大型祈福庆诞醮仪。福安、寿宁的仪队则于除夕夜到达临水宫，以争初一凌晨第一炉香火。由于信众视临水宫祖宫的香火为圣火，相信新的香火会给人们在新的一年带来新的气象，带来美好的生活，给人以万象更新。因此，香客们都愿意跋山涉水、不避艰难，年复一年到祖

---

❶ 林国平，彭文宇．福建民间信仰[M]．福州：福建人民出版社，1993.

❷ [明]佚名．叶德辉，校．绘图三教源流搜神大全[M]．上海：上海古籍出版社，1990.

❸ 民间有临水夫人契子制度拜她为“契母”，民家的未成年男孩子(16 岁以下)为“契子”(即义子)。

宫请香接火，可见其民间信仰的影响力十分深远。

各地请香接火仪队陆续到达临水宫后，先到庙方报到村落名称、领队福首及道师、信众人数，然后按序安排于宫中神案前的科仪桌上安奉本宫香火位。一般于正月十二日之后，由于仪队剧增，大村的大宫庙香火位安于殿中，小村的仪队安置偏旁，以适应香客及仪仗的排列。每个仪队在宫内的请香接火仪式程序由下马安奉、请神献供、起马回銮三部分科仪组成。以往闽东、闽北及古田本地的仪队，还带戏班到宫中戏台演戏酬神。清代道光、咸丰年间所演剧种以北路戏和平讲戏为多，至民国以来闽剧兴行，各班在临水宫所献演剧目均可见于临水宫戏房的壁题中。戏台上的酬神演戏，也是请香接火仪俗的一个组成部分。道师在庙中的科仪表演，是闽浙台道教闾山派科仪在临水宫最集中的展示。三个科仪中，下马安奉与请神献供都较简单，即是将仪队带来的象征其社区临水夫人宫的神位（香炉）安顿下来，同时也给祖宫的夫人神行祭拜和献礼。最主要的科仪是起马回銮，即在离开祖宫前于正殿中举行的起马供。该科仪的时间为一个多小时，所有仪队成员将列队于正殿中，参与此科祭拜仪式。此科仪包涵十个内容：

1. 角时：鸣角讳坛、藏身、开坛；2. 洒净：洒净坛场，请神降临；3. 劝酒：敬各方尊神五巡酒；4. 献供：敬献香、花、灯、涂、茶、果、食、财、珠、衣等十种供品（一般为香、花、灯、果等五供）；5. 开闾山门：讳逻纬逻网，请法神、五方结界；6. 度桥：以科法起度金桥，迎神镇境，保境安民；7. 发兵：发动闾山仙兵护驾；8. 取火：于祖宫香炉中取神火（炭火）入本宫香炉；9. 讨圣筶：以筶杯“三圣一阳”验筶以证圣火是否取到，神是否愿意回銮；10. 出殿：辞神，众以旗锣凉伞开道，绕祖宫神三匝，道师驾闾山门引众出宫，并护圣火起程。

至此，古田临水夫人信仰仪式的三个主要科仪完成。

需要说明两点：一是功能演变。迎神赛会，以神明崇拜为核心，以神明显圣的神话传说为信仰动力，人们通过神诞中的仪式展演，象征性地建构人与社会、人与超自然的神及祖先之间的关系。人神互惠，是迎神赛会之所以能够延续的稳定结构，也是其信仰基础。刘晓春指出，由于社会的变迁，借迎神赛会“约纵连横”的防御性功能日渐消失，而“庆叙亲谊”的联谊性功能，则逐渐成为迎神赛会的主要功能❶。二是，我国民间信奉的人神，很大一部分原先是普通的凡人，由于其所处的社会条件、自然环境及其本身的道德因素，使他们从凡人上升为神明。与上古文明时期的文字和艺术成为宗教信仰的附属品、成为天人沟通的工具一样，语言文学成为叙事工具，是民间信仰得以表达和传播的一种有效载体。张小琴指出，从闽南地区的妈祖、吴真人和清水祖师等神化过程，可见民间传说故事的流传与民间信仰的形成与发展之间存在着密切关系❷。罗杨也注意到，福建安溪县清水祖师迎春绕境仪式中，清水岩所在的蓬莱山与山下平原社会的关系。居于半山的清水岩，一半和山下社会黏合，一半与山上非人世界相连。清水祖师巡境仪式使岩下社会组成特定的地域共同体，形成社会化程度强弱有序的生活节律并实现周期性的更新重生。清水岩又与山顶象征的非人世界相通，通过在山上和山下之间流通的物，为山下社会引入超越性灵力，赋予各种人、物及其代表的共同体以神圣性；活跃于山岩上的士、僧、道则被奉为真人，穿行于山上和山下，跨越人间社会和非人世界，融通自然和社会❸。

4.7 台湾地区宫庙建筑空间形态分析

4.7.1 台湾天公信仰与玉皇宫

台湾民间信仰影响规模和影响最大的是天公信仰，天公庙为重要宫庙建筑之一，“在台湾民间，无不敬天，无不崇祀上帝，朔望必祀，冠婚必祷，刑牲设醴，主腆至诚”❹。1981 年，台湾有 81 座玉皇庙，其中台

❶ 刘晓春.“约纵连衡”与“庆叙亲谊”——明清以来番禺地区迎神赛会的结构与功能[J].民俗研究，2016(4)：89-101，158.

❷ 张小琴.由人到神：民间传说的桥梁作用——以妈祖、吴真人和清水祖师为例[J].信阳师范学院学报(哲学社会科学版)，2015(5)：100-104.

❸ 罗杨.山上与山下：从清水祖师巡境仪式看社会的构成[J].社会，2019(4)：35-60.

❹ 连横.台湾通史[M].北京：人民出版社，2011.

北市木珊指南宫右后方的灵霄殿最具规模。

玉皇大帝在台湾也称玉天大帝、玉皇上帝、昊天上帝、天祖公,俗称上帝、天公等。台湾民间认为玉皇大帝的统治有完整的管理体系,在玉皇大帝以下,有管理文教事务的文昌帝君,管理工商事务的关圣帝君,管理农业事务的神农大帝,管理地方行政土地的城隍爷及土地公,管理司法狱政的东狱大帝、酆都大帝及十殿阎王等。

台湾各祀奉玉皇上帝的宫观,都要于每年正月初九举行隆重的庆典祭祀活动。由于民间无法为崇高伟大的玉皇上帝塑造神像,所以常以"天公炉"象征,信众要祭拜玉皇上帝,就每天对天公炉焚香膜拜。例如,台北木珊指南宫的灵霄殿最具规模,艋舺青山宫玉皇大帝殿是供奉玉皇大帝的典型宫庙,台中大甲天公庙原名"草岭庆云宫",庙内供奉的是金身玉皇大帝,当地人称为"金天公"(图 4-6)。

台北艋舺青山宫玉皇大帝殿(左、中)

台中大甲天公庙(右)

图 4-6 台湾玉皇大帝宫庙

台南市佑民街的开基玉皇宫、玉井乡的玉皇宫、南投县草屯镇的玉皇宫、宜兰县冬山乡的奉尊宫,台南市中西区忠义路台湾首庙天坛,台南市北区和纬路玉皇玉圣宫,台南市北区佑民街开基玉皇宫、云林县九龙山白鹅湖玉清宫、宜兰县冬山乡三奇村奉尊宫、宜兰县礁溪乡二结村通圣宫等。

嘉义市安和街的玉皇宫,山门牌楼为双檐式,系三开式,正中巨匾书"玉皇宫"三大金字,左右分别为"风调雨顺""国泰民安"字样,当中大门和左右两个小门横楣上均绘有飞跃的金龙,黄瓦琉璃中脊上双龙抢珠,气象万千。

台中市东区天乙宫,为院落式结构,前殿、中殿、后殿依次排列在平面上。前殿左右设钟鼓楼,檐下拱梁层层相叠,斗拱出挑,门前的石壁雕镂各类历史人故事,生动逼真;中殿各类神龛雕琢华丽,精巧绝伦;后殿主祀玉皇大帝❶。

彰化市府前路的优秀古建筑元清观(天公坛),坐西朝东,位于市区,已被定为二级古迹。全殿以传统"接榫"方式架成,不费一钉,神巧异常,部分墙身还可看到以斗子砌墙法(空斗墙)所造,排列有序,尚存古风,垣壁的交趾陶、浮刻雕砖及神龛窗棂的镂空凿饰,精细繁复;层层斗拱出挑,椽椽桁条横挂,镌龙刻凤,皆为精工细作。

4.7.2 台湾土地公信仰与土地公庙

台湾最普遍的民间信仰是土地公,台湾每个里及村皆有土地公庙,庙多为地方家家户户捐献盖成,初一及十五皆有人拜拜上香。如桃园中坜区永光里兴安宫,即为台湾聚落中典型的土地公庙,由村民捐献建造,建筑主祀土地公,并供奉福、禄、寿三翁。

屏东县车城乡福安宫号称全台湾以及东南亚最大的土地公庙。该宫据说有显赫的神威,庇佑乡里达300年,是恒春当地的信仰中心,正殿安立的土地公像全身挂满金牌,据说是在清代曾受乾隆皇帝褒封,并赐王冠、龙袍一袭,神威十足,是台湾最为威风的土地公。车城乡福安宫前身为"敬圣亭",建于明代永历

❶ 何绵山. 台湾玉皇庙建筑艺术探魅[J]. 世界宗教文化,2004(1):47-49.

年间，当时从泉州来台的先民因水土不服，不堪当地的瘴疠等瘟疫疾病，因此，从故乡将福德正神神像恭迎至此，并且建庙祀奉，祈求除病安康。

清代乾隆五十三年(1788年)福康安率军万余南下车城，先剿庄大田之后又平定林爽文之乱，福康安在此勒石纪念，又感念土地公的庇佑，后奏请乾隆皇帝御赐官服、官帽，并改庙名为福安宫。车城福安宫庙殿采用北方宫殿构造，为三进六层楼的建筑，前殿五门配两阁，北为启明、南为长庚；正殿一楼挑高且装饰得金碧辉煌，供奉着福德正神，四楼祀有观世音、药师佛和文殊师利等菩萨像，六楼前殿供奉太岁星君，屋檐下有许多网目斗拱，加上彩绘的梁柱和龙柱更让神殿气势非凡；而后殿为凌霄宝殿，供奉玉皇大帝、南北斗星君和三官大帝(图4-7)。

屏东县车城乡福安宫

图4-7 土地宫庙

4.7.3 台湾妈祖信仰与妈祖庙

据史载，福建莆田的妈祖信仰传播到台湾，是从南宋开始的。南宋时，大陆移民已不断前往台湾，尤其是泉州、漳州、莆田等地的贫民、渔民、商人，有不少人在澎湖、台湾定居下来。到明清时，出现了更多的从闽南向台湾移民的情况。商人与移民把大陆的妈祖信仰带到台湾，并在那里建庙祀奉。

台湾妈祖庙较早出现于澎湖，约明万历年间(1573—1620年)。因澎湖列岛与福建地理距离较近，也是台湾妈祖信仰传播最早的地区。澎湖的历史悠久，是台湾省开发最早的地方，为早年大陆移民台湾的跳板，又是海防的要冲。澎湖县府所在地马公市的天后宫建于明代天启四年(1624年)，是台湾省最古老的妈祖庙。

南明政权1661年，郑成功从荷兰殖民者手里收复台湾，实行军屯，广招移民，积极鼓励沿海居民移入台湾，再次有许多福建人入居台湾，妈祖神被奉进台湾本岛，在台湾各地建庙祭祀，人们都尊之为“圣母”。清康熙二十二年(1683年)，清政府派靖海将军施琅率军东渡夺取台湾的郑氏政权。相传施琅大军先到澎湖，一部分驻扎在澎湖天后宫里。时值夏季，干旱少雨，饮用水匮乏，影响了大军的行动，施琅正为此伤脑筋时，士兵发现天后宫井里突然出水，并取之不竭。施琅大喜，认为是妈祖显灵庇护的结果。施琅以澎湖为依托收复了台湾本岛。为感激妈祖的神助，施琅奏请皇帝加封妈祖为“天后”，并把对妈祖的祭祀列为国家春秋祀典。

从此，妈祖信仰在台湾更加广泛流传。由湄洲祖庙分灵至台湾的妈祖信仰在台湾迅速扩大，成为台湾第一大信仰。据《台湾省通志》卷二《人民志·宗教篇》载云林县北港朝天宫：“每岁二月，南北两路人络绎如织，齐诣北港进香。至天妃诞日，则市肆稍盛者，处处演戏，博徒嗜此若渴，猊糜财至不赀云。”❶

据台湾学者蔡相辉研究，由于郑成功信奉玄天上帝，施琅信奉妈祖，故妈祖庙宇相对较少。清代收复台湾以前仅有明末郑成功所建的三间妈祖庙宇。清代统一后，妈祖信仰大兴，至乾隆中叶(1765年)台湾妈祖庙总数近30座，日本占据台湾前的1895年统计，数量增至150座❷。台湾地理的海洋性是妈祖信仰

❶ 台湾省文献委员会.台湾省通志[M].台北：众文图书公司印行，1970.

❷ 蔡相辉.台湾的王爷与妈祖[M].台北：台原出版社，1984.

接受和传播的坚实基础，施琅和清代统治者为统一台湾和维护地方统治，利用妈祖信仰为政教工具，也推动了妈祖信仰在台湾的迅速传播。

4.7.3.1 澎湖天后宫

澎湖天后宫位于马公市区的中央里，是全台湾历史最悠久的妈祖庙。相传至元十七年(1280 年)元世祖派兵征伐日本，遭遇台风，官兵随船散，而梦见妈祖救众，登陆平湖屿(即澎湖屿)。惊涛余生，是妈祖的神佑，所以至元十八年(1281 年)世祖封妈祖为“天妃”，立天妃宫，设澎湖寨巡检司。澎湖天后宫在文献可考的最早年代是明万历三十二年(1604 年)。天后宫曾于乾隆十五年(1750 年)、乾隆五十七年(1792 年)、嘉庆二十三年(1818 年)、道光二十五年(1845 年)以及光绪十一年(1885 年)等多次重修。

现存澎湖天后宫格局与样貌是在 1922 年重建的。主持建造者为原籍广东潮州的匠师蓝木，这使得澎湖天后宫具有潮州风格，与台湾多数寺庙以闽南风格为主不同。澎湖天后宫面向港口，坐北朝南，显示地位极高。庙顺坡而建，前水后山，有风水意义。建筑布局为三殿式二院，即三川殿、正殿以及清风阁(后殿)，形成二进院落，建筑随地形升高。庙埕与三川殿交接处设有多角形的石阶，香客需循阶而上进入庙中，这在台湾庙宇中为独一无二的设计。其中，三川殿为三开间，殿左右与护龙相接，是多风的澎湖地区乡土建筑的特色。正殿祀奉金面妈祖，左右护龙分别祀奉送子娘娘以及供奉当地节孝烈妇的节孝祠。清风阁又称公善楼，为当地文人聚会之所。参与细部装饰的匠师，有木雕师黄良与苏永钦，彩画师有陈玉峰、朱锡甘与潘科，他们都是当时台湾的一流匠师。天后宫的木雕反映近代台湾寺庙雕刻的精致和写实路线，多用樟木以利细节表现。木匠受到岭南画派影响，使用内枝外叶手法做出凹凸的层次。正殿神龛左右两侧，有四幅广东匠师朱锡甘的擂金画，即以金箔粉画在尚未完全干燥的黑漆之上，借由金粉的疏密表现浓淡。前殿彩画由台南画师陈玉峰负责，展现了与广东画师不同的风格。其中前殿后步口的木柱上有锦纹画，以绘画模仿锦布包住柱子的装饰，在台湾十分少见，具有珍贵价值(图 4-8)。

图 4-8 澎湖天后宫

4.7.3.2 北港朝天宫

台湾成功大学历史系石万寿教授在《台湾的妈祖信仰》中写道：“现在世界各地有妈祖庙近 4 000 座，信众达 2 亿人之多。台湾岛上就有大小妈祖庙 1 000 多座，信众 1 600 多万人。”台湾的妈祖庙形成了从南向北分布，台南市的天后宫、云林县的北港朝天宫、彰北市的南瑶宫、台中市的大甲镇澜宫等，构成了一条妈祖信仰中心线。其中北港镇朝天宫最为宏伟壮观，庙中供奉的妈祖神像是湄州祖庙的妈祖分身像。因此，北港朝天宫是台湾妈祖庙的“祖庙”“宗庙”，分灵遍布台湾，香火极为旺盛，为全台之冠；随着妈祖信仰的海外传播，北港朝天宫的妈祖至今已分灵到世界 26 个国家和地区❶。

现存北港朝天宫是台湾中部云林最著名的庙宇，也是台湾妈祖的总庙。朝天宫建于清康熙三十三年，经历多次的修缮后，列属于台湾的二级古迹。第一进前殿为歇山重檐式建筑，中央是“三川门”，两边各为“龙”“虎”门，屋顶装饰繁复多彩的交趾陶剪粘。第二进正殿为三重硬山式建筑，供祀天上圣母、镇殿妈、湄洲妈祖等 30 尊妈祖神像。第三进后殿主祀观世音菩萨，左右分别祀奉文昌帝君及三宫大帝，中门

❶ 石万寿.台湾的妈祖信仰[M].台北:台原出版社,2000.

有石鼓,左右二门各设石枕。第四进,圣父母祀中室,开出堂于左,南华阁左右,武城阁则为朝天宫南管乐社所在。

从妈祖信仰的历代发展可以看出,社会经济力量的变化对其传播和发展有着决定性的影响。自唐宋以来,生产力的发展促使海上交通和海上贸易的起步,海上贸易的巨大利润促使政府设立市舶司机构以充盈国家财政,虽然至宋代的航海和造船技术已空前发达,但古代航海条件的限制仍不能避免各种各样无法预料的海上灾难。这就更促使了妈祖信仰的传播。至元代,泉州港作为出口的重要海港,发源于其附近的妈祖信仰凭借其重要的地理位置和经济地位得到一次次的远播机遇,让妈祖远涉重洋来到世界各地,这也奠定了妈祖作为全国性海神的地位。明清及其以后,随着妈祖信仰日盛,其职能也不断扩大,妈祖逐渐成为人们心目中的一位无所不管(管渔业丰产、男女婚配、生儿育女、祛病消灾等)的神祇了。

4.7.3.3　台中大甲镇澜宫

镇澜宫位于台湾省台中市大甲区,为大甲镇赫赫有名的妈祖庙,位于顺天路和蒋公路交叉口旁,是大甲地方的信仰中心。历经200多年历史的镇澜宫,在匠师长年精心雕琢下,呈现繁复辉煌的庙貌。庙前龙柱为精细浑厚的石刻镂雕,屋顶布满五颜六色的人物、花鸟、走兽剪粘,屋檐下大片雕饰按金,庙内正殿神龛层层叠饰,金碧辉煌,散发出华丽的气象(图4-9)。每年农历三月,镇澜宫的妈祖必到嘉义新港奉天宫进香,各地信徒不分男女组成声势浩大的进香团,进行为期8天7夜的徒步参拜妈祖之旅,这就是著名的"大甲妈祖绕境进香""三月疯妈祖"民俗活动。❶

图4-9　台湾台中大甲镇澜宫(妈祖宫庙)

4.7.4　台湾关帝信仰与关帝庙

4.7.4.1　台湾关帝信仰

台湾早期关帝信仰崇拜多来源于大陆,特别是闽南地区。如台湾宜兰县头城镇大坑里的协天宫,即由漳浦县佛昙镇大坑村"贰当什祠"分灵而来。而宜兰县西门里的西关庙,早期的关帝像是清代咸丰年间由大陆漂流而来。台南仁德乡忠义宫,据史志记载最早是台湾明郑时期所建。据清初王必昌《重修台湾县志》记载:"关帝庙,在长兴里,伪时(明郑)所建,康熙五十九年(1720年)重修。"❷据传在该庙中主祀的文衡圣帝是一甲庄蔡氏来台祖,由泉州府同安县十九都积善里梁厝奉请神像,随郑成功渡海来台,最初安奉在一甲庄,不久之后建庙祀奉,成为一甲庄之保护神。"伪时"是清初修史者对郑成功治台时期的贬称,故台湾奉礼关圣帝君始自郑成功时代。雍正三年(1725年),关帝庙受清廷认定为"祀典武庙"。康熙五十九年,境内信仰者重建。乾隆年间,又五度重修,其中以乾隆四十二年(1777年)知府蒋光枢重修规模最

❶　赵雨程. 台湾大甲妈祖祭典仪式表演研究[D]. 漳州:闽南师范大学,2016;卞梁,连晨曦. 民间信仰与公共事务——以台湾大甲镇澜宫为研究对象[J]. 武陵学刊,2020(6):45-49,55.

❷　[清]王必昌. 重修台湾县志(卷六,祠宇志)[Z]//台湾文献史料丛刊(第2辑). 台北:大通书局,1984.

大。嘉庆十二年(1807年),知县薛志亮捐俸倡修。自鸦片战争以来,以传统文化为价值内核的关帝信仰起到了凝聚民族力量,抵御外来文化侵蚀的作用,为传统文化在台湾的存续做出了重要贡献。至当代,1983年,关帝庙获台湾有关部门公告为台湾第一级古迹,1986年拨款维修,历经四年始告竣工。这种由官方倡导修建和军队护持而来的"官庙"所传播的关帝信仰往往更加具有维系两岸法脉渊源关系的功能和作用。

台湾关帝庙香火旺盛的有台南祀典武庙、宜兰县头城镇金面里协天庙、台中圣寿宫、台北行天宫等,段凌平指出:"迄今全岛关圣帝君庙宇已有近1 000座。台湾南部以高雄文衡殿,中部以台中圣寿宫,北部以宜兰礁溪协天庙为中心,形成斗座拱连的布局形态。其中,在数量上以宜兰为最多,而台南祀典武庙影响最大。"❶

台湾关帝庙建筑实证了海峡两岸关帝信仰文化同根同源的事实。据李乾朗调查记载:1933年夏,东山县康美村的建筑师傅林进金与叔、侄三人应澎湖张姓邀请,依照铜陵关帝庙的式样在澎湖建造了三座关帝庙,而后又在台北仿建铜陵关帝庙。究其原因,台湾每逢营造大的寺庙或宅第,必得远自闽南漳、泉聘请匠师,而台湾关帝庙建筑的做法承袭了闽南漳、泉的匠艺,基本上反映移民来源地的建筑特质。即使是建筑材料也多来自大陆,一般梁柱木头多采用福州杉,石材多采用泉州惠安青斗石,砖瓦多购自漳泉汀地区等❷。这也再一次印证了建筑是人的精神和意志的体现,移民社会大抵如此。

4.7.4.2 台南祀典武庙

台南祀典武庙俗称大关帝庙、大武庙,有别于新美街上的开基武庙(称小关帝庙),与大天宫比邻相接,与赤崁楼相对,位于永福路上,是台南最古老的武庙。

台南祀典武庙始建于清康熙四年(1665年),康熙二十九年(1690年)建三代祠,正殿朝向改为南向,并扩大格局保持至今;该庙前后维修过11次,其石鼓、石珠、木柱等皆为早期原物,列为台湾重要一级古迹。祀典武庙主祀武圣关公,是台湾民间信仰最为广泛的神明之一。关帝既是商业之神,又是结义之神;既是勇武之神,又是伏魔之神。它是台湾唯一拥有官方"祀典"尊崇的武庙。台湾日据时期,祀典武庙虽不再举办官方祀典仪式,但仍为台湾武圣关公的信仰中心。

祀典武庙坐北朝南,平面布局为狭长纵深式配置的三进三开间两廊式,主体建筑殿宇高大厚重,山墙气势宏伟,雕刻细腻精致,多以动植物与自然纹样为主题装饰。台湾祀典武庙建筑主轴线明显,两旁有高大厚重的朱红色山墙夹住,使每一进、每个院落都连接起来,形成了宁静的内天井。主轴线上由山门、拜亭、正殿、后殿、左右廊以及庙前后石埕等组成,与主轴线垂直的有一条副轴线,围绕观音厅周围有西社、五文昌殿和六和堂,以及庭院内相传明宁靖王所植的一株梅花树等组成。在祀典武庙的东侧有祭祀关帝的赤兔马的"马使爷厅"(图4-10)。

祀典武庙第一进山门即是门面,门内与初拜殿梁下随处可见做工精美的木雕,其中以雀替(托木,在梁与柱的交接处)部位最为精美,题材以各种神兽为样式。因祀典武庙为官祀庙宇,为彰显武圣具有帝王级神格,其山门是用建筑规格上位阶较高的"门钉"作装饰,不画门神,以"九"阳数之极为倍数体现,中门各72颗、两侧门各54颗,这也是祀典武庙之表征。山门建在高出三级台阶的台基上,面阔三间10.8米,进深二间6.3米,旁围以实墙,门后紧接着5.4米正方形戏台(初拜亭),明间较次间大出约一倍。由12根石柱承托,抬梁式木构架,斗栱简单,多以木雕装饰取代,硬山屋顶。

第二进正殿即是祀奉关帝君,其中最有名的匾额"万世人极"位于神龛上方,为咸丰皇帝御笔,其他名匾还有"大丈夫""至圣至神""人伦之至""文武圣人""正气经天"等。正殿高出山门0.45米,面阔三间10.8米,进深三间13.5米,殿前紧接着3.6米深的再拜亭。抬梁式木构屋架,重檐歇山顶,正脊中央饰有宝塔,两侧还有龙饰,脊堵内雕塑的人物、花卉、龙、塔等多姿多彩,富丽堂皇。从庙宇内部空间的处理上看,依层层上升的地势至正殿达到最高点。从永福路旁的朱色山墙(长66米、高5.5米)上看,其屋顶坡度

❶ 段凌平.闽南与台湾民间神明庙宇源流[M].北京:九州出版社,2012.

❷ 李乾朗.台湾建筑阅览[M].台北:玉山社出版事业股份有限公司,2000.

由前而后，依各殿的高度呈高低错落的变化，其五落屋顶形式各不相同。

第三进后殿，又称三代厅，供奉关公三代祖先。后殿西侧为观音厅，祀观音菩萨、注生娘娘、土地公与十八罗汉，装饰维持量少质精的风格。观音厅之后还有六和堂、西社、马使爷厅和小花园。六和堂为当时的办事处和消防指挥所，祀奉“火神爷”；西社设祀文昌星君与月老祠、祈愿板；马使爷厅位于祀典武庙东侧，供奉关圣帝君的坐骑赤兔马；小花园配置厢房及戏台，为南管等音乐的表演场所❶(图 4-10)。

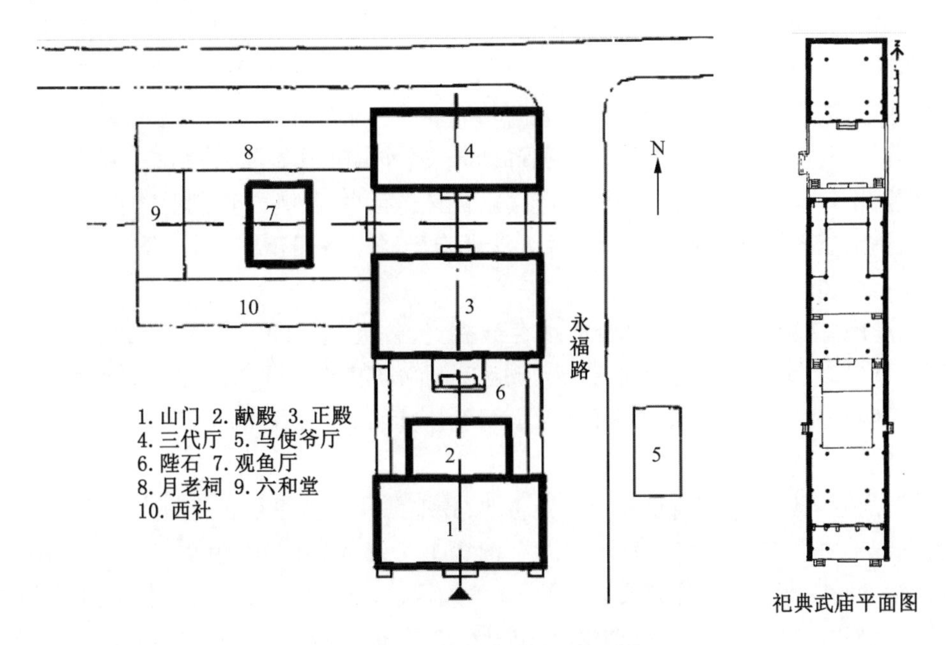

图 4-10 台湾祀典武庙总平面图

祀典武庙山门是三川燕尾脊顶，门后设初拜殿为硬山马背屋顶，而在正殿前又设置一卷棚歇山顶拜殿，是台湾仅见的双拜殿格局配置；加上歇山重檐顶的正殿与硬山燕尾脊顶的后殿，三进五落特色迥异，在空间主轴上分明，山墙随各进屋脊起伏，在空间构成上堪称全台最壮观的宫庙建筑。

4.7.5 台湾王爷信仰与王爷庙

台湾王爷信仰源于闽南，永历年间台南和澎湖就有许多王爷庙，如台南龙崎乡法府千岁坛和池府千岁坛、归仁乡沙仑平安宫和仑子顶代天府、安平区弘济宫、永康乡王爷庙、澎湖湖西安良庙和广圣殿、西屿威扬宫等均创建于永历年间。康熙二十二年(1683 年)清朝统一台湾后，王爷信仰随着移民开发台湾的足迹向台西、台北、台中方向传播，至乾隆末年，台湾共建有大小王爷庙近百座。乾隆之后，王爷信仰影响越来越大，成为台湾影响最大的民间信仰之一。据 1918 年、1930 年、1960 年、1966 年、1975 年和 1981 年统计，台湾王爷庙数量分别是 447 座、534 座、677 座、556 座、747 座、753 座，王爷庙的数量均名列台湾各神庙数量的前三名❷。1981 年之后，台湾王爷庙数量迅速增加，1992 年有 1 815 座，2004 年有 1 285 座，2012 年有 1 587 座，2017 年有 1 775 座❸。

有些学者认为：闽海民间十分流行的王爷信仰也与郑成功收复台湾的历史密切相关，即王爷信仰源于郑成功说。连横认为，王爷是台湾民众对郑成功的祭祀，因在清代高压政策下不敢公开祭祀，故仿花蕊夫人假借梓潼以祀故君之法，暗中祭祀郑成功。民间认为，池王爷是郑成功化身，朱王爷是郑经之化身，

❶ 林从华. 闽台关帝庙建筑形制研究[J]. 西安建筑科技大学学报(自然科学版)，2002(4)：329-333.
❷ 余光弘. 台湾民间宗教的发展：寺庙调查资料之分析[J]. 台湾“中央研究院”民族研究所集刊，1982(53)：67-103.
❸ 洪莹发. 代天宣化：台湾王爷信仰与传说[J]. 台北：博扬文化事业有限公司，2017：123-131.

李王爷乃郑克塽(臧)化身❶。因为清廷不允许民间拜祭郑氏，民间遂自发变通姓氏秘密祭祀，其变通之法：一是改"郑"为"池"。因闽南泉州府之腔调"郑"与"池"两字音同而韵异，"池"为"郑"音转假借。如将"池王爷"三字连念，音韵与"郑王爷"三字相似，但其他州府人士却未必能体会此一奥妙，更可轻易欺骗不懂闽南语的清吏。二是保留送王船习俗。民间闪烁其词，加以附会，而称"送瘟神"。台湾也是"瘴疫之区"，人们对瘟疫神相当敬畏，水旱必祈，灾疾常祷。福州瘟神五帝传入台湾后，台湾民间也盛行"送瘟"仪式。据台湾学者刘枝万的研究：瘟神之祭典称"王醮"，在台湾平常为三年、五年或二十年举行一次。建醮之时，装饰帆船，载上王爷神像或其他器物，放流于海或予焚化，颇为盛行，号称"送瘟"，众皆相信如此做法，将疫疠带往他方，人民可免遭殃。在澎湖将船焚化，谓之"游天河"，送出海上，谓之"游地河"。"送王船"通过附会于"送瘟"得以延续，但却导致了王爷信仰与瘟神信仰日益混为一体，二者相互混杂。三是送王船习俗在康熙五十年前后有另一转变，即由造真船真具送至海，改为以竹制船物在海滨焚烧，其中原因应是此时清代实施海禁政策之缘故。台湾百姓无法私自驾送王爷船至海上，再驾小舟返回，于是送王爷船出海改为仅在海岸边焚烧纸船。

台南市王爷总庙"南鲲鯓代天府"是台湾现存最古老、香火最旺的王爷庙，被奉为全台的王爷总庙。它建于清康熙元年(1662 年)，拥有台湾唯一用珊瑚礁石砌成的"金钱壁"，前往祈安求福的信众日多。它当时不叫王爷庙，叫郑成功祠，郑氏后裔归清后，民间隐讳其名，称王爷庙。台湾王爷信仰又传入闽南，在闽南再次发生了变异。

霍斌在《台湾南鲲鯓代天府李府千岁李大亮生地、葬地考》写道：唐初名将李大亮，如今在台湾南鲲鯓代天府被奉为五府千岁之首——大王李府千岁。《旧唐书·李大亮传》中用 9 个字评价李大亮其人：政、略、仁、忠、智、义、孝、礼、廉。这种才兼文武、近乎完美的评价，在历史上很少见到，另对其评价为"名下无虚士矣"，可见李大亮"王府千岁之首"称谓实至名归❷。充分证明两岸同根同源、同文同种，为夯实和平统一的文化基础做史学方面的努力，并揭示出台湾南鲲鯓代天府王爷信仰在晋台文化交往中的重要性。

刘枝万在《台湾之瘟神信仰》文中认为台湾瘟神信仰经过六个阶段演化过程，第一阶段：瘟神的原始形态是死于瘟疫之厉鬼，因此在此阶段之"瘟神"是散瘟殃民之"厉鬼"。第二阶段：瘟神成为取缔疫鬼、除暴安良之神，即邪恶疫鬼受封或被祀后，变为瘟部正神，故其行瘟对象势必有所选择，不得任意作祟殃民。人们对"瘟神"之观念，渐由"疫鬼本身"之原始形态蜕变为"疫鬼之管理者"，而赋予"代天巡狩"之瘟王衔称，俾到处稽查、戢止疫疠。第三阶段：具有保护航海平安之海神功能，从而变成渔村之守护神，遂为祈求渔获增多之对象。第四阶段：瘟神成为"医神"。盖由驱瘟逐疫之功能，再进一步，为适应人们之需求，便是医治病患，顺理成章。第五阶段：瘟神成为"保境安民之神"。因瘟神有着代天巡狩、司掌驱瘟之功能，迨庄社奠定基础，被奉为一庄或数庄之守护神。第六阶段：瘟神成为"万能之神"。❸

闽南与台湾民间都盛行王爷信仰，其称谓多、祭祀仪式多。闽台地区开发较迟，王爷信仰的形成和发展深受中央王权政治文化的影响，主要表现：

其一，王爷"代天巡狩"职能的文化原型源于古代政治制度。"巡狩"原来是一个政治术语，意为天子巡行视察各地诸侯所管辖的疆土，《孟子·梁惠王》云："天子适诸侯，曰巡狩。巡狩者，巡所守也。"《史记·五帝本纪》载："尧乃知舜之足授天下，尧老使舜摄行天子政，巡狩；舜得举，用事二十年。""巡狩"后来成为一项政治制度，经常运用于官场的监察考核。《明史·职官二》："巡按则代天子巡狩，所按藩服大臣，府州县官诸考察，举劾尤专。大事奏裁，小事之断。"在中央集权统治下，百姓赋予"代天巡狩"政治制度的极大威慑力，甚至把"代天巡狩"神圣化。这种思维定式曲折地反映到神明世界，闽台百姓就赋予瘟神王爷"代天巡狩"的职能，即宣扬瘟神王爷是奉上天之名，下凡来巡狩四方，驱赶瘟鬼到海外，不再加害于人。

❶ 郑国栋. 萧太傅崇拜与富美宫的历史作用——浅谈泉州同台湾两地神缘关系状况[J]. 泉州道教文化(萧太傅研究专辑)，1995(8)：1-7.

❷ 霍斌. 台湾南鲲鯓代天府李府千岁李大亮生地、葬地考[J]. 中国道教，2021(1)：49-54.

❸ 刘枝万. 台湾之瘟神信仰[C]//刘枝万. 台湾民间信仰论集. 台北：联经出版事业公司，1983.

因此，闽台许多王爷庙的庙额冠以“代天府”，王醮时必有“代天巡狩”的旗帜。

其二，王爷都是按照儒家的祭祀原则来塑造的，即《礼记》中“夫圣王之制祀也，法施于民则祀之，以死勤事则祀之，以劳定国则祀之，能御大灾则祀之，能捍大患则祀之”。所以，闽台王爷信仰中流传的大量忠义正直的传说故事，都是围绕着“崇德报功”核心理念展开的，儒教色彩浓厚，教化功能凸显。

其三，王船漂流是闽台王爷信仰传播的特有形式。闽台民间信仰的主要传播形式是分灵（包括分身和分香），传播的载体主要是移民。闽台王爷信仰除了分灵外，还有特有的王船漂流的传播形式。古代乃至近代，闽南地区王醮后的王船多数送入江海，随风漂流。据传，历史上从泉州富美宫沿晋江出海口送走的王爷船就有近百艘，有少数王爷船漂流到了台湾。台湾沿岸百姓对漂流来的王爷船十分畏惧，或建庙祀奉王爷船上的神像，或将王爷船供奉在庙内祭祀，或另造小模型供奉在神案上。例如，乾隆四十年（1775年），云林县麦寮乡光大寮百姓从水边捡回刻有“富美宫萧太傅”字样的沉香木料（王船构件），雕塑萧太傅神像供奉❶。嘉庆元年（1796年），新竹县百姓拾到富美宫王船，船上萧、潘、郭三王爷被请回供奉。嘉庆十年（1805年），台中县大安乡百姓建和安宫，供奉停靠在海滩上的富美宫王船中的金、吉、姚三王爷❷。王爷信仰在福建经历传播与反向传播的过程，留下闽海民间信仰互动的文化印记。

4.7.6 台湾保生大帝信仰与学甲慈济宫

对于保生大帝信仰在台湾的传播，根据台湾学者卢嘉兴的研究，结合相关历史文献记载，最早建立的保生大帝祠祀是肇建于荷兰侵占台湾时期的台南县广储东里的大道公庙。据王必昌《重修台湾县志》载：“荷兰据台，与漳泉人贸易时，已建庙广储东里矣。”❸该庙现位于台南市新化镇丰荣里，俗称“开台大道公”。

明郑时期，保生大帝信仰在台湾有较大的发展。明郑军队于明代永历十五年（1661年）三月十一日在台南学甲登陆，此日成为白礁子弟遥拜大陆的节日，白礁子弟后来依照白礁慈济宫的建筑样式也在学甲建造慈济宫，保生大帝的信仰进一步传入台湾。

漳州白礁慈济宫在台湾拥有300多间分灵宫庙，三百多年来，即使是日据时期，在每年的三月十一日，台湾各地保生大帝宫都要聚集于台湾的开基庙——台南学甲慈济宫，举行规模盛大的“上白礁”祭典活动，都要在将军溪畔设案供香，面向大陆，遥祭祖庙。还有众多的台湾善信冒险渡海来到白礁慈济祖宫谒祖进香。

台湾早期的保生大帝祠祀主要是以移民家族的祖籍神崇拜的面貌出现❹。谢贵文指出，祖籍与族群意识也会影响地方官员对民间信仰的态度。祖籍观念虽普遍存在于传统乡土社会，但因清代台湾多为内地移民，各族群间因争夺资源而时有冲突，也使此观念更加强化。尤其在台客家人因属弱势，为与强势的闽籍漳、泉人抗衡，会强化自身的族群意识，并积极寻求本地同籍官员的支持，进而影响官员对其神明信仰的态度❺。

清代大陆移民台湾开拓遇到的瘴病毒蛇、缺医少药的险恶自然环境，较之漳泉故里有过之而无不及，移民迫切希望从精神上获得来自家乡的保生大帝的庇护和救助，这种现实需求对保生大帝信仰在台湾的传播起到推波助澜的作用。刘良璧《重修福建台湾府志》中也指出：“台多泉、漳人，以其神医，建庙独盛。”❻正如对联所写“气壮乎天，万众同参学甲地；血浓于水，千秋不忘白礁乡”。

本书借鉴学者陈在正等《清代台湾史研究》的研究方法和相关成果，即根据台湾的新、旧志书、采访册、史籍、碑记、寺庙年鉴、档案等文献资料，参考其他台湾学者调查采访的资料，对台湾兴建的保生大帝

---

❶ 泉郡富美宫董事会，泉州市区民间信仰研究会编.泉郡富美宫志[C].泉州：泉州七彩印刷厂，1997.

❷ 陈晓亮.寻根揽胜话泉州[M].北京：华艺出版社，1991.

❸ [清]王必昌.重修台湾县志（卷六，祠宇志）[Z] //台湾文献史料丛刊（第2辑）.台北：大通书局，1984.

❹ 范正义.民间信仰与地域社会——以闽台保生大帝信仰为中心的个案研究[D].厦门：厦门大学，2004：67.

❺ 谢贵文.从清代台湾方志看地方官员对民间信仰的态度[J].上海地方志，2021(2)：65-71，95-96.

❻ 刘良璧.重修福建台湾府志（卷九，典礼祠祀附）[Z]//台湾文献史料丛刊（第2辑）.台北：大通书局，1984.

庙,作比较详细的考订(表 4-2)。

表 4-2 清代与清代以前台湾保生大帝宫庙创建年代统计

单位:座

建庙时间	荷据	明郑	康熙	雍正	乾隆	嘉庆	道光	咸丰	同治	光绪	无准确时间	总计
台南县	3	5	7	1	9	4	3	2	2	4	1	41
台南市	2	3	1		2		2	1	2	2	1	16
高雄县	2	1	3			6		1				13
屏东县					3							3
高雄市	1	1			2	1						5
嘉义县			1	1	4	1	3	2	2	1	5	20
嘉义市			1	1								2
云林县							1	6	1			8
彰化县			1			1	1					3
台中县								1	1			2
台中市					1							1
苗栗县								1			1	2
新竹县							1	1				2
桃园县								1				1
台北县					1	2				1		4
台北市						1						1
南投县					1						1	2
宜兰县											1	1
澎湖县	1	1									1	3
总计	9	11	14	3	23	16	11	16	8	8	11	130

资料来源:陈在正,孔立,邓孔昭. 清代台湾史研究[M]. 厦门:厦门大学出版社,1986.
范正义. 民间信仰与地域社会——以闽台保生大帝信仰为中心的个案研究[D]. 厦门:厦门大学,2004:72.
范正义. 保生大帝信仰与闽台社会[M]. 福州:福建人民出版社,2006.

从上表可以分析出明清时期保生大帝信仰在台湾的时空分布规律及其传播路径,主要表现有四点:

一、台湾保生大帝信仰的传播与闽海政治文化制度特别是移民制度有着密切的联系,制度的变迁促使了民间文化的传播,并左右着其路径发展的轨迹。早在荷据台湾时期,漳、泉移民就已建有不少的保生大帝宫庙,郑氏统治时,因"郑氏及诸将士皆漳、泉人,故庙祀真人甚盛";清康熙时,靖海侯施琅平定台湾,台湾从此与大陆紧密联系、频繁交流,同时也促成大批的漳、泉民众移入台湾。与此背景相呼应,这一时期兴建的保生大帝宫庙数量也比荷据、明郑时期略有增加。乾隆十一年(1746 年)清廷"诏准台湾人民挚眷入台",乾隆二十五年(1760 年),清廷再次放宽大陆民众移台的标准,允许"台湾居民携眷同住"[1]。由于朝廷制度的调整,大大刺激了漳、泉一带的对台移民,反映在保生大帝信仰上即是兴建了 23 座宫庙,是各时期里建庙最多的。此后的嘉庆、道光与咸丰时期,漳、泉民众陆续移入台湾,保生大帝宫庙的兴建也保持旺盛的势头。直到同光年间,建庙的热潮才有所下降,这与同光年间台湾的开发基本处于饱和,漳、

[1] 连横. 台湾通史[M]. 北京:人民出版社,2011.

泉移民减缓的社会背景是相符合的。

二、从空间分布看保生大帝信仰在台湾的传播。台湾最早设有府县的南部地区，包括台南、高雄、嘉义，创建的保生大帝宫庙数量最多，明清时期三地共建有97座，占总数的75%。其他兴建有保生大帝宫庙的县市，包括屏东、云林、彰化、台中、苗栗、新竹、桃园、台北，共建有29座，这些县市与台南、高雄、嘉义一起，沿着台湾西海岸一线从南到北分布。此外，位于台湾内陆的南投县，以及位于台湾东海岸的宜兰县，各发现有一座保生大帝宫庙，证明其信仰已延伸至台湾岛的内陆地区❶。

保生大帝的宫庙大多分布于台湾南部一带，这一空间分布折射出漳、泉移民开拓台湾从南部开始的历史。在移民过程中，澎湖是移民们入台的一个跳板，且距闽海较近，因此澎湖的保生大帝宫庙要早于台湾本岛。清政府治台的前中期，府城一直设于台南，府城与附近的凤山县成为漳、泉移民聚居的中心地，所以这一带也就成为保生大帝信仰分布的密集区。而台湾西海岸沿线的分布同样与台湾的开拓历程密切相关。清时台湾对外商贸交通的盛况，流传有“一府二笨三艋舺”的说法，府指台南，笨是云林县北港的旧称，艋舺位于台北，说明清时台湾对外的商贸交流也是沿西海岸一线分布的，正好与清时保生大帝信仰在台湾的分布相呼应。

三、闽海对待保生大帝态度不同。以保生大帝信仰起源地的闽海泉州府同安县为例，在官修志书中都会记载此一信仰，甚至以“正祀”视之。例如乾隆《泉州府志》将王朝敕封有功地方的神祇，与府治花桥慈济宫、南安县武荣铺慈济真人祠、同安县白礁慈济宫等保生大帝宫庙同收录于《坛庙寺观》；又如嘉庆《泉州府志》将东岳行宫左方的真君庙、白礁慈济宫、万寿宫等保生大帝宫庙，与社稷、山川、城隍、天后等祀典神庙并列于“坛庙”。显示闽地方官府能运用“正祀”与“淫祀”间的伸缩空间，尊重在地的信仰情感，适度肯定保生大帝的正统性。而在清代台湾的方志中，《台湾府志》（高拱干编纂）、《重修台湾府志》（周元文编纂）、《凤山县志》等将保生大帝宫庙列于《外志》；《重修台湾府志》（范咸编纂）、《续修台湾府志》《台湾县志》《诸罗县志》《重修凤山县志》等则将保生大帝宫庙列入《杂记》❷。

四、保生大帝信仰传播与闽台家族移民紧密结合。保生大帝信仰得益于家族群体的扩大，及家族群体的迁徙，这是闽海保生大帝信仰传播路径的一大特色，也是其建筑物质空间和各项仪式保持与闽海关联性的根源所在。首先，保生大帝信仰的祖宫一直保持着家族维持与管理的性质。东宫最初由颜师鲁奏请立庙，此后青礁颜氏家族世代相袭，掌握着东宫的管理大权。而西宫所在的白礁村，王氏族人的数量在村中占了绝对优势，西宫的历次重修均由王氏倡首与主持。因此，这两大祖宫均在家族的管理中拥有了家族私祀的性质，而在信仰者祭拜上则完全是一种开放性的公祀。其次，吴夲本身即为吴氏家族的一员，因此，吴氏属人把吴夲当成祖先与神祇的合一体而建庙祀奉，并随着家族向外不断地开枝散叶，把保生大帝信仰带到族人开拓的各个地方。如厦门的吴氏始祖吴漾生有四子，长子居厦门埭头社，次子的子孙散居石狮永宁及厦门的西潘社、穆厝社与蔡坑社，三子居漳州，四子居厦门金榜。在吴氏族人为主的西潘社与埭头社，均建有祀奉保生大帝的宫庙，西潘社的称为福源宫，埭头社的叫做慈济宫，两地打出的郡号也均为延陵❸。除了吴氏族人的祀奉外，闽海其他家族信仰保生大帝的现象也很普遍。不少异姓家族把保生大帝与本族的祖先神同堂祀奉。如德化县美湖乡阳山村，村民把保生大帝与天湖岩开山祖陈刘祖师合祀于绮阳庵。此外，还有许多家族建庙祀奉保生大帝。如南靖和溪镇麟野社万灵宫供奉的保生大帝❹。同样，在台湾的家族移民也促进保生大帝信仰的传播，其路径为：家族渡台后，把携带护航的保生大帝神像供奉于私宅，或草葺小庙，或以炉主的形式分房轮流祭拜；随着迁徙移民活动境域的开发，外来异姓人口的增多，各姓信仰者再联合起来创建宫庙，保生大帝由原来的家族私祀转为地方公祀。如云林县大俾乡联美村保延宫供奉的保生大帝，最初为民宅守护神，后建保延宫，供信仰者祭拜。

---

❶ 范正义.民间信仰与地域社会——以闽台保生大帝信仰为中心的个案研究[D].厦门：厦门大学，2004：73.

❷ 谢贵文.从清代台湾方志看地方官员对民间信仰的态度[J].上海地方志，2021(2)：65-71，95-96.

❸ 厦门市湖里区政协文史委员会.湖里文史资料（第5辑，吴真人宫庙专辑）[Z].厦门：政协厦门市湖里区委员会文史资料委员会，2001.

❹ 林国平，范正义.闽台家族移民与保生大帝信仰的传播[J].福州大学学报（哲学社会科学版），2010(1)：5-8.

台湾保生大帝信仰为主祀的宫庙，首推台北大龙峒保安宫最为宏伟。台北大龙峒保安宫位于大同区的哈密街，始建于 1742 年，原为简单木造小庵，1804 年正式改庵建庙。19 世纪后，经几度改建后，该庙发展成三殿三进式的大庙。因为创庙者为来自闽海同安人，因此保安之名有“保佑同安”的意思。1742 年，移居来台的汉人因出现瘴疠感染，特由泉州同安白礁乡慈济宫乞灵分火来台湾。由此保安宫初创，并迅速成为当地同安人的信仰中心。1804 年，四十四崁所在商人集资扩建保生大帝庙，经过多年施工后，于 1830 年完工。将其木造小庙扩建成三殿三进、左右各五开间的大庙宇。与台湾许多庙宇相同，是融合了儒(鸾堂信仰)、释(佛)的道教庙宇。19 世纪后期又经几度改建，发展成大约 9 000 平方米大庙，和艋舺龙山寺、艋舺清水岩合称台北三大庙门。大龙峒保安宫坐北朝南，因三殿间隔宽敞，第一进又为五开间的前殿加上左右各三开间的山门，因此从宽达十一开间的第一进正面看去，该庙宛若三座横向并排的三殿宇。一进门，就是画得极为精美的门神和彩绘大鼓。前殿又称三川殿，墙面为石雕，为 19 世纪初作品。中门为 1804 年所建蟠龙八角檐柱一对，是保安宫现存最早的石雕作品。重檐歇山屋顶的正殿，四周环以方柱与八角柱相间的檐廊，正面安放蟠龙柱两对，其中单蟠龙外柱为 1805 年所建石刻作品。后殿面宽十一开间，中奉神农大帝，左右两侧则附祀至圣先师孔子与关圣帝君。殿右为保恩堂，供奉历代同安名人神位(图 4-11)。

图 4-11 台北大龙峒保安宫

闽台两地民间信仰都在同一神明系统里，同一性是其主流。大陆民间信仰在台湾的传播并不完全是简单的异地移植，它在新的历史条件下有所发展和变迁，台湾民间信仰中的乡土神依然备受推崇。闽海特殊的自然地理环境，使其民间信仰神明具有明显的救死扶伤、祈福禳灾等山区与海洋地域文化特点。在宫庙数量上，台湾民间信仰数量远少于闽海的数量，且台湾民间新神明相对较集中。另外，闽海民间信仰较侧重宗族关系，而台湾民间信仰较偏重地缘关系。

4.7.7 台湾临水夫人信仰与临水宫

台湾的临水夫人又称为陈进姑、慈济夫人、南台助国夫人、天仙圣母、碧霞圣母、顺天圣母、临水陈太后、陈靖姑妈及靖姑娘妈等多个称呼。陈靖姑又与李三娘、林纱娘三人合称为三奶夫人。据仇德哉编著的《台湾之寺庙与神明(四)》记载，台湾临水夫人庙有 10 座，即新北市的临水宫(祀临水陈太后)、台北市的临水顺天堂(祀顺天圣母)、云林县的巡安宫(祀陈靖姑)、嘉义县的安兴宫(祀临水夫人妈)、台南市的临水宫(祀临水夫人)、台南市的临水夫人妈庙(祀临水夫人妈)、高雄市的林凤宫(祀陈奶夫人)、屏东县的碧云宫(祀陈奶夫人)、宜兰县的紫云宫(祀陈靖姑)、宜兰县的靖安堂(祀靖姑娘妈)等[1]。这些都是比较有名的临水夫人庙。

南台临水宫位于台南市白河镇外角里三民路 26 号。早在 1661 年,随郑成功到台的 18 位先贤,在苏望的率领下,到古田临水宫迎请陈靖姑金身及历代敕封之神位,漂洋过海辗转到台南市白河镇立庙。祀庙几经翻修,被台湾民众确认为台湾开基临水宫。1982 年 11 月再度大规模动工重建,1986 年秋竣工,1986 年 12 月三奶夫人入庙安坐。宫前有一大埕,辟有陈靖姑在白龙江脱胎祈雨的胜景。庙内存清代"敕南台助国显佑夫人神位"木牌一方,"显佑护民"匾额一面。旧庙木柱、对联依然保留。

旗津临水宫位于高雄市旗津区旗津三路 1000 号。原系康熙年间奉旨兴建,祀三奶夫人。当时所需建筑材料,悉由对岸福州等地千里迢迢运载而来;庙堂设计与土木、泥水、雕刻等工程,全由福州聘来名师高匠担当。占地约 1 650 平方米,是座古色古香、辉煌壮丽的故宫式建筑。第二次世界大战中,被日寇拆毁,唯神像全身被移天后宫得以保全。经热心人士倡导劝募,1983 年 11 月临水宫隆重破土动工重建,1990 年落成,占地约 921 平方米,相当壮观。

台湾的临水夫人庙除主祀临水夫人外,另附祀花公、花婆、十二婆娘及三十六婆祖等,为台湾妇女、儿童的第一守护神。

其中,台北碧潭临水宫,位于新北市新店市溪洲路 30 号。该宫庙以古田临水宫为蓝本,采用传统的福州样式的建筑技法,具有浓重的福州元素。临水宫由大殿、左右钟鼓型等宫殿式楼房三座组成。由正殿拜亭进入,可见两面横匾,"顺天圣母""永怀慈恩"。两边分祀千里眼、顺风耳两尊大神像;中为本宫三奶,两旁配祀注生娘娘、"虎婆奶"江夫人;其中有临水陈夫人法身,左边是玉关慈降救世柳大天尊,右为玉皇宰相梅大将军。左右班列三十六宫夫人,全身高盈数尺,在各宫夫人怀里或身边塑提携幼童,活泼生动(图 4-12)。

图 4-12　台北碧潭临水宫

台湾三奶夫人:陈靖姑又称陈大奶或陈夫人,李三娘又称李三奶或李夫人,林纱娘又称林九奶或林夫人。林纱娘相传为林刺史之女,世代书香门第。三位女性神明也享有民众的专祀,台湾三奶夫人庙共有 9 座,即台中市的碧华寺、台中市的临水宫,彰化县的广仁祠、嘉义县的福安宫、高雄市的碧云宫、三奶宫、三千宫、屏东县的临水宫(祀三奶娘)、宜兰县的炉源寺等。

---

[1] 仇德哉. 台湾之寺庙与神明(四)[M]. 台中:台湾地区文献委员会,1983.

三奶夫人中的李三娘与陈靖姑义结金兰，传说两人同于闾山从许真君（许逊）学法，学成传道，称闾山净明派，由于李三娘又称李三奶，合陈靖姑（大奶）、林纱娘（九奶），故又称净明派为三奶教，奉三人为教主。

台湾安平镇至今保留着“请奶过关”的民间习俗。旧时每逢陈靖姑诞辰日，凡家有年幼子女者均到神庙里叩祝。神庙前法师登场作法，抬儿童过关则索要谢资一百文。当孩子长到16岁时，用纸糊杉亭一座，名七娘胎亭，备花粉香果酒醴三牲，蛋七枚，饭七碗，于七夕晚请道士祭献，表明其已经长大，不须乳养❶。七夕是中华传统民间节日，该节日最初来自牛郎与织女的民间传说，有乞巧、拜魁星等习俗。在闽南传说中，“七仙女”并非七个神娘，俗称“七娘妈”；七月七日是七仙女的生日，也把这一天称做“七娘妈生”。

❶ 黄新宪.陈靖姑信仰的源流及在闽台的发展[J].福州大学学报（哲学社会科学版），2008(6)：4-8.

5　闽海聚落宫庙建筑空间社会功能实证分析

5.1　闽海聚落宫庙建筑空间功能特征

5.1.1　闽海聚落宫庙建筑空间功能的多元性

闽海传统聚落的民间信仰呈现多神共存、信仰多元的状态，有信仰妈祖、保生大帝、临水夫人、助生娘娘、玉女娘娘、三官大帝、观音菩萨、关公、城隍爷、土地公土地婆、王爷，甚至还有信仰马神、虎神、哪吒、孙悟空等等，整个聚落的文化信仰空间呈现多元交织的空间分布形态。与此同时，在神明信仰范围的辐射上，即祭祀圈层面呈现出辐射范围大小、长短的不一，如晋江福全村，其民间信仰的辐射范围大致是：一、辐射整个村落及其周边乡村的文化信仰神明，如城隍爷、妈祖、临水夫人、关公等；二、辐射福全村的文化信仰神明，如八姓王爷、观音、太福街土地公、宗祠、家庙等先贤信仰等[1]；三、辐射村里不同铺境的文化信仰神明，如杨王爷、朱王爷、舍人公、保生大帝等；四、辐射村里某一小地块的文化信仰神明，如庙兜街土地公、北门瓮城内土地公、东南西三大祀坛宫等，由此构筑了多元交叠的民间文化信仰空间形态（图 5-1）。

下面从神缘关系角度，选择几个传统聚落对闽海聚落民间信仰空间社会功能进行实证研究。

石狮永宁卫传统聚落的民间信仰按其传播范围大致可分为：其一，辐射整个聚落及其周边地区，乃至东南亚地区的文化信仰神明，如观音、妈祖、城隍爷等，其中，永宁城隍爷辐射范围广，至台湾、香港、菲律宾等东南亚国家和地区。其二，辐射整个永宁卫的神明有泰山夫人、莺山妈神、徽国文公等。其三，辐射卫城内不同铺境的文化信仰，如福德正神、保生大帝等。其四，辐射某一小地块的文化信仰，如六姓王爷等（图 5-2）。

与此同时，结合永宁宫庙的建造时间，从图 5-3 可看出，此时整个聚落空间仅有慈航庙，可见在隋朝时就有居民居住于此。宋朝期间，由于“海上丝绸之路”的出现，泉州港的繁荣带动三湾十二港的发展，永宁海洋贸易较为发达，且在此时期，聚落的西南角建造了鳌南天妃宫。据《晋江县志》记载，天妃宫祀妈祖，是当地居民出海必须祭拜的神明。而在历史上南部区域紧邻海边，船只的出入均通过此处，经济的发展和对自然对敬畏促使人们在此修建天妃宫。宋朝时期出现天妃宫，这也验证了当时永宁已经是一个海洋贸易较为发达的具有居住、生活、贸易等功能的聚落了。明代时期，政府为巩固海防“置卫所”，设永宁寨为永宁卫，并设三十二铺境加强政府管理。聚落的安定保障当地居民的生活，并且进行商业买卖，从原先一个移民聚落点逐渐成为一个整体。宫庙建筑在此期间有所增加，并主要沿十字街两侧、小东门及其大东门周边修建，可以由此得出在明朝期间，十字街、小东门、大东门周边居民比较密集，因此修建大量宫庙为居民祭拜。清代正统宗教的衰落，使得闽海民间信仰进入兴盛阶段，永宁卫内宫庙建筑也大量出现，且信仰出现多元化。随着与外界交流的频繁，诸如天主教、基督教等信仰开始传入永宁地区，其民间信仰文化又一次进入兴盛期。而对于金门陈坑传统聚落的民间信仰辐射范围为：其一，辐射整个聚落及其周边地区乃至东南亚的信仰神明有温府王爷与玉女娘娘，这两位神明庇佑整个村落，使陈坑“合境平安”，并

---

[1] 张杰. 海防古所：福全历史文化名村空间解析[M]. 南京：东南大学出版社，2014.

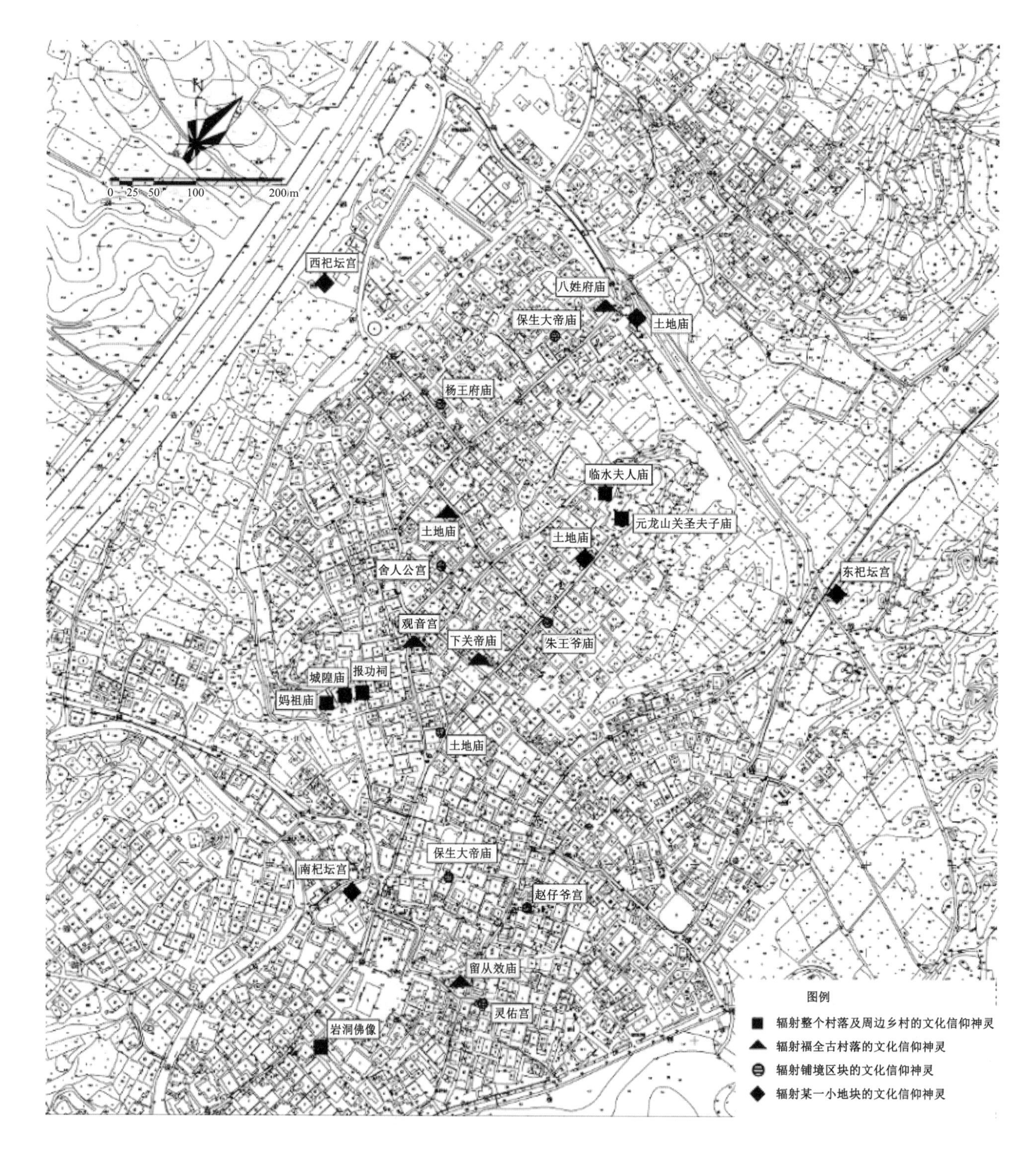

图 5-1　福全村宫庙文化信仰空间辐射范围

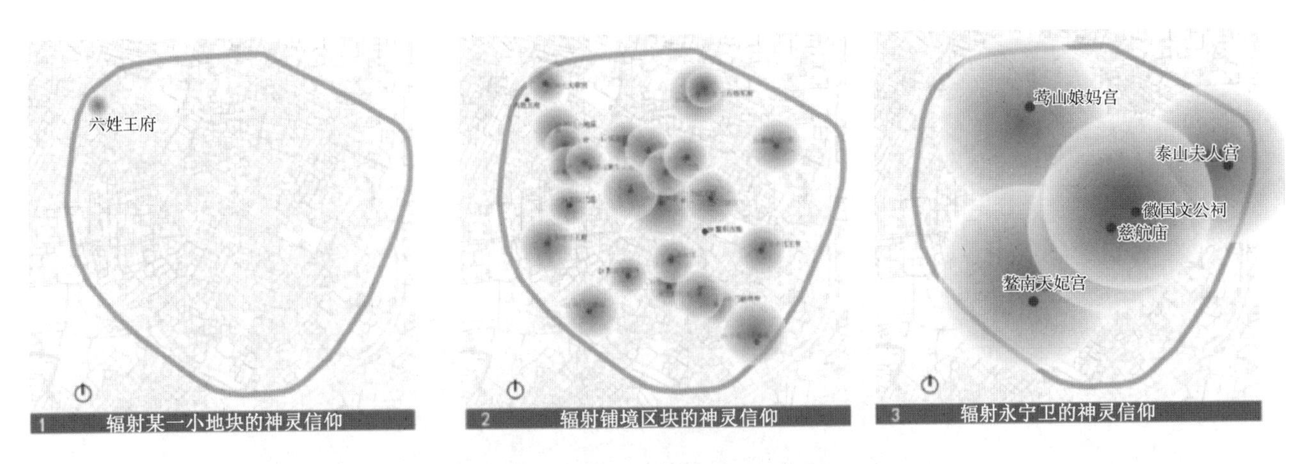

图 5-2　永宁卫神明信仰辐射范围图

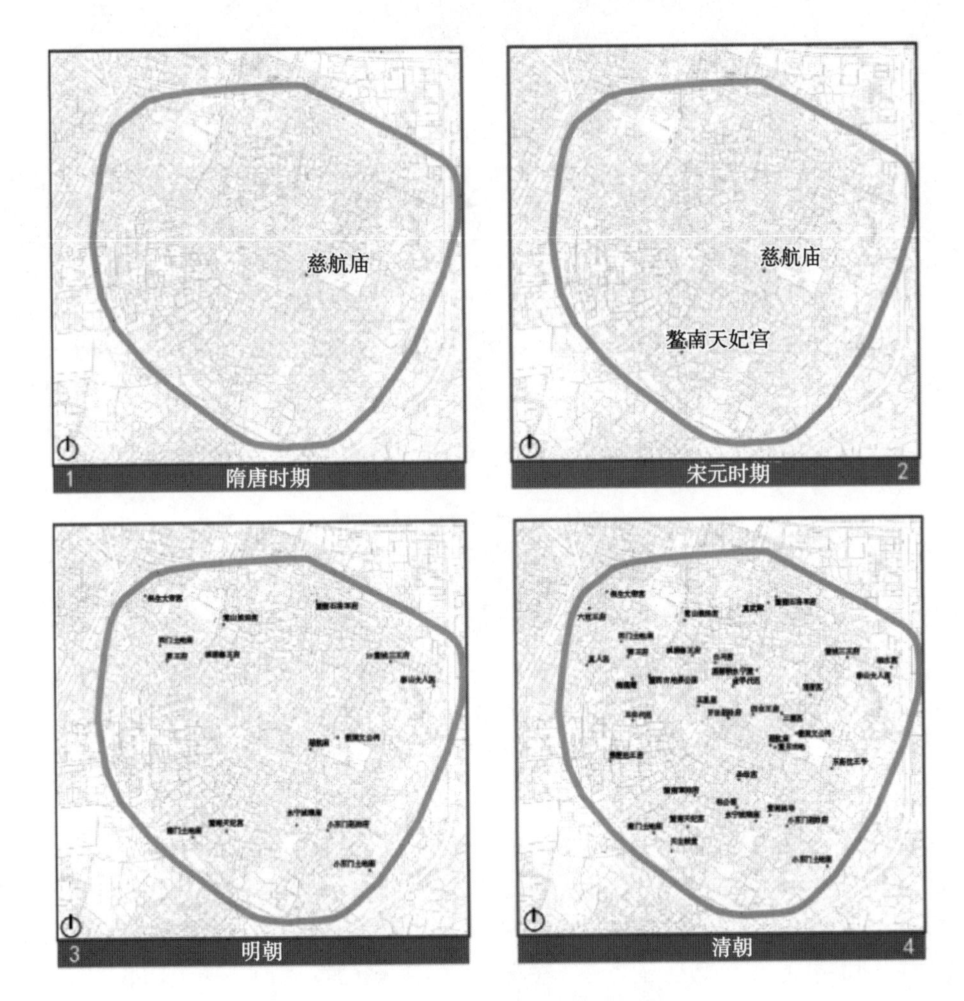

图 5-3　不同历史时期永宁卫宫庙分布图

且统帅五方军将，防备邪秽入侵；另外，针对这两位神明，侨居新加坡的陈坑人都分香建庙供奉，如果金门陈坑在二月初二设醮，则新加坡的陈坑移民必也在五月十六日设醮。其二，辐射整个村落，成为整个村落村民祭拜的对象，如李将军庙。其三，辐射某一小地块，如天海寺、姑娘宫仔与下坑前宫仔。再如圣公宫就是保佑村民出海捕鱼的宫庙(图 5-4)。

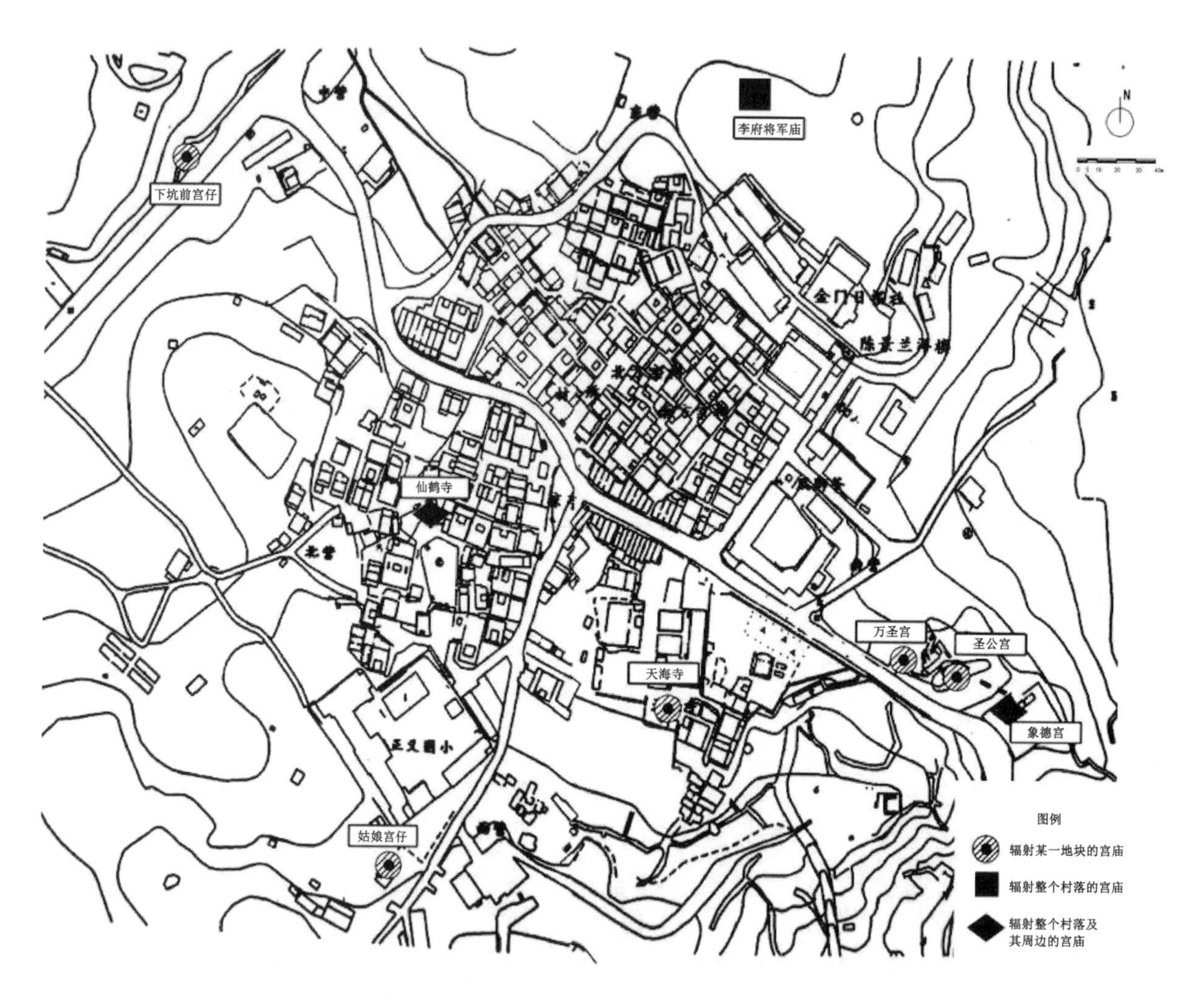

图 5-4 金门陈坑古村落宫庙辐射范围示意图

5.1.2 闽海聚落宫庙建筑空间泛神与专神崇拜共融

在文化信仰辐射空间上，闽海传统聚落的神明空间呈现出多元的特征，与此同时，可以进一步分析得出其信仰内涵上呈现多元的空间形态，即有妈祖、关帝、保生大帝、临水夫人、观音、城隍、八姓、土地等信仰交织于传统聚落中，并且在同一座庙宇中可以单独崇拜一种神明，即专神，也可以崇拜多种神明，甚至可以崇拜佛、道、儒混杂交融的神明，即泛神。较为典型的如晋江福全村的城隍庙，庙内以供奉城隍神为主，同时还供奉着地藏王、土地、夫人妈、马神等神，而八姓王府庙内则同时供奉了“玉、七、天、包、黄、金、马、朱”等八位王爷，并在其左侧配祀福德正神、船王公和神马，右侧配祀八姓的配偶——夫人妈等❶。永宁传统聚落的泰山夫人宫内则主祀泰山夫人妈，左右两侧供奉临水夫人妈、三十六宫夫人妈。而金门陈坑古村落象德宫内则供奉了温王爷、王府千岁、蔡府按君、中坛元帅、南府王爷、文武判官、下坛虎爷以及福德正神与注生娘娘等众多神明，专神与泛神在同一空间中的共存现象明显。对于泛神宫庙而言，无论宫庙面积大小，除了供奉主神还有配偶神、侍神、护卫神等，使得每一间宫庙都形成较完整的神明崇拜体系，满足不同信众的各种实用需求(表 5-1～表 5-3)。

❶ 许瑞安. 福全古城[M]. 北京：中央文献出版社，2006.

表 5-1 福全村宫庙专神与泛神崇拜的文化信仰空间

类型	名称	供奉对象		辐射范围	文化信仰空间特征
		主神	次神		
专神	元龙山关帝庙	关羽	周仓、关平、马神	整个村落	村落四大文化信仰空间之一，并且是周边地区重要文化信仰空间
专神	太福境土地庙	土地公	—	整个村落	整个村落重要的文化信仰空间
专神	庙兜街土地庙	土地公	—	庙兜街周边	街道重要的文化信仰节点空间
专神	北门土地庙	土地公	—	北门瓮城内	北门重要的文化信仰节点空间
多神	下关帝庙	关羽	周仓、关平、马神、土地、观音	定海境	定海境保护神
多神	妈祖庙	妈祖	观音、土地、注生娘娘、三圣佛	福全及周边村落	村落四大文化信仰空间之一，并且是周边地区重要文化信仰空间
多神	城隍庙	城隍神	地藏王、土地、夫人妈、马神	福全、厚安、科任、清沟等十三村	村落四大信仰空间之一，并且是周边地区重要文化信仰空间
多神	临水夫人庙	临水夫人	土地公	整个村落及其东山境	村落及其周边乡镇的重要信仰空间之一，并且是东山境的保护神
多神	八姓王府庙	八姓王爷	土地、船王公和神马、夫人妈	福全及其周边村落	村落四大文化信仰空间之一，并且是整个村落重要文化信仰空间
多神	岩洞佛像	如来	观音、土地、哪吒、马神	福全、溜江及周边村落	福全及其周边地区重要文化信仰空间
多神	南门街土地庙	土地公	观音	威雅境	威雅境的保护神
多神	北门街保生大帝	保生大帝	土地公	北门街附近	育和境保护神
多神	观音宫	观音	土地公	镇海境及其整个村落	整个村落的保护神，镇海境的保护神
多神	杨王府庙	杨王爷	土地公	迎恩境	迎恩境保护神
多神	舍人公宫	舍人公	土地公	文宣境	文宣境保护神
多神	朱王爷庙	朱王爷	土地公	英济境	英济境保护神
多神	南门保生大帝	保生大帝	观音、土地、老虎神、马神	南门附近	陈寮境保护神

表 5-2 永宁卫传统聚落宫庙专神与泛神崇拜文化信仰空间

类型	名称	供奉对象		辐射范围	文化信仰空间特征
		主神	次神		
专神	包公馆	包拯	——	三合境	境保护神
专神	溪源藩王府	溪源藩王府	——	水关	境保护神
专神	鳌塑石将军府	鳌塑石将军	——	北门城脚	境保护神
专神	南门土地庙	福德正神	——	南门	境保护神
专神	三清宫	道教三清	——	三公巷	境保护神
专神	四位王府	四位王爷	——	所内	境保护神
专神	霁霞池王府	池王爷	——	石迫水	境保护神
专神	慈航庙	观音	——	永宁及周边地区	境保护神、整个聚落及周边聚落保护神
专神	六姓王府	六姓王爷	——	六姓王府周边	境保护神
专神	西门土地庙	福德正神	——	西门	境保护神
专神	小东门土地庙	土地神	——	小东门	境保护神
专神	五位代巡	溪源伍盟王爷	——	下营	境保护神

续表 5-2

类型	名称	供奉对象		辐射范围	文化信仰空间特征
		主神	次神		
专神	白马宫	白马	——	秤锥池周边	境保护神
专神	圣母宫	天上圣母	——	圣母宫周边	境保护神
泛神	五显庙	五显大帝	福德正神、江河刘三代巡	场口	境保护神
泛神	开坊赵帅府	赵元帅	五丈夫子、福德正神、关圣夫子	大街头	境保护神、整个聚落保护神
泛神	泰山夫人宫	泰山夫人妈	临水夫人妈、三十六宫夫人妈	永宁	境保护神、周边地块保护神
泛神	小东门赵帅府	小东门赵帅	玄坛公夫人、小东吴夫人	小东门尾	境保护神
泛神	金甲代巡	金甲代巡	夫人妈、福德正神	磨内	境保护神
泛神	真武殿	真武大帝	广泽尊王、玄天上帝、三夫人	北门	境保护神
泛神	鳌城三王府	三王大帝	朱谢爷、天上圣母	白厝街	境保护神
泛神	鳌东古地	鳌东保生大帝	广平王、福德正神	后衙、东街	境保护神
泛神	鳌南天妃宫	天上圣母	福德正神	永宁及周边地区	境保护神、周边聚落保护神
泛神	鳌南章帅府	鳌南章元帅	大夫人妈、广泽尊王	英西巷	境保护神
泛神	鳌西古地晏公庙	鳌西平浪侯	敕封平浪侯	晏公宫	境保护神
泛神	城隍庙	城隍爷	马舍爷、崇威将军、扶敕使者、武撂将军、广泽尊王、阎君公等	永宁及周边地区	整个聚落，整个泉州地区、台湾、东南沿海地区的祭拜对象
泛神	梅福寺	观音	三世尊佛、保生大帝	梅福寺周边	境保护神
泛神	保生大帝宫	保生大帝	法王公、广泽尊王	西门外	境保护神
泛神	萧王府	萧王爷	关君公、三代巡	小街	境保护神
泛神	徽国文公祠	徽国文公	关圣帝君	永宁	境保护神
泛神	莺山娘妈宫	莺山妈神	番国代巡夫人、番国代巡夫人	永宁	境保护神
泛神	鳌东古地	鳌东保生大帝	广平王、福德正神	永宁	境保护神
泛神	东街沈王爷府	东街沈王爷	沈王爷暨夫人、东街沈王爷	南门附近	境保护神

表 5-3　金门陈坑古村落宫庙专神与泛神崇拜文化信仰空间

类型	宫庙名称	供奉对象		辐射范围	文化信仰空间特征
		主神	次神		
泛神	象德宫	温王爷	王府千岁、蔡府按君、中坛元帅、南府王爷、文武判官、下坛虎爷以及福德正神与注生娘娘	整个村落及其周边乃至东南亚等地区	村落三大文化信仰空间之一，并且是周边地区重要文化信仰空间
泛神	仙鹤寺	玉女娘娘	苏、邱、梁、秦、蔡五王爷及朱、邢、李三王爷，哪吒三太子、虎爷、福德正神与注生娘娘等	整个村落及其周边乃至东南亚等地区	村落三大文化信仰空间之一，并且是周边地区重要文化信仰空间
专神	李将军庙	李将军	—	整个村落	村落三大文化信仰空间之一
专神	天海寺	将军夫妇及三子女	—	寺庙周边地块	村落南部重要的文化信仰节点空间
专神	圣公宫	无名氏	—	渔民生活地块	村落东部重要的文化信仰节点空间
专神	万圣宫	无名氏	—	渔民生活地块	村落东部重要的文化信仰节点空间
专神	娘娘宫仔	猫神	—	寺庙周边地块	村落南部重要的文化信仰节点空间
专神	下坑前宫仔	妇人亡灵	—	寺庙周边地块	村落西部重要的文化信仰节点空间

结合上述三个案例，剖析形成这一种宫庙建筑空间的原因，主要有以下五点：

其一，福建独特的地域文化内涵，即中国东南土著民族“闽”“越”“蛮”等的重要活动区域，是相对于中原正统王朝的“四方万国”的组成部分，同时也是闽南民系与闽南文化形成与发展的起源地。从自然地理位置上涵盖了晋江、九龙江流域所在的泉州、漳州、厦门三地，以及隔海相望的台湾及其周边岛屿，依山傍海，区域内山地、丘陵纵横，岛屿众多，在这种山水相间的生态环境下，福建民间的宗教信仰呈现出独特且纷繁复杂的文化面貌。

其二，宗教信仰本身的发展历程与地域文化的结合造就了这一共存与交融的宫庙建筑空间形态。闽海民间信仰的发展经历了“灵魂不死、万物有灵、图腾崇拜、祖先崇拜”的原始宗教与好巫尚鬼的滋生阶段的历程。这一过程中整个福建都处于一个造神运动的大潮中，因此，在这一大潮中，晋江福全村随之建造的许多庙宇，其中较为典型的如南门的留从效庙、观音洞等。同时，这些民间信仰与地域的人文、地理条件、生态环境等相适应，产生若干变异，逐步实现了本土化的转型。如前文论及的关帝从“忠义勇武”的军将形象转变为财神和海上保护神形象等。

其三，福建在这个时期涌现数以千计的神明中，从北方或邻省传入的神明不多，绝大部分是土生土长的，至今仍在这个地域有较大影响的神明都是在唐末至两宋时期产生并发展起来的，诸如妈祖、临水夫人、保生大帝等地方神。由于这些土生土长的神明是在福建这一特定的自然地理条件和历史文化背景下孕育和发展的，所以具有浓厚的地域特色，这一点在神明的职能方面表现得尤为突出。明清至民国时期，民间信仰出现了兴盛并向外拓展辐射。这期间由于官方税收等制度的影响，促使了诸如佛教、道教的衰败与世俗化，许多僧徒、道士走出寺庙来到民间诵经拜忏、祈福禳灾得以谋生，这无疑促进了民间信仰的繁荣发展。与此同时，随着正统宗教的衰败，民间供奉地方神的宫庙随之兴盛，并成为百姓宗教活动的主要场所。[1] 另外，在整个福建宗教信仰中，那些比较正统的佛、道、儒三教及其比较大型的寺院，村民对它们的态度多是敬而远之，或是祭拜有节；相反，那些属于传统聚落内的寺庙，包括一些莫名其妙的旁门左道、神魔鬼怪的偶像，却受到族人、村民的倍加崇拜，香火缭绕，盛典不绝。[2] 综上，福建这一特殊的、极具地域特色的宗教信仰的嬗变过程必然导致多神与专神崇拜的交织与共融，这也是宗教本身发展的产物。

其四，在民间宗教信仰的发展中，政治制度起了关键性的作用。纵观我国的社会发展历史，可以看出宗教信仰与政治权力体制的关系历来是密切的。汉唐时期，政府注重的重心在于佛教、道教等教团宗教，宋元以降，随着程朱理学的兴起与释道二教的衰微与世俗化，官方试图通过乡村礼教的推行，对混杂的民间宗教加以控制，毁坏淫祠、禁巫觋成为政府工作的重点[3]。从礼制意义上分析，神明祭祀在明代洪武礼制的确立过程中是不可缺少的内容，它包括正祀、杂祀以及不允许崇拜的淫祀等内容[4]。比如社稷，是从京城到乡里都存在的，日月、先农、先蚕、高媒等则只存在于京城；在各级统治中心城市里，城隍、旗纛、马神、关帝、东岳等等都属于正祀系统。但是为了满足政治统治的需要，“洪武元年命中书省下郡县，访求应祀神祇。名山大川、圣帝明王、忠臣烈士，凡有功于国家及惠爱在民者，着于祀典，命有司岁时致祭”，这样实际上就大大增加了应列入“正祀”的神明。第二年“又诏天下神祇，常有功德于民，事迹昭著者，虽不致祭，禁人毁撤祠宇”，这无疑大大扩大了民间神明信仰存在的空间。洪武三年再下令，“天下神祠不应祀典者，即淫祠也，有司毋得致祭”[5]，但是该项制度中也只是禁止官方的礼仪行为，而没有采取禁毁的行动。这无疑表明属于“淫祀”的民间信仰十分普遍，甚至地方官员也往往入乡随俗，对其采取了礼仪性的做法。[6] 政治制度上的嬗变促进了福全这个千年古村落民间信仰的多元性、宫庙建筑空间的多样性，其深层

[1] 林国平，彭文宇. 福建民间信仰[M]. 福州：福建人民出版社，1993.

[2] 陈支平. 近五百年来福建的家族社会与文化[M]. 北京：中国人民大学出版社，2011.

[3] 陈支平. 福建宗教史[M]. 福州：福建人民出版社，1996.

[4] 按照《礼记·曲礼》被官方或士绅称为“淫祀”的民间信仰活动是指越份而祭，即超越自己身份地位去祭祀某一种神明，后世（从宋以后）“淫祀”还包括了对不在政府正式封赐范围内的鬼神的信仰活动，包括了对被民间“非法”给予帝王圣贤名号的鬼神的信仰活动和在任何信仰活动中充斥所谓荒诞不经和伤风败俗行为的活动。

[5] ［清］张廷玉. 明史（卷五十，礼四）[M]. 北京：中华书局，1974.

[6] 赵世瑜. 狂欢与日常——明清以来的庙会与民居社会[M]. 北京：生活·读书·新知三联书店，2002.

的原因在于：古代君主政治制度统治需求下，宗教政策嬗变的目的是“利用民间崇拜在村落、乡镇以及城市的非行政首府的中心来对它们加以控制”，“利用神来召集民众，颁布法令”❶，而这一嬗变促进了福建传统聚落文化信仰空间的多元化。

其五，功利实用的诉求加剧了信仰的交织与共融。在我国广大农村，民间信仰是普通百姓生活的一部分。❷ 百姓对美好生活、健康身体、蓬勃兴旺事业等的诉求，造就了他们对神明的憧憬与期盼，在这份功利与实用的诉求下，自然多一个神明就要多一份这样的寄托与保护，由此造成了泛神信仰的现象，造成了诸如福全村、永宁传统聚落、金门陈坑古村落中众多的文化信仰空间的并存(图 5-4～图 5-5)。与此同时，与泛神信仰相联系的是，福全、永宁、陈坑等传统聚落内民间信仰带有融合性的特征，即由于受实用功利性的宗教信仰目的所支配，信仰者们所关注的是自己祈求的愿望能否实现，至于所祈求的是哪一路神仙佛祖，以及他们是属于哪一种宗教等等都无关紧要，不必去深究。同一个人，他既可以是佛教信仰者，也可以是道教信仰者，还可以是其他民间宗教的信仰者。遇到疑难之事需要求助于神明时，哪一个神明特别灵验，有“灵力”，他就求谁，或者是求佛不灵就求道等等，本村的神明祈求不应的话，就求外村的神明，外村的神明还不应的话，就求外乡、外部的神明庇护。总之，在一般民众的观念中，神明不分彼此、亲疏，只要有灵验，尽管烧香磕头便是❸。所以，在这种文化生态下，福建传统聚落内必然呈现不同宗教的神明被供奉在同一庙宇中，和睦相处，分享百姓香火的地方性信仰现象。

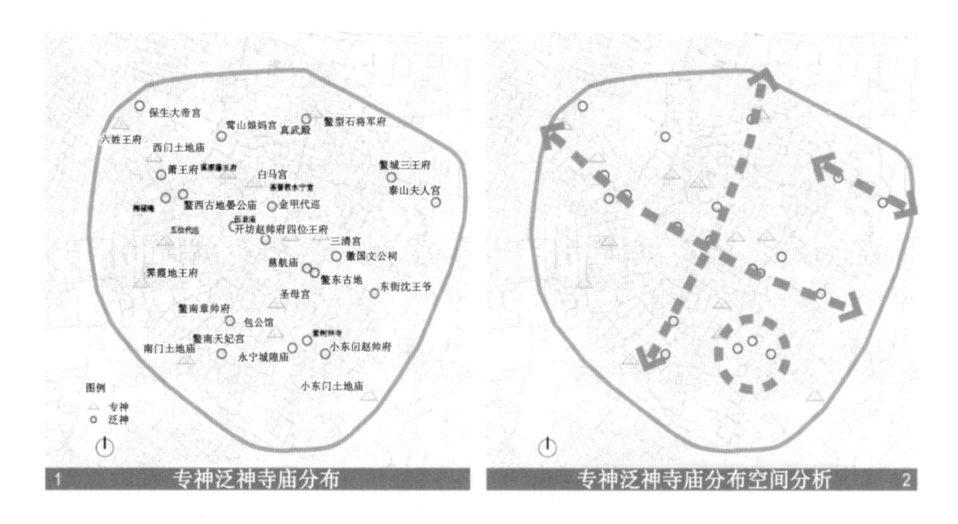

图 5-5 永宁卫传统聚落专神与泛神分布示意图

从民间信仰本身来看，作为一种传统文化形式，民间信仰整体上具有极强的延续性，其发展的过程必然要经历一个初期的根植期。而作为民间信仰，其发展与扩大离不开民众的力量，尤其在宗族社会中，依赖宗族的力量来发展无疑成为民间信仰发展的最佳方式。为什么对某神明如此信仰？村民常常给出的答复是：“现在做什么都难，都有危险，去拜拜神，至少心里会有一些底。再说，到底有没有神，谁也说不清楚，万一真的有呢?”这实际上反映了民间信仰是现代社会中的角色把握不可知世界的一种手段。面对急剧的社会变迁，面对现代生活中的不确定性与风险，村民出于自身力量的渺小，无法控制事情的发展，因此他们选择将一切交给神明来决定，这或许可以说是一种逃避的方式。当原有的价值体系与生存环境被抛弃，现存的社会秩序也不能为他们提供一套统一、合理的价值规范，当那些不断变动的意识形态和政治说教越来越难于解释周围并不令人满意的现实世界，人们必须转而寻找人性上和精神上的寄托和力量，据此，村民们重拾了已延续几千年的传统信仰也就成为必然。

---

❶ [英]王斯福. 帝国的隐喻：中国民间宗教[M]. 赵旭东，译. 南京：江苏人民出版社，2008.

❷ 郑振满，陈春声. 民间信仰与社会空间[M]. 福州：福建人民出版社，2003.

❸ 林国平，彭文宇. 福建民间信仰[M]. 福州：福建人民出版社，1993.

5.1.3 闽海聚落宫庙建筑文化功能分析

5.1.3.1 闽海文化对中华主流文化的继承与模仿

闽海民间信仰宫庙是闽海民众在边陲环境下模仿中华主流文化的行为中长期缓慢形成的。传统中国的文化空间模式主要体现为"中土—四方"的二元空间结构，在此基础上形成了朝贡体系、帝王巡游及巡狩制度等。在历史上，中土是华夏文化起源地，华夏文化一直高于四方。四方的"夷狄未具有礼的文化，但它却仰慕具有礼的文化的中华而谋求化育"❶，于是，每隔一定的年限，他们就要给中央王朝进贡，并通过自觉输入华夏文化来争取其在当地统治的合法性。同时，位于中土的历代中央王朝，也经常采取巡游及巡狩举措来加强对国境四方边陲地区的控制，以此凸显中央王朝的正统性，并从象征的角度加强了中央王朝对四方领土的控制❷。

闽海位于中国的东南边陲，历史时期绝大多数移民是从中原地区迁居而来，这些移民的后裔在受到边陲环境强烈影响的同时，也顽强地保守着中原主流文化。祖庙和分灵宫庙之间的"分灵—进香—巡游"关系，在一定程度上就是地处边陲的闽台民众在"中土—四方"文化模式的指导下模仿和改造朝贡体系和巡狩制度的产物，更是在闽台特殊的文化生态环境下的变异与文化革新。

在闽海文化区域里祖庙作为神祇信仰的起源地，很自然地被信仰者视为"中土"。分灵宫庙的信仰来源于祖庙，相对于祖庙而言，就成为"四方"。祖庙是信仰起源地，在信仰资源上必然地优越于分灵宫庙。所以，每隔一段时间，分灵宫庙就要到祖庙进香，通过输入祖庙的信仰资源来保持其信仰的有效性。这一点，可以从信仰者对进香的认识上得到明显的体察。闽台民间信仰者认为，分灵宫庙神祇的灵力来于祖庙，"与人相似，离开久了，灵力会衰退"。所以每隔一段时间分灵宫庙就必须到祖庙进香，从祖庙的香炉中领取香灰，带回分灵宫庙，以达到给神祇"充电"的目的❸。

其次，闽海各种神明都拥有自己的信仰领地，在神明诞辰时，民众抬出金身，巡视村落社区的四至疆界，加以确认。可见，民众抬神巡境的行为就是模仿古代帝王巡狩制度的产物。闽海祖庙金身巡游台湾则是将民众抬神巡境的行为放大到闽海区域的结果。如闽海区域的数千座妈祖庙都各有属于自己的信仰领地。妈祖宫庙虽然遍布闽台，但妈祖神却只有一位。全天下的妈祖都是直接或间接从湄州祖庙分灵出去的，都是湄州妈祖的分身。所以，湄洲妈祖金身就成为天下妈祖的总代表。因此，湄洲妈祖金身巡游台湾，实质上就是作为天下妈祖总代表的湄洲妈祖金身巡视自己的信仰领地的宣示行为。崇圣巡游、绕境进香等信仰行为也是一种社会组织行为，民间信仰作为一种社会力量产生于个体间力量的聚集，并作用于群体，具有一定的社会强制性。人类学家王斯福曾指出："上香是一种通过正式表达敬意来开始交流沟通的行为。上可比之于臣民对君主，下可比之于主人对客人。"❹费孝通先生在《乡土中国》中也指出："在'团体格局'的社会中才发生笼罩万有的神的观念。"在"团体格局"的社会中，神是唯一至上的，是公平的象征，而其他的各种中介，如道士、灵媒、巫师等等，都只是其代理而已❺。

5.1.3.2 闽海聚落民间信仰仪式空间的表现性特征突出

民间信仰文化空间具有公共空间属性和公共资源属性。

聚落社区公共活动场所就是聚落重要的公共空间之一。甘满堂在《村庙与社区公共生活》中以宗教社会学理论为指导，揭示了闽海民间信仰社会组织性的一面，作者精心建构了两个概念：村庙和村庙信仰，认为：村庙是传统社区居民的公共生活空间，村庙信仰是一种社区性、群体性的民间信仰，具有制度化色彩；村庙信仰与传统社区可从横向整合❻。传统聚落里的宫庙建筑空间承担着祭祀、助学、敬老、济困、

---

❶ [日]信夫清三郎. 日本政治史[M]. 上海：上海译文出版社，1982.

❷ 范正义. 试析闽台庙际关系的多重形式[J]. 台湾研究集刊，2012(3)：81-90.

❸ 郑志明. 文化台湾[M]. 台北县：大道文化事业有限公司，1996.

❹ Feuchtwang，Stephan. Popular Religion in China[M]. Richmond：Curzon Press，2001.

❺ 费孝通. 乡土中国[M]. 北京：北京出版社，2005.

❻ 甘满堂. 村庙与社区公共生活[M]. 北京：社会科学文献出版社，2007.

救灾，甚至殡葬等公益慈善事务等。

台湾学者陈纬华在《资本、国家与宗教："场域"视角下的当代民间信仰变迁》中运用资源动员论，较为成功地解释了台湾民间信仰的变迁，也为我们理解民间信仰建筑空间属性和影响提供了借鉴。陈纬华认为，民间宫庙要热闹，就需要大量的人与钱，需要进行资源动员。有资源动员能力的东西，就是资本。传统时期的资源动员，主要借助于社会资本和象征资本。社会资本指的是社会关系，传统时期的建醮、巡境等仪式和庙会活动，社区成员在出钱出力外，也利用自身的神缘关系网络，发动亲友来参加。象征资本指"庙宇在民众认知中所建立起来的属于公众所有、为公众服务的公众形象"。传统时期，象征资本体现为神明以灵力来服务于民众，越"灵验"的神明象征资本越高，能够动员起来的人力、物力也越多。1990年后，民间庙宇的文化资本和象征资本的形式发生了变化，其资源动员方式也随之发生了巨大变化。陈纬华以台湾高雄市代天宫为例，指出在新的时代背景下，代天宫被政府有关部门指定为文化资产，而"文化资产……是一种能够动员国家与民间资源的'文化资本'"。代天宫内的神圣空间也成为一个带有"台湾文化"氛围的场所，可以用来拍电影、吸引观光客，是一种"文化资本"；另外，代天宫举办各种非宗教性的社区活动，提升了社区居民对庙宇的世俗化认同，使其成为一种"世俗性象征资本"。借用布迪厄的资本理论，行善、信用、慷慨等声誉性的东西，都可以视为象征资本。象征资本或可定义为"庙宇在民众认知中所建立起来的属于公众所有、为公众服务的公众形象"❶。

范正义在对福建泉州惠安小岞镇霞霖宫的研究中也指出其具有三种资本属性。2009年后，霞霖宫的三个发展策略为其建构了新的社会资本、文化资本和象征资本。霞霖宫利用这三个新资本，将妈祖信仰者以外的人员、小岞镇以外的资源都动员到该宫庙里❷。范正义指出，新的社会资本的形成，与国家鼓励两岸民间交往的政策导向密切相关，这使得霞霖宫能够动员政府相关部门、支持祖国统一的社会人士等，让他们关注与支持霞霖宫的对台交流活动。新的文化资本的形成，与国家弘扬传统文化的大政方针密切相关。新的象征资本的形成，与国家鼓励社会力量参与公益慈善事业的政策导向密切相关。通过发展慈善公益事业，霞霖宫将自身打造成为地方社会服务中心，从而将那些社会爱心人士都动员起来。因此，我们又可以深入区域和传统聚落，研究在社会转型中福建民间信仰的社会学功能和作用。

宫庙建筑文化空间中以民间信仰活动仪式场所尤为重要，因为仪式是人类历史长河中最古老、最普遍的一种社会活动现象，作为人类表达某种精神价值与特定意义的行为方式，其表达的内涵及作用影响也因时地、主体与对象而千姿百态。仪式是人神关系中"对话"和"联系"神明的媒介，人们通过仪式直达神明，以达自我内心的舒适和静谧。作为民间信仰的各种仪式，更因其神秘性、复杂性、娱乐性而呈现出多姿多彩的面目，其产生的作用与影响也更广泛、更有特色。很多民间信仰的仪式本身就是一个庞大、复杂的社群集体活动，它需要多方合作、精细分工、精诚团结及奉献精神等。如闽南民间最重视的拜天公节日、每年正月初九日要举行祭祀玉皇大帝的仪式、漳州天宝镇下高坑玄天宫在每年中秋节的"踏火仪式"等都是大型民间信仰仪式。

对一般信仰者而言，信仰空间是真实的存在空间，可以体验到一种由世俗到神圣的精神断裂和突破点，其场域空间品质不同于其他，使人感觉气氛神圣、庄严而心怀虔诚敬意。它不仅是一种简单的物理形态和朝圣场所，而且成为一种可供分析与解读的文本，一种象征和意义的文化符号系统。研究者试图通过凝视神圣空间以理解社会过程和文化过程，并逐步将聚焦于宗教景观的目光转向仪式空间自身❸。时空的特殊性使人们能够感受和认识到所在的空间属性❹。信仰空间在非重要神圣时间、特定神圣时间以及重要仪式进行时的空间形制大不相同。

在布迪厄的四种资本理论中，场域概念影响了社会学者的研究。他认为实践是客观（社会结构）与主

❶ 陈纬华.资本、国家与宗教："场域"视角下的当代民间信仰变迁[J].台湾社会学刊，2012(23)：19-20.

❷ 范正义.世俗价值与信仰本真：民间信仰宫庙的新转型——惠安小岞霞霖宫个案研究[J].华侨大学学报（哲学社会科学版），2020(2)：15-24.

❸ 朱竑，钱俊希，封丹.空间象征性意义的研究进展与启示[J].地理科学进展，2010(3)：643-648.

❹ 维克多·特纳.仪式过程：结构与反结构[M].黄剑波，柳博赟，译.北京：中国人民大学出版社，2006.

观(行动者)相互生产、塑造及其变革的过程。前者表现为“场域”,指“由附着某种权利形式的各种位置间的一系列客观历史关系所构成”;❶后者表现为“惯习”,即由“积淀”在个体内的一系列历史关系所构成,形式为知觉、评判和行动的各种身心图式。他的“实践”概念,首先弥合了社会学中主观建构主义与客观结构主义之间的对立,将实践的过程看作客观与主观双向互动的过程,发展了当代的实践理论。其次,他将场域和惯习看作由“客观历史关系”构成的关系束。场域都有自己独特的价值理念和调整原则❷,惯习则是“持久的、可转换的潜在行为倾向系统”,既是社会构成,又具有生成能力;既是被结构化的结构,又是具有促结构能力的结构。行动者则携带着个人“惯习”嵌入场域中,并在惯习的作用下进行实践,或调整惯习,或影响场域。所以,布迪厄认为场域的研究要经过三个步骤,即分析场域的位置和权力的场域、考量场域中行动者所占有关系的客观结构、分析与社会空间的每一个位置相关的惯习。❸ 笔者认为,文化传统既是惯习中最重要的因子,也沉浸在惯习之中;文化传统又以文化符号外显于场域之中,影响行动者的惯习及其在场域中的实践活动。

法国人类学家、民俗学家阿诺尔德·范热内普(Arnoldvan Gennep,1873—1957)在1909年出版的《通过仪式》一书中将仪式概括为“个体生命转折仪式”(包括个体的出生、成人、结婚、死亡等事件节点)和“历年再现仪式”(包括生日、忌日、新年年节、周年纪念日等),并将这些仪式统称为“过渡仪式”或“通过仪式”❹。“过渡仪式”包含分离、转换(阈限)、重整三个主要阶段❺。

维克多·特纳(Victor Turner)在社会冲突论的背景下研究仪式对社会结构的重塑意义,认为“过渡仪式”不仅可以在受文化规定的个体人生转折点上举行,也可以用于部落出征、年度性的节庆、政治职位的获得等社会性活动上。1970年代,他在继承范热内普关于“过渡仪式”三阶段划分的基础上,着重分析了三阶段中的转换阶段。同时,他将人的社会关系状态分为两种:日常状态和仪式状态。在日常状态中,人们的社会关系保持相对稳定的结构模式,即关系中的每个人都处于一定的“位置结构”。仪式状态与日常状态相反,是一种处于稳定结构之间的“反结构”现象,它是仪式前后两个稳定状态的转换过程。特纳把仪式过程的这一阶段称作“阈限期”。处于这个暂时阶段的人是一个属于“暧昧状态”的人,无视所有世俗生活的各种分类,无规范和义务,进入一种神圣的时空状态。由此,特纳认为,围绕着仪式而展开的日常状态—仪式状态—日常状态这一过程,是一个“结构—反结构—结构”的过程,它通过仪式过程中不平等的暂时消除,来重新构筑和强化社会地位的差异结构❻。同时,仪式行为也与空间组织密切相关。一方面,这些行为需要相应的空间组织加以依托和表演展示;另一方面,空间组织反映着从事这种行为的个人和群体的活动、价值观及意图,也反映人们的观念意象,代表了物质空间和社会空间的一致性。民间信仰建筑仪式空间,除了包括各种宫庙建筑仪式场所,还有节日流动场所、家庭神圣微空间等,余不赘述。

5.2 闽海聚落宫庙建筑仪式空间特征分析

5.2.1 祖庙与分灵宫庙关系

宫庙建筑是民间信众安置、存放神明偶像、神器等的特殊空间,即“神居”和“神所”。由于人神关系主要通过人的崇拜祭祀体现,宫庙建筑又是信众举行神明祭祀仪式的核心场所。神明祭祀仪式是民间信仰

---

❶ 李猛,杨善华,等.当代西方社会学理论[M].北京:北京大学出版社,2005.

❷ 潘建雷.生成的结构与能动的实践——论布迪厄的《实践与反思》[J].中国农业大学学报(社会科学版),2012(1):153-158.

❸ 谢元媛.从布迪厄实践理论看人类学田野工作[J].云南社会科学,2005(2):118-122.

❹ [法]阿诺尔德·范热内普.过渡礼仪[M].张举文,译.北京:商务印书馆,2012.

❺ 彭兆荣.人类学仪式研究评述[J].民族研究,2002(2):88-96;刘锦春.仪式、象征与秩序:对民俗活动“旺火”的研究[D].南开大学,2005;梁宏信.范热内普“过渡仪式”理论述评[J].重庆邮电大学学报(社会科学版),2014(4):98-103.

❻ 夏建中.文化人类学理论学派:文化研究历史[M].北京:中国人民大学出版社,1997;薛艺兵.对仪式现象的人类学解释(下)[J].广西民族研究,2003(3):26-33.

的行为实践，仪式表征离不开各种身体象征和行为隐喻。仪式表征指信众注重神明崇拜的神圣意味，将朝拜神明行为和一些日常行为赋予象征意义，从而获得其中的仪式感，具体包括空间节点表征、线性表征、在途隐喻和行为隐喻等。它既有个体性（独立的自我），又有社会性（共在中的身体）；既被表征和隐喻（仪式表征），也通过主观去建构（内省、反身观照）；既是肉体身体（肉体快感或痛感体验），也是现象身体（审美、崇拜快感体验）；基于这种身体的多维面向，信众日常被规训或遮蔽的主体性得以凸显，并在信仰世界中获得新的时间和空间向度，从而迈向个体心智成长持续的生成之域。如具身认知理论认为身体是人类认知的主要参与者，身体作为一个主要的因素塑造人的认知过程。Lakoff 和 Johnson 基于大量隐喻的分析和研究，认为"隐喻是人们借助有形的、具体的、简单的原始始源，域概念（如空间、温度、动作等）来表达和理解无形的、抽象的、复杂的目标域概念（如道德、心理感受、社会关系等），从而实现抽象思维"❶。Schneider 等人认为，"仅仅以语义连接，而没有实物感受和体验，不能产生具身效应"❷。梅洛-庞蒂的知觉现象学理论认为具身认知并非纯粹是精神的，而是与身体密切相关，以及通过身体及其活动方式实现对环境适应的活动。不同知识图式建构，可以形成不同的文化隐喻❸。庞蒂的思想直接影响了美国史蒂文・霍尔的建筑现象学思想的形成。

宫庙建筑仪式空间指的是在时间维度中，通过建筑、场地、器物、道具、人物、表演等物化空间，容纳神明祭祀程序、关系、权威、符号等内涵的空间❹。闽海民间信仰崇拜体系中的仪式主要包括祭典、分炉、谒祖进香、巡境、抬阁等，通过在时间维度中展开的这些仪式，常被称作仪式空间。闽海宫庙有程度不同的地域色彩，宫庙的匾额往往标示所属的某某"境"，便是宫庙所依托的社区。宫庙是民间社区文化的组成部分，在古村落并存着两套系统，一是以家族血缘为纽带的宗法社会，二是以地缘俗神信仰为基础的神缘社会。前者为物化形态，包括家祠、支祠、宗祠、牌坊等；后者包括神庙、神祠以及作戏・抬阁、高跷、傩舞等乡村民俗活动❺。因此，宫庙建筑空间是一种特殊的敬神、存神、拜神仪式空间，宫庙建筑空间兼具文化性、整体性、活态性、本土性等属性。闽海的宫庙建筑文化功能呈现出祖庙与分灵宫庙之间的分灵、进香与巡游关系。

范正义、林国平指出，"闽人移民在从故乡登船下海前，往往先到当地的神庙膜拜，继而恭请一尊故乡的神像上船，入台后，建庙供奉这一神像，此即'分身'；也有的移民只奉请故乡神明的香火袋或神符上船，抵台后对其加以礼拜，俗称'分香'。另外，在'放瘟船'驱邪习俗中，有的瘟船会随风漂流到台湾沿岸，当台湾民众在水边拾到自海峡西岸漂来的瘟船和神像时，即诚惶诚恐地为其立庙，并加以顶礼膜拜，此即福建寺庙分灵的'漂流'形式"❻。通过上述三种不同的分灵形式和扩散，新的宫庙不断在异地增加，神明信仰就从闽海祖庙扩散到其他地区。这些分灵宫庙为保持和增强与祖庙的神缘渊源关系，各分庙每隔一定的时期都要上祖庙乞火，参加祖庙的祭典，以此证明自己是祖庙的"直系后裔"，这种两岸联动的宗教活动俗称为"进香"活动。历史上，福建分灵宫庙到福建祖庙进香谒祖的活动也极为频繁。近年来，随着两岸文化交流的日趋频繁，进香活动日益盛行，成为闽海两岸民间文化交流的主要方式。据此，闽海民间信仰呈现出的"俗缘同、神缘合"，在联络闽海民众的感情、推进闽海民间的交流与合作上起着不可替代的作用❼。

异地巡游则是 20 世纪 90 年代后期兴起的两岸庙际关系新形式。随着两岸关系渐趋缓和，越来越多的台湾信众得以到福建祖庙进香谒祖。同时，恭请福建祖庙金身赴台巡游也成为闽海神缘社会表现出来

---

❶ Lakoff G，Johnson M. Philosophy in the fresh：the embodied mind and its challenge to western thought[M]. New York：Basic Books，1999.

❷ Schneider，I K，Rutjens. B T，Jostmann，N B，el al. Weighty matters：Importance literally feels heavy[J]. Social Psychological and Personality Science，2011(2)：474-478.

❸ [法]莫里斯・梅洛-庞蒂. 知觉现象学[M]. 姜志辉，译. 北京：商务印书馆，2001；[法]莫里斯・梅洛-庞蒂. 眼与心[M]. 杨大春，译. 北京：商务印书馆，2007.

❹ 黄丽坤. 闽南聚落的精神空间[D]. 厦门：厦门大学，2006.

❺ 朱永春. 民间信仰建筑及其构成元素分析——以福州近代民间信仰建筑为例[J]. 新建筑，2011(5)：118-121.

❻ 范正义，林国平. 闽台宫庙间的分灵、进香、巡游及其文化意义[J]. 世界宗教研究，2002(3)：131-134.

❼ 林国平，苏丹. 闽台瘟神王爷信仰及其主要特征[J]. 地域文化研究，2021(3)：124-129.

的新形式。自 1995 年 1 月东山关帝庙的金身神像赴台巡游之后，福建的各大祖庙如湄洲妈祖庙、泉州天后宫、云霄威惠庙、青礁慈济宫、南安凤山寺、古田临水宫、安溪清水岩等，各自所祀奉的金身神像都曾先后出巡台湾本岛或金门、马祖、澎湖等地，这也体现了闽海民间信仰较强的文化沟通与文化传播能力。

5.2.2 地缘性宫庙的交陪关系

闽海宫庙往往在地缘纽带的作用下形成较为密切的神缘往来关系，民间俗称为“交陪”。交陪关系可以分为两种：一种是地方公庙及其下属角头庙之间的合作关系，另一种是彼此互不隶属的宫庙之间的往来关系。

在闽海民间，一个很普遍的现象是同一个乡镇村落的民众在共同信奉某一座大庙的同时，各个角头也自建有角头庙。由于角头庙的信仰者同时也是地方公庙的信仰者，信仰者身份的重叠使得角头庙和地方公庙之间的合作关系成为可能。例如，惠安县净峰镇熊厝村由东内、庄厝、宫兜、馆内、后厅、东头、下厝、后柄、沙塔以及下湖街十个角头组成。该村民众在共同信奉莲花宫这一本土公庙之外，十个角头也各有自己的信仰对象。其中，东内建有镇东公馆，沙塔建有万善爷庙，其他八个角头的神祇则祀奉于各自的祠堂内。按惯例，莲花宫三年一次到白礁慈济祖宫进香。进香归来后，十个角头庙出动数十个神轿、阵头，配合莲花宫进香队伍进行踩街绕境。莲花宫的进香活动在得到十个角头庙的鼎力相助后，场面壮观，声势浩大，成为惠安县东部地区影响较大的民俗文化活动。

另外，彼此互不隶属的地缘宫庙之间也存在着交陪关系。例如，澎湖天后宫位于澎湖马公市，当地与天后宫有交陪关系的宫庙除了七保甲(角)头庙外，还有马公城隍庙和观音亭两座地方公庙，神玄宫和应天宫两个神坛，以及水仙宫和三官殿。每逢这些宫庙的主神诞辰，澎湖天后宫都会派代表拿着供品前去祝寿。同样，到了澎湖妈祖诞辰时，这些亲友庙也会派代表前来宫里祝寿。

这一礼节在当地称为“泡茶”，它是澎湖天后宫和当地宫庙礼尚往来的主要方式。“泡茶”仪式是神缘社交的一种方法。2022 年中国申报成功的世界非物质文化遗产“中国传统制茶技艺及其相关习俗” 包含了这一习俗。

上述隔海相对的两种民间信仰活动在形式与内容上存在一致性，由此，更进一步证明了两者的渊源关系。

通过闽海聚落宫庙与聚落空间形态展开研究，对宫庙建筑空间形态类型、造型进行分析，揭示了闽海传统聚落宫庙建筑的历史渊源，即闽海的宫庙建筑在风格上承袭了传统的建筑美学，即以砖、石、木构架为主要结构方式，讲究严格的轴线，左右对称，注重平衡，遵循比例和等差。同时，宫庙建筑不单单以外部的体量特征为其神性象征，而是充分考虑地形地貌及其地域社会、文化、经济及其技术的发展状况，以“间”为单位构成单座建筑物，再以单座建筑物筑成深井庭院，由深井庭院构成建筑群。建筑群平面有序、依次展开，相互配合，即把空间意象转化为时间序列的祭祀活动过程。

5.3 闽海聚落铺境信仰空间分析

福建“铺境”起源可以追溯到元代，当时在福州、宁德、莆田等地的乡村地区已出现了以共同信仰和祭祀为凝聚力约定俗成的基层地方区划——“境”。明代中后期，“境”在这些地区更广泛地扩展与传播。随着明代福建宗族组织的兴起，“境”开始与宗族产生整合现象，并更广泛地分布于闽南地区。直至民国后期，由于国家政权的渗透和地方行政制度的加强，“铺境”的行政功能后来被“保甲制”取代，其名称的延续仅作为凝结境内民众的神缘纽带被保留下来，成为一种表示地方共同信仰和祭祀活动的单位。受地理、人文和历史等多方面因素的影响，闽南地区的铺境主神具有地域性和宗族性的特征。境庙的祭祀活动是聚落里民众的精神支柱，在维系社会秩序、传承民俗文化、丰富居民生活等诸多方面具有重要的作用。

建筑学者指出，明清时期的泉州城中实行着一种被称为铺境的区划制度，形成了地方崇拜和地方行政相互叠加的空间组织❶，城中的每个地点都有“地方的神明”，在每个神圣的领域之上坐落着铺境的神庙，由各个铺境的居民虔诚供奉并延续至今。对于泉州而言，正是这些散布在城市之中的庙宇塑造了城市最显著的特征❷，也充分体现了这种历史文化古城民间信仰空间的圣俗同构性。

明代在福建自上而下设“隅、都、图、甲”的地方行政管理单位。明代前期，政府推行严密的黄册里甲制度，但从正统、成化年间之后，政府对于民间社会的控制能力日益减弱，里甲制度有名无实，作为地方基层管理制度的补充——铺境制度遂逐渐形成。

福建乡村传统聚落中有一类称作铺境或境的宫庙建筑，如泉州市德化白石村的碧石境、石厝村的高显境、永春外山乡草洋村草洋境、永春锦龙镇锦溪村登村境等。这类村域宫庙在聚落中数量众多，规模有大有小，建筑造型丰富多变。

笔者撰写了相关传统聚落及其文化遗产保护的学术专著和论文，涉及铺境空间问题的研究❸。

5.3.1 铺境空间各要素的相互作用

5.3.1.1 铺境的形成

“铺”源自古代的邮驿制度，为古代传递官方文书或专用物资等而设置的机构，又称“递铺”，由于涉及马匹、邸店管理及重要情报传递，一般由国家的兵部统一管理。北宋沈括在《梦溪笔谈 · 卷十一》中写道：“铺递旧分为三种，曰步递、马递、急脚递。”明代《永乐大典》中记载：“宋朝急脚递，凡十里设一铺。”因此，“铺”最初具有官府邮政、驿递性质。福建长期以来“凡十里设一铺”，铺与铺相距十里(5 km)❹，铺也作为测量距离的辅助单位。

铺成为城镇管理单位是由宋代城市“坊市”制度的破坏而逐步发展起来的，原先以坊市为单位的治安制度已失其作用，为了适应新的城市发展形势，自五代由禁军负责京城治安，演变至宋初在城内设置“巡铺”，也称为“军铺”，这是按一定距离设置的治安巡警所，由禁军马、步军军士充任铺兵，每铺有铺兵数人，负责夜间巡警与收领公事❺。到了明代，铺兵还兼司市场管理的职能。洪武元年(1368 年)，太祖令在京(南京)兵马司兼管市司，并规定在外府州各兵马司也“一体兼领市司”。永乐二年(1404 年)，北京也设城市兵马司，成祖迁都北京后，分置五城兵马司，分领京师坊铺，行使市司实际管辖权。随着全国各地市镇的发展，明代城镇普遍置坊、铺、牌，所谓“明制，城之下，复分坊铺，坊有专名，铺以数十计”。❻

“境”的含义据《说文解字》解释为：“境，疆也，从土竟声。”《康熙字典》释“境”为：“《说文》，疆也，一曰竟也，疆土至此而竟也。”可见境的本义为疆界。后来境亦有地域、处所、境况和境地的含义。另外，从与境相关的词汇群如环境、境域、境界、边境等，都表明在一个以界限划分的场域观念的存在。境的划分，既代表了某一区域、界限内，又是整个境域、全体，即境也是一个心灵安顿的场所。因此，境是描述中国古村落空间形态的一个核心概念，它的形成与中国传统的“人神共居”的观念息息相关。在古村落中，村落主神对于本境域的戍守，保佑其合境平安，守卫的不仅仅是有形境域，更包括了看不到的与鬼神有关的精神境域。闽南城镇村落中出现的境是在其本含义基础上延伸出来的一种空间区划单位，是一种地缘组织，由长期居住在一起的呈邻里关系的群体所组成，以共同的信仰和祭祀为特征❼。

传统的民间社祭在明代得到空前的强化，明初规定，凡乡村各里都要立社坛一所，“祀五土五谷之神”；立厉坛一所，“祭无祀鬼神”(《洪武礼制》卷七)。这种法定的里社祭祀制度，是与当时的里甲组织相

---

❶ 王逸凡. 泉州古城铺境研究[D]. 北京：清华大学，2018：7-10.

❷ 王逸凡，张杰，李滢君，等. 泉州铺境及其“场所精神”：一种建筑民族志的视角[J]. 建筑学报，2022(3)：97-103.

❸ 张杰. 海防古所：福全国家历史文化名村空间解析[M]. 南京：东南大学出版社，2014；张杰. 穿越永宁卫[M]. 福州：海峡文艺出版社，2016；张杰. 海丝港市聚落：土坑国家历史文化名村空间解析[M]. 福州：福建人民出版社，2018；张杰，庞骏，严欢. 福建石狮市永宁古卫城[J]. 城市规划，2014(1)：57-58.

❹ 林志森. 铺境空间与城市居住社区：以泉州城区传统铺境空间为例[D]. 泉州：华侨大学，2005：20-22.

❺ 周远廉，孙文良. 中国通史(第七卷 · 中古时代 · 五代辽宋夏金时期)[M]. 上海：上海人民出版社，1996.

❻ 余启昌. 故都变迁记略[M]. 北京：北京燕山出版社，2000.

❼ 吕俊杰，陈力，关瑞明. 从“十三乡入城”看福全古村的铺境空间[J]. 南方建筑，2010(3)：86-89.

适应的，其目的在于维护里甲内部的社会秩序。明中叶以后，虽“里必立社”不再是国家规定的制度，但它已成为一种文化传统在民间扎根，里社随之演变为神庙。明初朝廷推行的里社祭祀，尽管露天的“社坛”变成有盖的社庙，以“社”这个符号作为乡村社会的基本组织单位，围绕着“社”的祭祀中心“岁时合社会饮，水旱疠灾必祷”，制度上的承袭是相当清楚的。尽管后来的“社”与明初划定的里甲的地域范围不完全吻合，但“分社立庙”这一行为背后，仍然可以看到国家制度及与之相关的文化传统的“正统性”的深刻影响。因此，在“境”的形成过程中，“社”的创立具有决定性的意义。境是指一社、庙的管辖范围，亦指绕境巡游的“境”❶。

在很多传统聚落中，当地民众每年都要在各自铺境举行“镇境”仪式，对各自的居住领域进行确认。一些地方志在述及“乡社祈年”习俗时，如“各社会首于月半前后，集聚作祈年醮及舁社主绕境，鼓乐导前，张灯照路，无一家不到者。……筑坛为社，春秋致祭，不逐里巷遨嬉，其礼可取”❷。在福全村里也保留着这样的镇境仪式。由此可见，这种仪式因能满足村民的心理需求，保证民生的安定，所以得到了官方的认可。该仪式每年要举行两次：一次在春季，一次在冬季，要挑选一个吉日在境庙内举行“放兵”仪式。这一天，各铺境的家家户户都在家门口摆放食品款待兵将。将晚时分，仪仗队伍抬着铺或境的主神神像巡游，巡游路线为境和铺沿界。在巡游过程中，不同铺境之间的分界点都系上勘界标志物和辟邪物，体现了作为古村落社会空间边界与区域的确认。年底重复同一系列仪式，称为“收兵”。“放兵”和“收兵”仪式形成一种年度周期。在这一仪式周期中，始于保卫这个领域，终于这项任务的完成。周而复始，仪式中创造出各铺境相对独立的地方性时空。

镇境的庆典仪式，一方面，可以通过娱神来祈求合境平安；另一方面，通过巡境，强化各境域的边界。由于中国传统“人神共居”自然观念的影响，境域需要通过神的力量加以界定。因此，镇境仪式通过隐喻对地域外部陌生人“鬼”的驱逐，达到对地域内部的净化，从而保证了境域的平安，同时，创造出境域与其临近地方的地理分野❸。在闽南地区，铺成为行政管理空间单位，每铺又分为若干个境，形成铺境体系。每个境都有一定的地域范围，包括若干街巷；境内居民一般共同建造庙宇，俗称“境庙”；庙里祀奉一个或若干个特定的神明作为保护神，俗称社公、地主、大王或境主等。

明清时期，官方在接受宋明理学为正统思想之后，为了营造一个一体化的理想社会，朝廷及地方政府需要不断通过树立为政的范型来确立自身为民众认可的权威。官方积极从民间的民俗文化中吸收具有范式意义的文化形式，设置祠、庙、坛，其所供奉的神明，有的是沟通天、地、人的媒介，如城隍、观音；有的是体现政府理想中的正统的历史人物，如朱文公、关帝等；有的则是被认为曾经为地方社会作出巨大贡献的超自然力量，如妈祖、保生大帝、广泽尊王等。并且，村民们形成了固定的时间规律为这些神明举办祭祀活动。如每年的五月十三日就成为福全城隍诞辰——圣节日，这一天，全村会举办迎城隍庆典，而每户村民也都会举办相应的活动，以表达对城隍的敬仰与崇拜。

在这个过程中，民间通过模仿官办或官方认可的祠、庙、堂、社等民间神庙，“通过仪式挪用和故事讲述的方式，对自上而下强加的空间秩序加以改造。于是，铺境制度吸收民间的民俗文化后被改造为各种不同的习惯和观念，也转化成一种地方节庆的空间和时间组织”。在此改造和转化的过程中，官方的空间观念为民间社会所扬弃，并在当地民众的社会生活中扮演着重要角色。

同一铺境内的人们共同信仰和活动体验统一于固定场所，产生了同一归属感。下面，我们尝试运用萨特、海德格尔、梅洛-庞蒂等的存在主义，胡塞尔、海德格尔等现象学（现象学是欧洲大陆理性主义的延伸）实证分析福建民间信仰空间——铺境。

在前述舒尔茨的《场所精神——迈向建筑现象学》宏大的理论中，人类的定居活动包含了“定向”和“认同”这两种环境心理的认识活动。当人身处某个环境中，为了寻求自己的立足点，人们需要明确自己

❶ 郑振满. 乡族与国家：多元视野中的闽台传统社会[M]. 北京：生活 · 读书 · 新知三联书店，2009.

❷ 蔡金耀，点校. 重刊兴化府志[M]. 福州：福建人民出版社，2007.

❸ [英]王斯福. 帝国的隐喻：中国民间宗教[M]. 赵旭东，译. 南京：江苏人民出版社，2008.

身处的环境，并寻求自身与环境的认同。“定向”与“认同”实际上就是人类在定居过程中不断地确认以及界定自己身处的场所，将自己与“神化的环境”产生关联，并从中获取安全感与归属感的过程❶。

泉州富美境、福全村、永宁卫城的铺境等形成与发展较具有代表性。

以永宁“桔花铺”与“忠义铺”为例，它们分别以“白马宫”与“金甲代巡”为中心，以相邻的道路为边界，边界道路上的交结口即为两个场所的“迁移点”，居民通过此路口穿梭于两个铺境单元间。可以通过改造路口景观空间、拓宽路口、设置观赏绿化与休憩设施等方式，强化“入口”与“边界”、增强铺境存在感的作用，同时为附近居民提供了户外交流活动空间，提升了景观美感(图 5-6)。

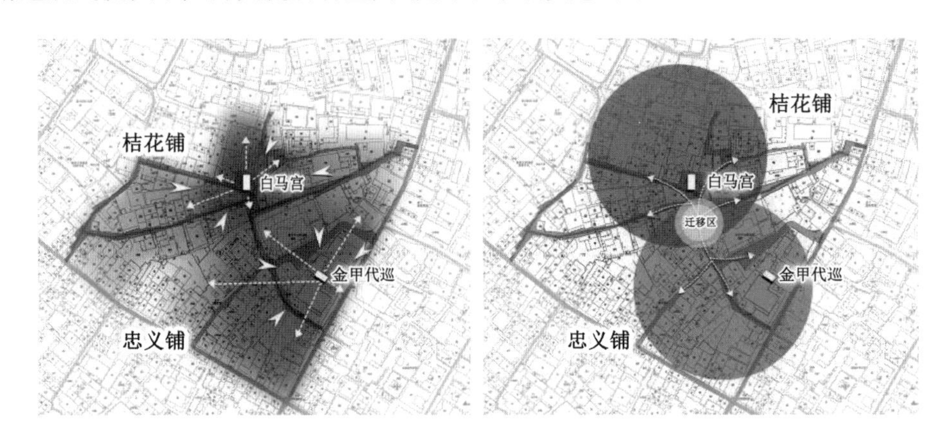

图 5-6　铺境的内聚力和外张力以及铺境之间的迁移点

C. 亚历山大说：“场所是自然环境与人造环境有意义聚集的产物，人们在场所中的定居不只是寄身于其中，还包括了心理与精神的归属，即心属于场所”。❷ 场所由不同形态、质感、色彩等特征的具体事物集合而成，这些具体事物共同决定了场所的特性。人们通过将意识与活动参与场所特性的体验中，能感受到场所更高一层的精神层面的独特“气氛”，这种“气氛”受到了场所特性的影响，又超越了环境实体形态的束缚，是对自然环境、建筑环境、人文环境的整体感受。C. 亚历山大认为，“空间存在着一种无名的特质，这是极为重要的特质，它是人、城市、建筑或荒野的生命与精神的根本准则”❸。“场所精神”就是场所的气氛或气质，是环境特性的整体概括化表现。

福建传统聚落的信仰空间作为民间信仰在传统聚落中的具体表现，在物质空间上包括宫庙、仪式空间、街巷道路等，是人造环境与自然环境的综合体，同时民间信仰与社会结构的变化都对信仰空间产生着影响，所以要研究闽南传统聚落信仰空间，应该在完整的体系中把握信仰空间的形成、发展与演变。

建筑现象学的考察方法是观察事物的本质，通过对诸现象的完整且准确的描述来发掘其中更具普遍意义的本质。因此，用现象学“存在空间—建筑空间—场所”的考察方法来考察一些典型聚落信仰空间中的空间特性，可以从信仰空间的空间构成与建筑的空间特性挖掘出聚落信仰空间的场所精神，从而得到对聚落信仰空间的保护与更新模式的启发。

5.3.1.2　石狮永宁卫三十二铺境

石狮永宁镇的古卫城不仅留存了极其丰富的民居建筑，还留存不少宫庙建筑，其中三十多个境庙极具地方特色，这些境庙与铺境文化相关。永宁古卫城分为三十二铺境，铺境制度同民间信仰相结合，每个铺境各自具有保护神，由该铺境百姓祀奉，这种社会行为最终成为以共同信仰为核心及纽带的聚落组织。

根据历史文献记载，明代地方政府在福建自上而下设置“隅、图、铺、境”作为较大城镇的行政管理划分，以管理户籍、征调赋税、传递政令、敦促农商❹。明清时期，随着对海防海禁的加强，泉州政府对基层的

---

❶ [挪]诺伯舒兹. 场所精神：迈向建筑现象学[M]. 施植明，译. 武汉：华中科技大学出版社，2010.

❷ 刘先觉. 现代建筑理论：建筑结合人文科学自然科学与技术科学的新成就[M]. 北京：中国建筑工业出版社，2008.

❸ [美]C 亚历山大. 建筑的永恒之道[M]. 赵冰，译. 北京：知识产权出版社，2002.

❹ 林志森. 铺境空间与城市居住社区：以泉州旧城区传统铺境空间为例[D]. 泉州：华侨大学，2005：20-22.

控制也不断加强，铺境制度就是在此期间产生的。同时，官方不断吸收民俗文化形式，新建宫庙，供奉具有典范意义的先贤、神明等，以教化民众。而民间通过模仿官方寺庙而兴建民间宫庙。由此，每个铺境在地缘组织的系统内部，产生并发展起各自的境主庙，境主庙中安置有祀神像神，象征了地缘性社区的主体。明代时期，永宁古卫城内逐渐产生各自的保护神，并在之后建造了相应的铺宫庙宇建筑。按"五门城头"划分卫三十二铺，每个铺都有各自的控制范围，并设立耆老及社首各1名。直至今日，聚落内仍保留大小宫庙三十余座，并拥有各自的保护神。

永宁卫铺境神的地域分布特征：各个区域铺境庙分布总体较为均质化，其中西门处与中部区域铺境庙较多且相对集中，小东门铺境庙最少且分散，且多为沿街分布。永宁卫的"铺境空间"作为永宁的传统聚落空间特征，实现了空间由公共性向私密性的分级渐变，从境主庙、街巷、厝埕，再到宅院，由外到内由公共空间、半公共空间、半私密空间，再到私密空间，层层递进，营造出强烈的领域感和归属感，体现出社区间的防御性，维持邻里关系的稳定(图5-7)。

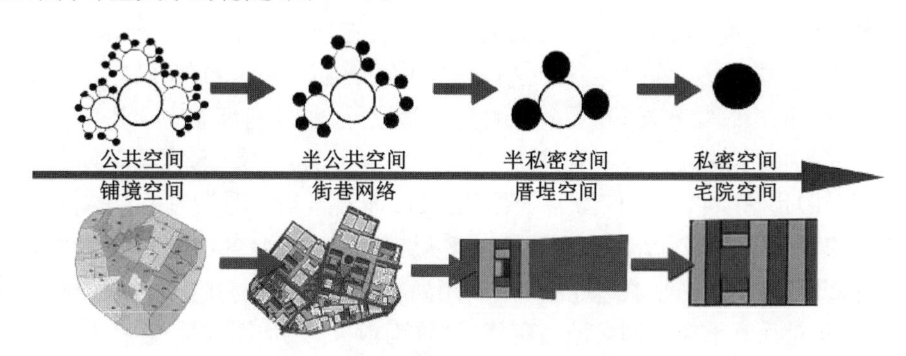

图5-7 永宁古卫城铺境空间层次分析

据《晋江县志》记载，永宁卫内明代形成的街道，至今大多基本保留原貌，但已极少保留商贸功能。据此划分出永宁卫主要道路网(图5-8)，并根据道路网排布、寺庙位置及其各个铺境的境界范围大致划分出三十二铺境的地理区域范围，其中，西门下营城脚的埔尾铺(真人宫所在)与龙顺铺的位置因缺乏相关史料记载而难以考据。另外，大东门地块的临水宫也已荒废，其位置也因缺乏相关史料记载而难以考据。

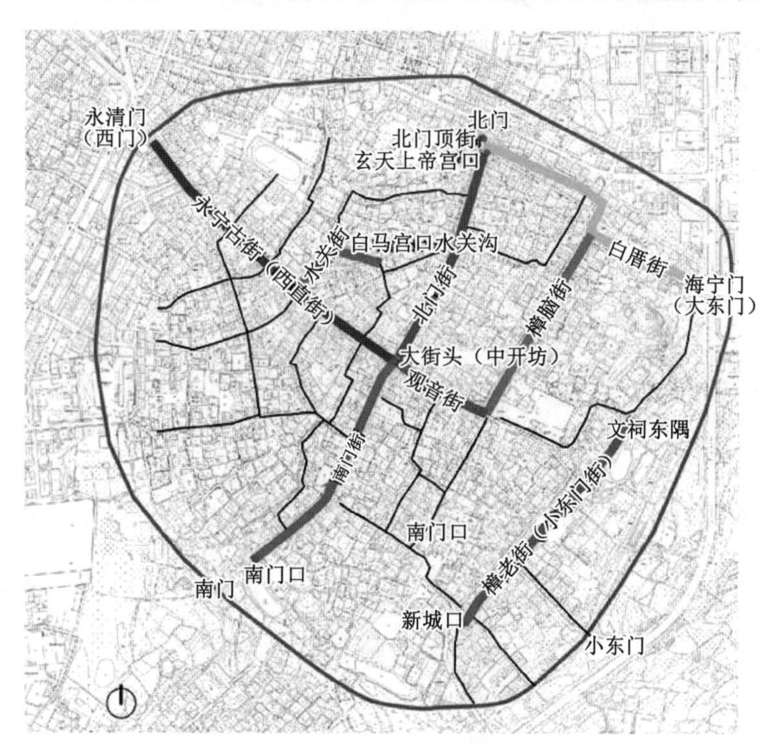

图5-8 古卫城内街道划分图

5.3.1.3 福全村铺境空间的形成

首先,福全村是一个“百家姓、万人烟”的古村落,特别是明初随着所城的建造、大量军户的入迁,加剧了人口的增长,与此同时,随着14世纪倭寇的频繁侵扰,使得周边村落的村民也融入所城中,以求得庇护。由此,古村落内流传着“十三乡入城”的传说❶。另一方面,在村域空间地理上,福全村内保留着十三镜的区块名称及其相应的保护神。面对这两组“十三”的数据,引发了许多学者的思考,这之间是否存在着某种耦合?两者都产生了怎样的文化景观效果?它对整个村落的空间形态又将产生怎样的变化?等等问题都值得深入的探究。

首先,对于“十三乡入城”可考的文献主要是流传在民间的口碑文献,其他文字性文献并没有相关记载。据唐代《通典》记载,唐代实行乡、里、保、邻的地方制度,晋江在宋代分为5乡、23里,元明两代改乡、里为隅、都。城内为隅,城外为都,实行隅、都、图、甲的制度。城内分为3隅,城外分为43都,共统135图,图各10甲。元明时期,福全所在的地域属于十五都,即现在的金井东南部与深沪的西南部,清代十五都拥有25乡,它们分别为南沙岗、陈山东、洋下、坑尾、石兜、上清、茂下、溜宅、溜湾、福全、后埯、石圳、进井(今晋井)、山尾、埔宅、莲厝、坑西、峰山、古安、龠下、乳山(今柳山)、吕宅、石井、西尾、坑前后❷。

针对“十三乡入城”的口碑文献,结合福全村的先贤蒋福衍、翁永南等老者口述,传说中的十三乡,是指十乡十三股,它们分别为围头、清沟、坡宅、曾坑、坑黄、科任、山尾、后埯、泽下、南江,其中围头乡分为两股,科任乡分为三股,因此,称为“十乡十三股”。据《晋江市地名志》载:围头为多姓的村落,明洪武二十年(1387年)江夏侯周德兴建造司城,周160丈、高1丈8尺,有南北二门,各建城楼,素有“城脚”之称;另外,围头正瞰大海,是南北洋舟船往来必泊之地❸。围头距离福全约5公里,由此可以推断:围头是一个重要海岸停泊之港,并且也是兵家重要防御之地。南江,又称南沙岗,因地滨海而得名。曾坑,因地势低洼而得名,此地居住着以举网捕鱼为主业的村民,该村落周边有座塔山,明代江夏侯周德兴曾于此山建造石塔。后埯背靠圳山面朝大海,位于福全村的东北侧,距离不足2公里。清沟与山尾皆为人口规模小的自然村落。科任又名浔江,村内留有许氏十世许岳镇建造的建筑群,即后城。❹ 对于坡宅、坑黄、泽下等乡的名称地方文献中没有出现,由此得出,这三个地名不属于“乡”一级,它们是比“乡”更低一级的自然村落。

其次,据《晋江县志》载:“《海防考》福全西南接深沪,与围头、峰上诸处并为番舶停泊避风之门户,哨守最要。《闽书》:福全汛有大留、圳上二澳,要卫也。”❺另外,大量文献表明:围头、深沪等地曾经是倭寇侵犯陆地的登陆点,而这两处中间就是福全所城,因此可得出:福全所城在东南至深沪、西南到围头的沿海区域的重要地位,它是守护该区域重要的军事要塞。而这个区域范围与上述的10个乡的范围基本吻合。由此,福全具备接待上述“乡”村民的能力,成为他们的庇护所。

再次,长期以来,为了抗击倭寇,在闽南地区形成了各个家族甚至几个乡联合起来,相互救援,以保障地方上的共同安全的联盟机制,如漳州沿海一带,所谓“凡数十家聚为一堡,砦垒相望、雉堞相连”“数十乡连为一关,合盟御敌”❻。因此,这样的联合机制也为“乡民”入城提供了存在的可能。

综上,地方行政建制、福全地理位置与军事功能及其地域抗倭中形成联盟的习惯等都预示,尽管没有直接的文字证明曾经有“十乡”的村民在倭寇来袭时曾经逃入福全所城以求得庇护的事件,但上述零碎的文献记载可以推断出“十乡入城”的可能性。

在闽南地区,乡类似于今天的村,村内往往因血缘或者地缘的关系自发形成一个个小团体,这种团体往往在某一方面存在着公共的利益,他们会为了这一利益结成联盟。因此,在上述传说的“十乡”中,也是以十三股的形式进入福全所城,而为了叫法的方便,人们习惯将其称为“十三乡”,再经过历代的流传,渐

---

❶ 吕俊杰,陈力,等.从“十三乡入城”看福全村的铺境空间[J].南方建筑,2010(3):86-89.

❷ 晋江市地方志编纂委员会.晋江市地名志[M].北京:方志出版社,2007.

❸ [清]周学曾.晋江县志[M].福州:福建人民出版社,1990.

❹ 晋江市地方志编纂委员会.晋江市地名志[M].北京:方志出版社,2007.

❺ [清]周学曾.晋江县志[M].福州:福建人民出版社,1990.

❻ 陈支平.近五百年来福建的家族社会与文化[M].北京:中国人民大学出版社,2011.

渐演变为“十三乡入城”的传说。在当地闽南语方言中，“乡”即是“村”，“十三乡”实指“十村十三股”。所以，因地域方言及其流传世间的原因，“十三乡入城”就混淆了原本的“十乡十三股”说法并流传至今。

但是不管如何，“十三乡入城”的传说，在福全所城内外都留存了大量的历史遗存，这些遗存在漫长的历史岁月中，不断被人为地改造加工，逐步形成了具有历史底蕴的十三乡入城的当代村落文化景观。即在所城外，至今尚有多处残存的厝基和残墙等遗存：福全所城西门外，有地名庵后，有多处残墙和厝基，原有一小乡村——礼家庄，目前有多处残存的厝石地基，有一镌刻“礼家庄”的摩崖石刻，民间有“火烧礼家庄”的传说。距福全所城西北方二里许，有地名东苏和井仔内。各有多处地基和残墙，据说东苏一带原有一个苏坑乡，城外多处残存地基❶(图 5-9)。

仙脚印

礼家庄

图 5-9　福全西门外遗存

如何分析聚落中的铺境文化实践与空间生产关系？本书尝试用“场所论”进行简要分析。

5.3.2　场所论视角下的永宁卫聚落铺境空间的形成与演变

5.3.2.1　“定居”与“营建”

在传统社会中，“神性”元素的重要性毋庸置疑。人类创造世界的方式大多都依据文化、社会，尤其依据人类的宇宙观来对环境进行改造。在此过程中，人类遵循神化的模式，区分并建造不同的神性空间，由此来确定环境是已开化的、可居住的，这便是“营建”的过程，从而达到“定居”的目的。通过对环境的“神化”，使环境变成相对“有秩序的、熟悉的、受护佑的”，从而从中获得安全感与归属感。“未开化”的环境则是“外面的世界”，显得混沌和陌生。这种神化方式需要通过一些仪式来完成，人们通常将自然环境中的要素转化为具有神化意义的自然景观，不同地区的人们神化环境的方式也不同，其中常见的比如风水的定位或选址。

中国传统社会的“风水”观念是因人与环境的生存关系演化而来的，强调人与自然的和谐。在信仰空间的营造上面，这一观念更是淋漓尽致地被体现出来。其中最典型的是永宁城隍庙，它位于古卫城的最高处，而永宁古卫城的地理位置得天独厚，背靠群山，面朝海港，其整体地形走势为东西两边高、由北向南

❶　许瑞安. 福全古城[M]. 北京：中央文献出版社，2006.

倾斜，地貌类型以台地、冲击海积平原为主，地形由丘陵、台地、平原组成，呈阶梯逐级升高，城内有三山，即娘妈山、象山、莺山。其中，象山形如伏象，位于永宁城隍庙后方，成为城隍庙的靠山。城隍庙背靠象山，面朝深沪湾，而深沪(首峰村)的三个土坡，又形成案山，由此，使得城隍庙中的神明城隍爷笑瞰世间百态，保佑永宁一带百姓安宁。

另一种聚落文化空间神化方式是通过建造民间信仰文化景观来达到的，这种手段较为直接。“乡土宗教景观是指那些受到宗教或精神的影响而兴建的建筑要素，主要包括各类庙宇及英雄景观，其特征是可以从外在的物质环境和内在的心理环境完成双重环境的神化”❶。如古代永宁卫的居民通过在聚落内外设立民间宗教信仰景观的手段来区分“可居住”的与“未开化”的环境。明代时期官方按照“五门城头”将永宁卫城划分为三十二铺，并从民俗文化中吸收具有范式意义的文化形式，设置寺庙供奉神明，各铺境内逐渐产生各自的保护神，民间随后模仿官办的寺庙建造了相应的铺宫庙宇建筑，直至今日，聚落内仍保留大小宫庙30余座。

用来神化环境的民间信仰文化景观通常都伴随有特殊的神话故事或传说来赋予其神性意义。如以位于永宁卫城内南门境的鳌南天妃宫为例，宫内祀奉妈祖，相传始建于宋代。古时，商船沿梅林港驶入南门装卸货物，其中从海澄北行至浙江、江苏、天津的“上北”航线，到晋江必须祭拜“围头妈祖、永宁天妃、松系(祥芝)土地、大队(坠)妈祖”。从当年永宁天妃宫香火之盛，也可推知永宁港在南来北往航线上的重要位置。祈福禳灾的社会心理往往使人们对民间祀奉的神明赋予佑护信众的职能，民众基于实用性而对众多已有的神明进行选择、幻想、改造，来期望他们帮助自己解决生产生活中的各种困难。如原本驱邪的门神、地域性的土地神、城隍神等，都在传承演变中成了保佑地方安宁和祀奉者的善神。

这种通过在环境中进行神化仪式、建造民间宗教信仰文化景观来改造环境，并对环境赋予传说、神话，从而赋予环境神性意义及价值的行为本质即营建的过程，人们通过对环境的“营建”使之从混沌的、无秩序的环境转变成为有秩序的、可居住的神性的场所，从而得以定居❷。

5.3.2.2 “中心”与“认同”

传统聚落社会里的永宁居民通过建造民间宗教文化景观的方式来神化乡土环境，这种方式即受到宗教和精神因素的影响，在环境中建造建筑要素。故各类宫庙成为永宁居民对于物质环境和心理环境这两方面赋予神性化改造的突出特征。神性的环境成为有秩序的、有神护佑的、有意义和可居住的环境。在这样的场所中，各类宫庙建筑自然成为所在地域这一场所的“中心”。

早期官方的铺境单元的划分，并不是出于对邻里交往的考虑，只是单纯地从制度和地域上限定了铺境范围和所辖居民。如永宁卫传统铺境制度通过民间化和世俗化的改造，转化成为以民间信仰为基本架构的非官方模式的铺境空间，各铺境区域内都有一座境主庙，并由境主神护佑该铺境百姓的生活生产。每个铺境的居民各自祭拜自己的境主神，以铺境庙为中心开展祭祀活动，境主庙成为他们的空间意向中的领域中心所在。在社会发展过程中，境主庙也发挥出处理百姓纷争、震慑居民思想等社会职能。各个铺境的铺境庙所承载的民间信仰力量发挥了强大的整合功能，凝聚了社会组织力，巩固了社区的社群关系，促进了居民的社会交往。可以说，境庙是作为信仰中心和生活中心的双重中心存在于铺境中的。

传统社会中有许多有关创造和界定地区、聚落“场所”的乡俗乡规。例如，永宁古卫城的正月初九是重大的拜天公节日，宝盖山方圆数十里村民破晓前供奉天公，之后成群结队赴虎岫寺参加“游春”庙会，在完成祭拜仪式后，人们攀崖登峰、登塔望海来确认自己的生活环境。再如，每逢元宵节，城隍庙举办花灯展猜灯谜活动，家家门口，花灯灿烂，人们手提花灯，成群结队，走街串巷，称之“游灯”。又如，每近中秋节，姑嫂塔下各村儿童便在门前以瓦片堆砌小塔，塔高3～4层，中秋之夜人们即在塔仔各层点上小红烛，孩子们成群结队互相嬉戏。永宁特有的铺境制度同民间信仰相结合，每个铺境各自具有保护神，每逢神诞之日，居民则在寺庙中举行隆重的庆典仪式，并通过“巡境”仪式明确自己所属区域的边界，以及确认自

❶ 沈克宁. 乡土环境中的几个文化问题[J]. 建筑师，1994(56)：54-60.

❷ 沈克宁. 建筑现象学[M]. 北京：中国建筑工业出版社，2008.

家通往铺境庙的路径，通过这种“定向”的活动来强调铺境区域的自主性与一体性。

这些祭神活动的本质就是对自己所居住的环境、场所的确认与再确认的活动，从中不断明确自身与家园的关联后，获得安全感和归属感。段义孚认为：“场所就是一切能够引起人们注意的固定物体的地方。”❶个体真正地去感受一个场所需要日积月累的累积生活经验。所以在一个环境中生活，人们在情感和居住的意义上对场所的体验比场所提供给人们的物质信息更为本质。永宁古卫城的居民通过对家园环境的“认同”和“定向”活动，在聚落中从精神、心理、社会、空间与功能上不断发展和健全自己对聚落以及更广阔范围的“营建”，从而得到更好的“居住”环境体验。

5.3.2.3　“方向”与“路径”

永宁卫城的街巷因为整体呈八卦状，所以又被称为八卦街。南北向和东西向的两条相交的主要街道，它们共同构成了整体布局的十字形轴线，一条是东西走向的永宁“老街—观音街”，另一条是南北走向的“北门街—南门街”，两街相交于位于永宁中心的“中开坊”，成为整体布局的核心节点。据《晋江县志》记载，永宁卫城内明代形成的街道，至今大多基本保留原貌，但已极少保留商贸功能。据此划分出永宁卫主要道路网(图 5-10)。除了南北与东西的主要道路以开敞的十字形式相交，永宁古卫城内的其他次要巷道连接形式多为丁字形交接，很少出现开敞的十字的路口。丁字路口的出现一方面受到建筑环境的限制，另一方面则是出于聚落内部的防御性目的有意设立的，当人处在丁字路口时，无法获得“前方”活动方向的信息，人很容易迷失方向。卫城内的居民久住于此，对于复杂的街巷网络熟门熟路，然而外敌侵入古城内部时往往迷失方向，被困其中，从而体现防御功能。

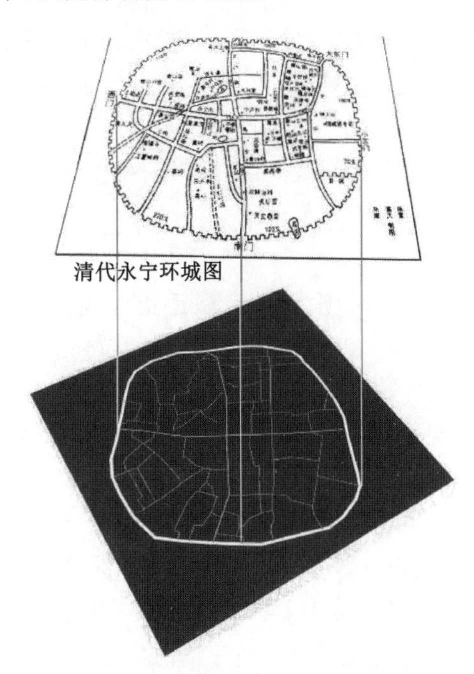

图 5-10　永宁卫主要道路网

“垂直性”的路径则展现为神性向度。永宁卫城内的主要道路连接了聚落居民的家与神庙，在人们心中形成了通往场所中心的方向。永宁卫城宫庙建筑中最为典型地体现出这种中心和方向关系的是慈航庙与观音街。慈航庙坐落于观音街最东南端，面朝西北，其中轴与观音街基本重叠，可以说观音街是慈航庙中轴的延伸。由于慈航庙所处地势较高，故观音街自西向东有多处上升的台阶，整段路呈向上攀登的趋势，将行人引向前方至高的终点——慈航庙。如此结合了垂直向上的力与水平轴线的空间组织形式将慈航庙的庄严与神圣展现出来(图 5-11)。

---

❶ Yi-Fu Tuan. Space and Place[M]. London: Edward Arnold, 1977；[美]段义孚. 空间与地方：经验的视角[M]. 王志标，译. 北京：中国人民大学出版社，2017.

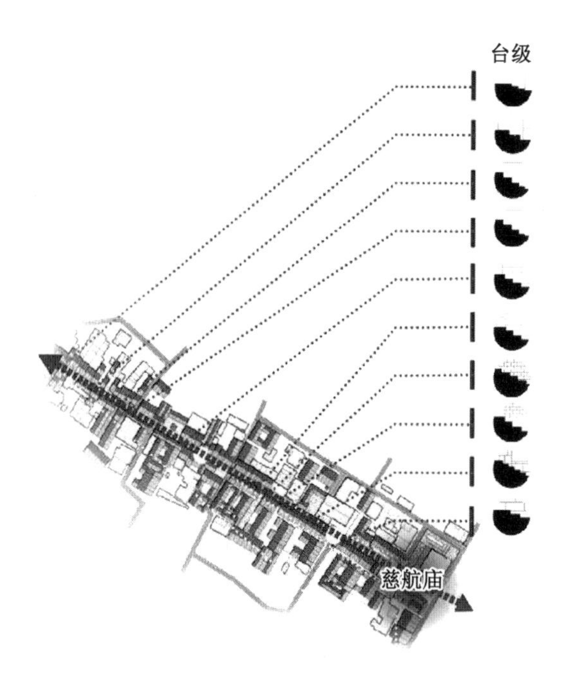

图5-11 永宁卫慈航庙的路线与轴线关系

永宁古卫城的道路将各个铺境与铺境结合成紧密的整体，当人们离开家，前往境主庙时，是路径串联起了出发点与目的地，当人们走出铺境范围，路径又成为人们在环境中定位的线索。路径在已知处和未知处之间是蕴藏着紧张的，出发与返回运动的这两种状态把空间分割成内侧与外侧，人们很容易把路线考虑为出发点与目标的趋向，出发点与目标明确的可知路线，相应地具有强烈的同一性，有助于环境结合成整体，使观察者可以判断自己的位置。

5.3.2.4 "区域"与"领域"

区域指场所占据一定的空间领域，领域则由闭合性、近接性及类同性所决定。永宁古卫城因独特的铺境制度使得环境被分割成不同的领域。铺境边界划分虽然受到历史上主要道路分隔的影响，但在聚落形态中并未体现明确的边界标志，境界范围更多地存在于各铺境神在信仰者心中的辐射范围，成为一个个小型的祭祀圈，因此各领域间多见空间交融的情景。传统社会铺境间的居民生活常常表现为独立状态，铺境内部的居民无论是举行祭祀活动，还是婚丧事宜，一般都以铺境为单位独立完成，很少与境外居民相联系，铺境间居民的交往比较淡漠，领域感强烈。现代社会的铺境空间正逐步向社区邻里空间转变，依靠铺境内外居民的活动交往所产生的活力成为铺境生命力的保障。

铺境空间虽基于古代行政区划的空间领域分割，但当地民众通过共同信仰及集体举行的神明祭拜仪式，共同面对灾病、纷争等日常事务，在此过程中居民在情感意识与共同利益上逐渐达成一致，这种由神缘获得的认同感和归属感使得地方民众对古卫城空间的理解在社会发展进程中逐渐转化为传统生活空间区划的概念。现在的永宁卫城铺境"区域"，展现为以共同的神明信仰为精神核心、以街巷网络为骨架的层级单元区域形态。

5.3.3 乡村景观规划创新视角的福全村一铺十三境

5.3.3.1 福全十三境文化景观空间特色

福全村所在地域自宋初，始分乡、里，元、明以来复有坊、隅、都、甲之制❶。福全村内至今保留着十三境，每个境都供奉着各自的保护神。这些铺境宫庙是在铺境地缘组织单位的系统内部发育起来。在各个

❶ 林志森.基于社区结构的传统聚落形态研究[D].天津：天津大学，2009：210.

境单元中，每个境庙都有作为当地地缘性社区的主体象征的祀神，民间信仰与铺境制度的相互结合与渗透对传统社区空间产生深刻的影响。

铺境空间的形成过程深受民间信仰的影响，处处留下民间信仰的印记。从当时朝廷的角度来看，这是为了加强地方社会的控制，但从民间的角度出发，铺境制度同民间信仰的结合，使官方的空间观念为民间社会所扬弃，形成一个新的空间划分体系。在此过程中，特定的信仰在特定区域内获得居民的普遍认同，村落空间被重新整合，形成具有明确的区域范围、固定的社会群体以及强烈的心理认同地域性社会——空间共同体，对福全村、所城空间形态与村落意象产生深刻的影响(表 5-3)。

表 5-3 福全十三境文化景观概况

序号	境名	境域范围	保护神庙	境主神明	备注
1	育和境	由北门城头至街头	帝君公宫	保生大帝、玄坛公	
2	迎恩境	由西门至街头	杨王爷庙	杨王爷	
3	泰福境	泰福街一带及林厝、翁厝	土地庙	福德正神土地公	
4	东山境	临水夫人庙至苏厝及赵厝	临水夫人庙	临水夫人	
5	游山境	所口埕和所后	尹、邱王爷庙	尹王爷、邱王爷	已废
6	文宣境	文宣街	舍人公宫	舍人公	
7	英济境	庙兜街	朱王爷庙	朱王爷	
8	定海境	东门内，帝爷宫口至南门土地宫	下关帝庙	关圣夫子	
9	威雅境	南门四房一带	南门土地庙	土地公	
10	嵋山境	卓厝崎至报公祠	四王爷宫	四位王爷	已废
11	镇海境	虎头墙至风窗竖	观音宫	观音菩萨	
12	宝月境	风窗竖至南门	大普公宫	大普公	已废
13	陈寮境	南门留厝	保生大帝庙	保生大帝	

资料来源：许瑞安. 福全古城[M]. 北京：中央文献出版社，2006.

5.3.3.2 从民间传说到村落神缘空间交融

福全村形成过程中的“十三乡入城”的传说已经无法考证了，但传说带来了周边乡村人口涌入福全古城的事实，使本已经复杂的古所内部血缘关系变得更为复杂，实现了血缘关系的大交融。众所周知，宗族就是以血缘关系为纽带而形成的社会群体，宗族血缘关系的组织使得聚落获得“整体性”和“领域性”。从聚落形态看，一个血缘宗族聚居成为一个聚落，往往表现为以各级祠堂为中心，建立起以宗法制度为背景的生活秩序以及相应的空间结构。修建祠堂，主要用以供奉和祭祀祖先，商议解决族内大事，“上聚祖宗之灵爽，下联子孙之繁衍”。宗祠是宗族的精神中心，在聚落空间(物质空间和心理空间)中总是占据最重要的地位。血缘型聚落大多层次清晰而严密，大型村落的祠堂往往有等级建制，包括宗祠(族祠)、支祠和家庙(祖厅)等。村落布局主要以宗祠为中心展开，在平面上形成一种由内向外生长的格局，但同时由于祠堂的控制作用，聚落形态也表现出明显的内聚性和向心力。

对照之下，福全村的生长过程就是由一个个分散的血缘小聚落逐步演变为一个大聚落。而在这一过程中，十三乡入城的传说无疑是推动这一大融合的关键因素，它为“百家姓，万人烟”创造了条件。福全所城内现有的居住模式就是以血缘型聚落为模式凝结成的小型聚落，而这一系列小型聚落内都有各自的主要姓氏和祠堂，这些祠堂成为小型聚落的中心，营造出具有浓郁宗族特色的聚落空间文化。与此同时，在神明的层面又存在一个以境神庙宇为中心的境域空间，当这两种空间叠加时，可以得出：血缘与神缘叠加的网络体系。在这个网络体系中，每个境各成一个小型聚落，聚落内有各自的主要姓氏和祠堂，分别为各聚落的居住核心。除主要姓氏外，每个境其他的姓氏种类都很少，大都为后迁的居民。所以每个境居住的特征非常明显，是以宗祠为中心的血缘型聚落(表 5-4)。

表 5-4 福全村血缘与神缘叠加的社会信仰网络体系

序号	境名	主要姓氏	其他姓氏	宗祠与祖厝	保护神庙
1	育和境	蒋		蒋氏宗祠、蒋氏祖厝	帝君公宫
2	迎恩境	蒋	杨、黄、林、赵	黄氏祖厝、赵氏祖厝	杨王爷庙
3	泰福境	张	陈、林、翁	陈氏宗祠、林氏家庙、林氏祖厅、张氏祖厝、翁氏祖厅	土地庙
4	东山境	刘	赵、吴	刘氏宗祠、陈氏祖厝、苏氏祖厝	临水夫人庙
5	游山境	王	陈、张	射江陈氏宗祠	尹、邱王爷庙
6	文宣境	何	张、李、翁	何氏祖厅	舍人公宫
7	英济境	陈	尤、王、郑、曾	尤氏祖厝、郑氏宗祠	朱王爷庙
8	定海境	陈	许	许氏祖厝	下关帝庙
9	威雅境	陈			南门土地庙
10	嵋山境	卓	郑、曾、陈	卓氏宗祠	四王爷宫
11	镇海境	陈	曾、林、卓	陈氏宗祠	观音宫
12	宝月境	留	陈	留氏祖厅	大普公宫
13	陈寮境	陈	留	陈氏宗祠	保生大帝庙

由地缘群体为主要成员组成的聚落，称为地缘型聚落。地缘型聚落一般为多姓氏村落，每一姓氏达到一定规模后，其内部相应产生宗族组织的某些特征。但这种宗族性在整个地缘型聚落中已不再具有统领整个聚落的权威作用。地缘型村落是一个多族群组合的社会单位，每个住区为一个相对稳定的邻里单位。各个族群共居一地，相互协调和制约、平衡发展，是居民理想的聚居状态。这种地缘型聚落布局不再按照以某一祠堂为中心的方式进行，而是根据街区形成多中心的布局特征❶。在福全村中，因所城军事的需求，造成了古村落内部血缘本身的混杂，再加上“十三乡入城”的传说，进一步促使不同姓氏的人群逐步向同一个具有某种优势的地点：福全聚集，由此形成了地缘型聚落。

“十三乡入城”和“十三境”在数字上的吻合，引发我们对“乡”与“境”可能一一对应的推想，福全古村被划分为13境，每个境除了原有居民外，接纳了从“城外”迁入的13股新居民。从表5-4可以看出：(1)有5境的主要姓氏为“陈”，主要集中在古村落的南部，靠近南门土地庙周边，则为陈氏纯血缘的小聚落，除此之外，陈姓还分布在村落的中部等其他4境中，此外，还有1境保留“陈氏祖厝”，说明福全村的主要姓氏中陈姓占据一定的地位。(2)蒋氏集中在北门与西门的育和境、迎恩境两大境内，且相对集中，边界较为明确，因此，蒋氏也是该村落重要的姓氏之一。(3)大约在9境内具有2个姓氏以上，说明福全村从“血缘型聚落”向“地缘型聚落”的转变，最终形成血缘与地缘相结合的“神缘型聚落”❷。

地缘型的聚落使得福全村的空间形态呈现出街巷轮廓清晰、区段分明、多中心的特色。具体而言，福全的街巷呈现非常明确的丁字形格局，其北门街、西门街、南门街、庙兜街等街巷平直、轮廓清晰，整个村落围绕这些明确的街巷形成一个个区块，而每个区块又呈现出境域神缘与宗族血缘双重特色，即街巷分成地块，地块形成境域，每个境作为一个居住单位，再由十三境组成的整个村落。在这一过程中，整个村子就相当于一个地缘型聚落，而其中每个境就相对具有神缘型与血缘型的意义。每个境都有各自的中心——境庙与祠堂主姓，各个境综合起来又形成了一个大的整体，这个大的整体由多个中心组成。而多个中心就是其神缘与血缘的中心，即境主庙与祠堂建筑。

在闽南地区，人们大多以血缘为纽带，以姓氏(宗族)为主体形成了“血缘型聚落”，血缘型聚落的标志性建筑就是祠堂。然而，闽南地区地处东南沿海，明清时期多受倭寇和海盗侵扰，为了保护自己的家园而筑起“南海长城”，福全所城除了原有的居民外，又有“十三乡入城”，逐渐形成了地缘与血缘兼顾的复合型聚落。在民间信仰发达的闽南地区，共同的民间信仰使不同血缘的居民产生凝聚力和认同感的动力，“地

❶ 李晓峰.乡土建筑：跨学科研究理论与方法[M].北京：中国建筑工业出版社，2005.

❷ 吕俊杰，陈力，关瑞明.从“十三乡入城”看福全古村的铺境空间[J].南方建筑，2010(3)：86-89.

缘”的范围从“境”中可以看出，每个境内都有一座供奉民间信仰“神明”（一个或多个）的境庙，因此，福全又是“神缘型聚落”。

综上，从“十三乡入城”的传说到十三境的文化信仰景观，村落空间在这一系列的文化诱导下形成了散布于古村落内的相对均质的行政管理与民间信仰交融的独特的空间模式。这一模式是以地缘社区为中心的网络，而该网络在“十三乡入城”的传说下，逐步与以家为中心的血缘网络、以神明为核心的神缘网络一起编织成覆盖整个村落的网络体制：血缘、神缘、地缘交织的网络体系，“十三乡入城”的传说以其多姓氏的、多信仰的人流因素推动了三张社会信仰网络的交融。

6 闽海宫庙建筑营造技术分析

6.1 按照建筑平面与深井围合关系分类

纵观整个闽海宫庙建筑,其建筑平面与传统民居较为类似,多来源于民居建筑,呈现出生活化与世俗化的特色。但因其文化信仰的缘故,形成了独特的祭祀活动仪式空间,多有供奉神像的内室、拜殿、外廊等组成,部分庙还布置有轩亭、配殿、广场等。

按照单体建筑与深井围合来划分建筑平面的形制,即单殿型、三合院型、二进或多进型、复合围合型、复合开放型等。多元的庙宇类型对于丰富闽海传统聚落的空间特色具有非常重要的作用。

6.1.1 单殿型

单殿型,即平面简单,仅为一间殿堂。在闽海传统聚落中,这类庙宇的数量相对较多,但根据其附属建筑的情况,可以进一步划分为带附属空间的单殿式、不带附属空间的单殿式以及围合单殿式等类型。

(1) 带附属空间的单殿式

带附属空间的单殿式是指宫庙为单落或一进,在其前加拜亭,或在其旁建附属的小型建筑,如晋江福全村中的泰福街土地庙、两座保生大帝庙、下关帝庙等,石狮永宁卫城的五显庙、包公馆、金甲代巡、鳌城石将军府、南门土地庙、鳌城三王府、三清宫、四位王府、鳌东古地、霁霞池王府、鳌南天妃宫、六姓王府、萧王府等,金门金沙镇后浦头村川德宫、金门金城镇武帝古庙、德化浔中镇龙泰(龙图)村的龙图宫等。

其中,德化浔中镇龙泰(龙图)村的龙图宫历史悠久,自宋至清代有重修,主祀张公圣君。现存建筑主体为清代遗构,无附属建筑、木构、歇山顶、斗拱,梁架结构简单,占地 140 平方米。殿内保存有清光绪三十三至三十四年(1907—1908 年)该村民间艺人孙为创绘制的"八仙""虎啸""云龙吐水""龙凤朝牡丹""异花艳菊""百福招来""千灾送去"等壁画和一些柱梁画(图 6-1)。

图 6-1 德化龙图宫

再如,永宁古卫城中的南门土地庙占地面积最小,仅 16 平方米,入口处为简易的拜亭,单殿西南侧为焚香炉。而开坊赵帅府,面临永宁老街,布局较复杂,内室主祀赵元帅,从祀五丈夫子、福德正神、关圣夫子,拜殿放置桌案、八仙桌、香炉等,角落放置简易焚香炉,拜殿与老街仅一扇铁门之隔,视线通透。另外,鳌城石将军府、永宁五显庙、霁霞池王府等都在入口处带拜亭,在空间层次上更为丰富。

综上，这类宫庙规模一般较小，布局简单，造型相对朴实而美观，有装饰，屋顶形式因附属建筑，如拜亭等，而呈现出较为丰富的形态，多采用主殿硬山加拜亭歇山，或都为歇山式(表 6-1)。

表 6-1 单殿型格局宫庙建筑

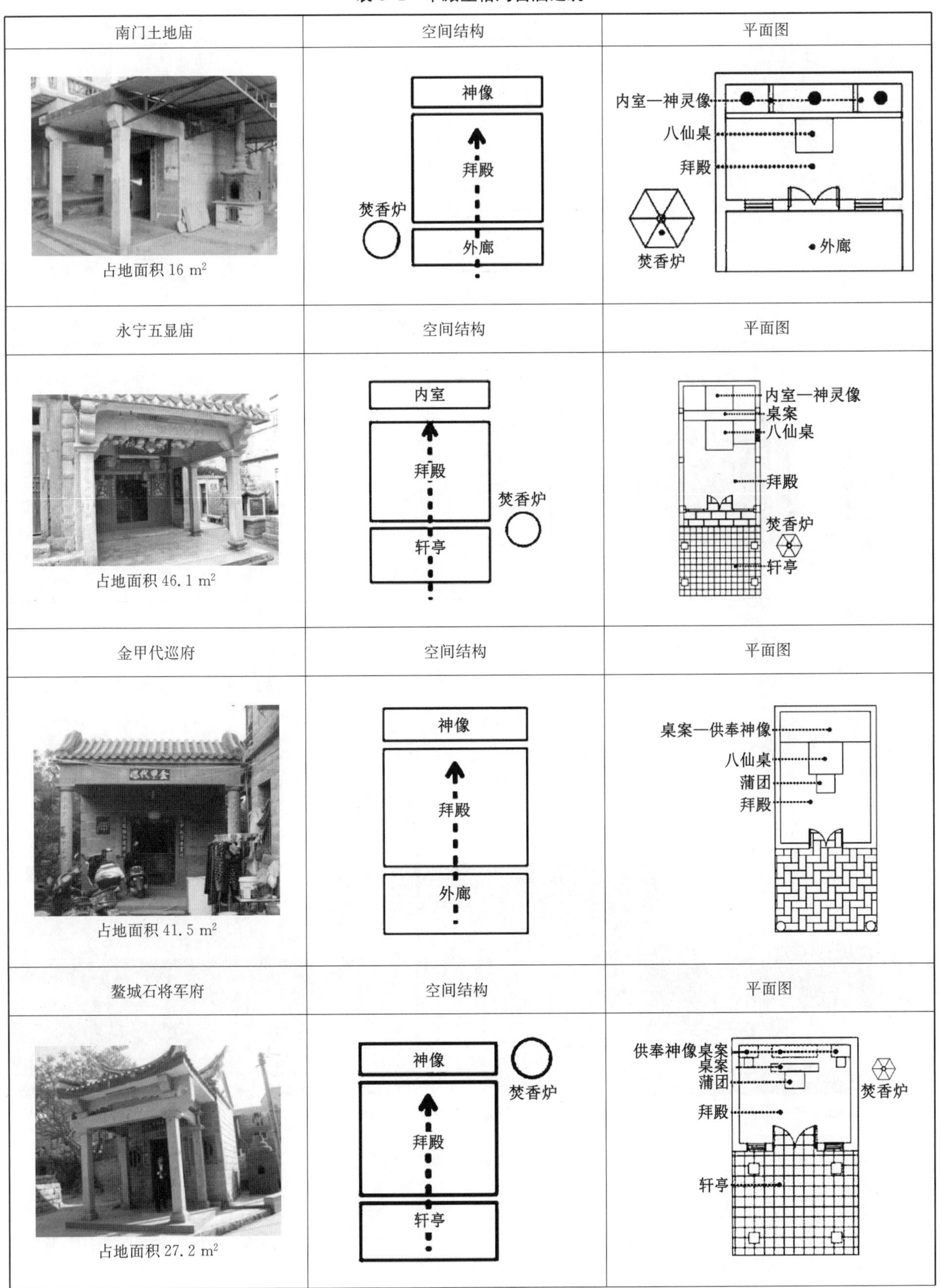

南门土地庙	空间结构	平面图
占地面积 16 m²	神像 拜殿 焚香炉 外廊	内室—神灵像 八仙桌 拜殿 焚香炉 外廊
永宁五显庙	**空间结构**	**平面图**
占地面积 46.1 m²	内室 拜殿 焚香炉 轩亭	内室—神灵像 桌案 八仙桌 拜殿 焚香炉 轩亭
金甲代巡府	**空间结构**	**平面图**
占地面积 41.5 m²	神像 拜殿 外廊	桌案—供奉神像 八仙桌 蒲团 拜殿
鳌城石将军府	**空间结构**	**平面图**
占地面积 27.2 m²	神像 焚香炉 拜殿 轩亭	供奉神像桌案 桌案 蒲团 焚香炉 拜殿 轩亭

续表

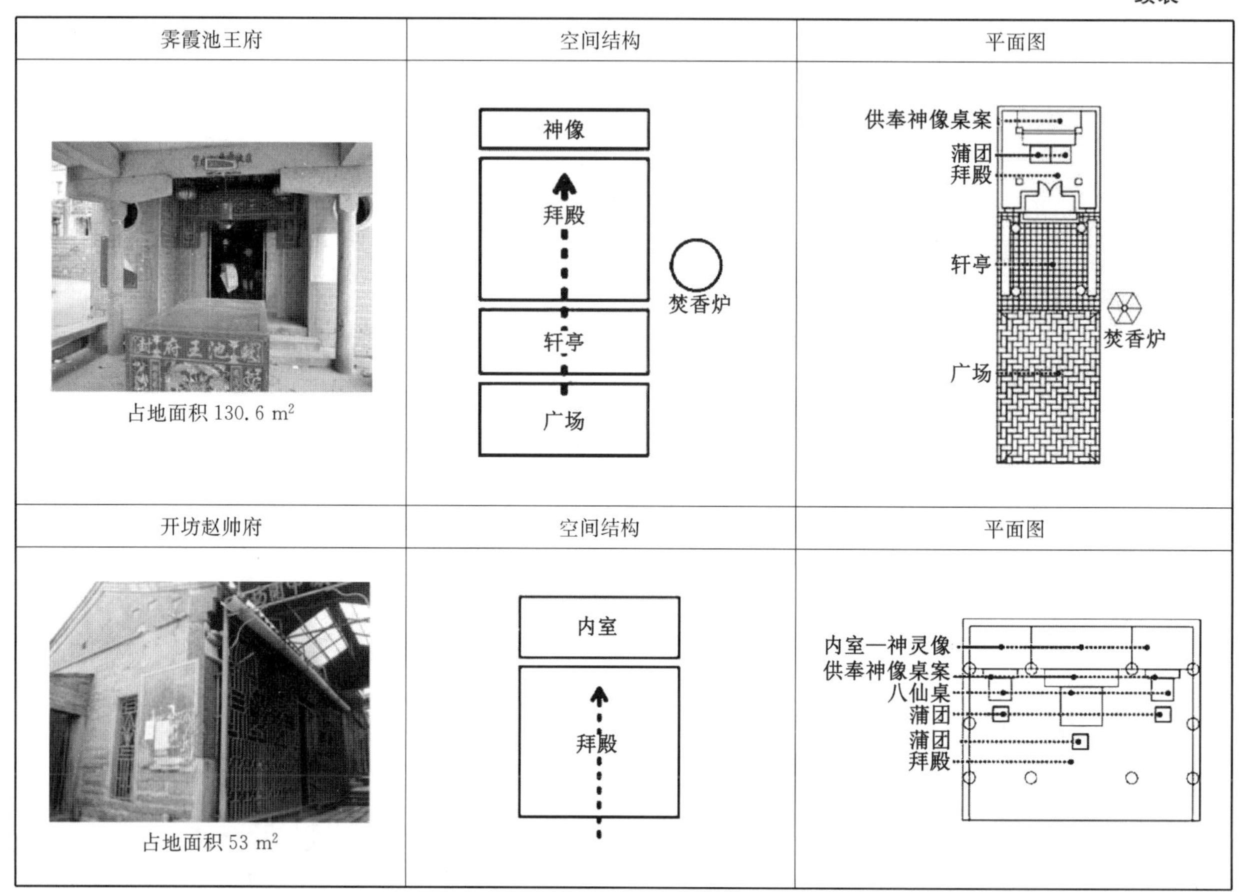

雩霞池王府	空间结构	平面图
占地面积 130.6 m^2	神像 拜殿 轩亭 广场 焚香炉	供奉神像桌案 蒲团 拜殿 轩亭 焚香炉 广场
开坊赵帅府	空间结构	平面图
占地面积 53 m^2	内室 拜殿	内室—神灵像 供奉神像桌案 八仙桌 蒲团 蒲团 拜殿

(2) 不带附属空间的单殿式

不带附属空间的单殿式是指不带附属性的建筑物、构筑物的宫庙，这类宫庙往往是因为地形条件的限制，致使宫庙前附属设施的减少，较为典型的如永春一都石开殿与永春黄沙村衡龙宫、永春岵山镇铺上村南山宫、永春横口贵德(盖竹)村水尾宫、南靖县梅林镇长教西墘甲、金门金城福德宫、金门烈屿乡黄厝村关公庙、晋江福全南门街土地庙、朱王爷庙、庙兜街土地庙，石狮永宁小东门土地庙、西门土地庙等均属于这一类型(图 6-2)。

铺上村南山宫

长教村西墘甲

金门金城福德宫

图 6-2　不带附属空间的单殿式

其中，西墘甲是一处祀奉“民主公王”的宫庙，位于南靖县梅林镇长教村旁。宫的形制奇特，规模极小，而香火极盛。宫上横书“西墘甲”三字，下有嵌字对联：“墘山安明公，甲水圣贤王。”分嵌“墘甲”与“公王”。宫后为卵石砌成的交椅状三圈护山，类似坟墓样。

而对永春一都石开殿与黄沙村衡龙宫、晋江福全南门街土地庙与庙兜街土地庙、石狮永宁小东门土地庙与西门土地庙平面进行分析，得出这些宫庙供奉的神明神格相对较低，布局多非常简单，面积多为2～5平方米，室内空间狭小，信仰者不能入内，高度多在1.8米以内，装饰非常简单，且神像体量小，多不布置焚香炉或者焚香炉用铁桶替代(图6-3)。

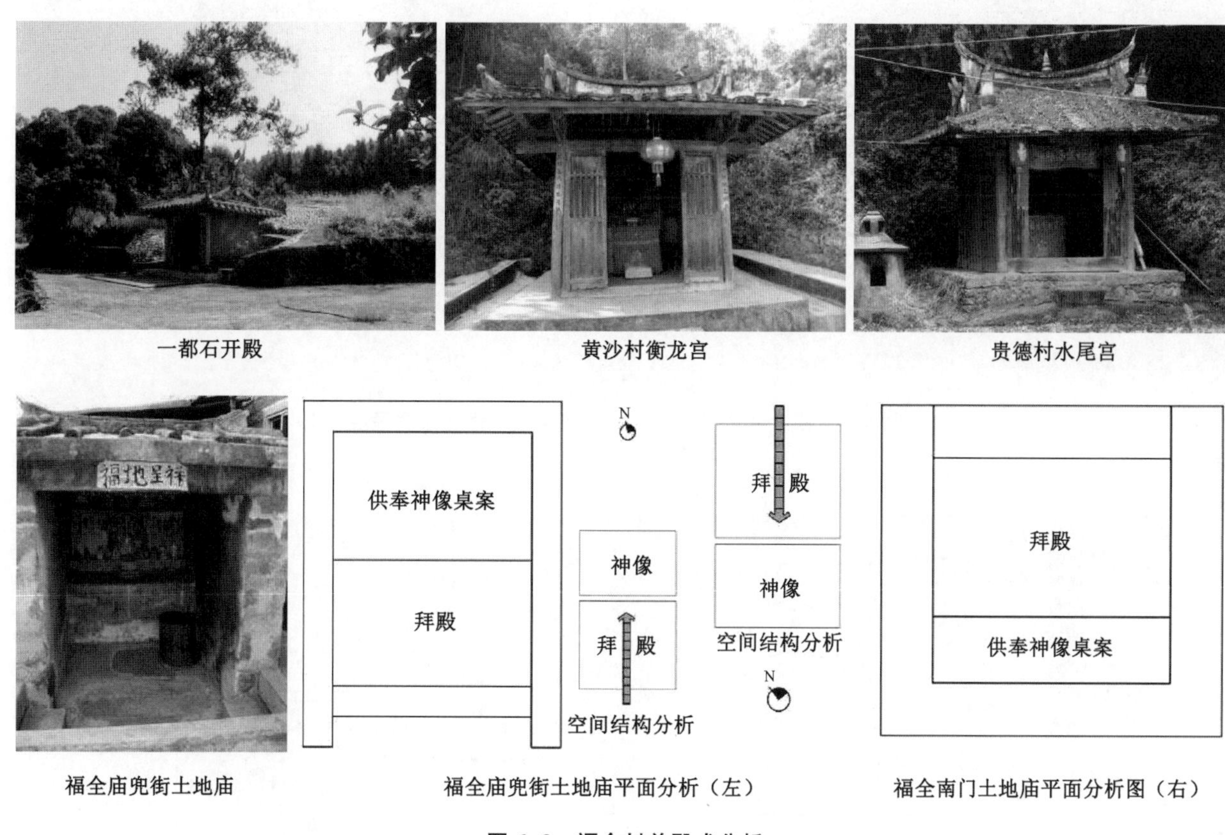

图6-3 福全村单殿式分析

福全村北门、南门的两座保生大帝庙都在单殿前附小广场的布局形态，单殿内部则较杨王爷庙复杂，空间划分为祭拜厅与内室两部分，两部分空间用隔墙分隔，内室供奉保生大帝神明像，其中北门保生大帝庙隔墙为木质，格栅式门、窗，一般信仰者是无法入内的。南门保生大帝庙的隔墙为砖石墙体，中央开设花格窗，两侧开圆形拱门，信仰者可以入内。两座庙宇的祭拜厅相对内室宽阔，中央置桌案、八仙桌，上悬挂天宫炉。北门保生大帝庙的祭拜厅与室外空间用矮的栅栏、栅栏门加以分隔，由此使得拜厅空间相对开阔，光线较为明亮，而南门保生大帝庙拜厅与室外用砖墙隔离，墙体中央开设大门，两侧布置有八角形简易的螭虎窗，并且大门外置外廊，建有简易的轩亭，布有小广场，整个南门保生大帝庙空间序列清晰，层次明确，室内外界线分明，有封闭私密空间(内室)、半封闭公共空间(拜殿)、半封闭半公共空间(外廊)、开放公共空间(小广场及简易轩亭)(图6-4、图6-5)。

综上，这类宫庙建筑的布局大多较简单，规模较小，建筑风格朴实无华，缺少装饰，屋顶有平顶、单坡、悬山、硬山、歇山等样式。

(3) 围合单殿式

围合单殿式是指单殿型宫庙由院墙围合，形成封闭的院落空间。这类较为典型的有福全的观音宫与临水夫人庙、永春湖洋镇吴岭村璜堂宫、永春锦斗镇长坑村琴龙宫、德化水口的淳湖古村英灵庙等。

其中，璜堂宫也称璜堂境，是湖洋吴岭璜堂境地方的本境神庙，祀奉“大使公”司马圣侯、先祖妈等本境崇奉的神明。琴龙宫位于锦斗镇长坑村，形制古朴，祀奉老君、观音、法主公等，是当地的本境神庙。

福全村观音宫通过铁质栅栏将轩亭围合起来，在轩亭外仅设置焚香炉，栅栏的分割界定了庙宇与外部道路的空间边界，信仰者须通过栅栏门方可进入殿宇之中，因此，栅栏的存在起到了引导与限定空间的

图 6-4　福全村北门街保生大帝庙与南门街保生大帝庙

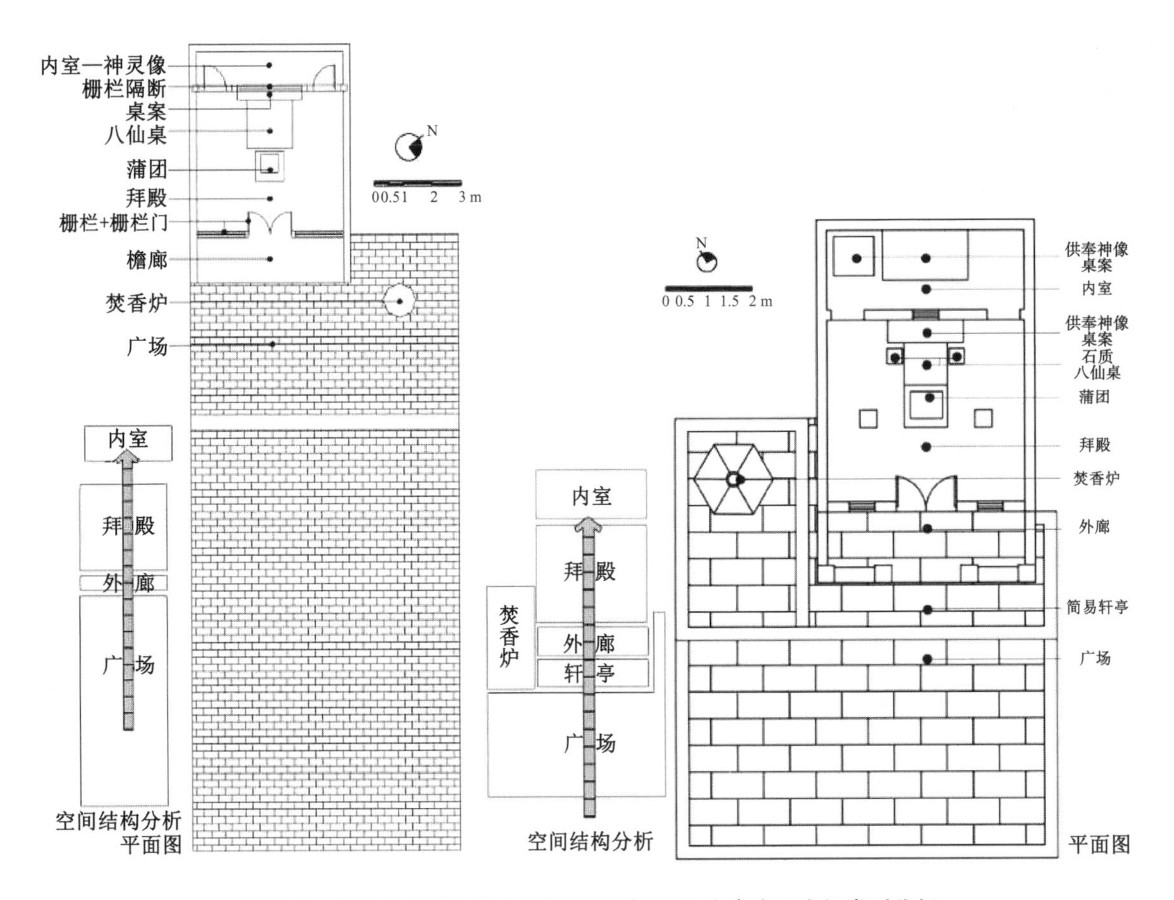

图 6-5　福全村北门街(左)与南门街(右)保生大帝庙宇空间类型分析

作用。轩亭内部,为了突出庙宇空间的序列,在中轴线上安排香炉及主殿的外廊、主殿门、拜殿。信仰者通过这一系列的空间要素后,展示在其面前的是观音神像,及其神像前鎏金、雕刻精致的神龛。神龛的前面是红漆长案,案台上是烛台等神器,案台下就是信仰者拜祭用的蒲团。整个殿堂之中光线阴暗,神明之上是天公炉微弱的灯光在闪烁,其光线漫射在充满慈爱的观音神像上,再加上观音左边的土地公神像,进一步彰显了民间信仰的神秘与多元(图 6-6、图 6-7)。

璜堂宫 琴龙宫 英灵庙

图 6-6 围合单殿型建筑

观音宫

图 6-7 福全村观音宫空间类型分析

(4) 开放单殿型

开放单殿型是指宫庙为单殿式,且多处在较为特殊的地理条件,如山林高地等,对照围合单殿型而言,无院墙围合,空间开敞。这类较为典型的如南安市霞美镇四甲村福泽坛、永春玉斗镇竹溪村凤龙宫、湖洋镇锦龙湖坑村兴灵境、南安西上镇马洋村昭灵宫、晋江福全村上关帝庙、留从效庙等(图 6-8)。

凤龙宫 兴灵境 昭灵宫

图 6-8 开放单殿型建筑

福全上关帝庙即元龙山关帝庙，位于元龙山顶端，庙宇类型在整个古村落中较为独特，整个庙宇空间开敞，从踏步到拜殿空间都非常开敞，并且庙宇三面因元龙山绿化及其山林的围绕，特色鲜明。在空间序列上，自上而下为一体系，即从山下的踏步，经山中部的小广场，再到轩亭，再经轩亭与拜殿间开敞的格栅进入拜殿。拜殿因地势较高，且格栅的通透，内部光线充沛，拜殿中央纵向串联放置二张八仙桌、翘头桌案，两侧放置马神、大刀等，桌案上放置烛台、香炉、神杯、签筒等，两侧山墙上绘制有文人墨客的诗文、对联等。在拜殿的尽端即为空间相对封闭的内室，内部供奉关公、关云、周通等神像。整个殿宇内部空间相对简洁，庙宇后面即为元龙山山岩及林地，之间建造观海亭、桌椅等，在此可以远眺大海，并能听闻海潮之声，这些都为这座花园式开放型的庙宇增添了几分特色。或许正因为如此，整个庙宇的宗教氛围较其他类型的庙宇较弱(图 6-9)。

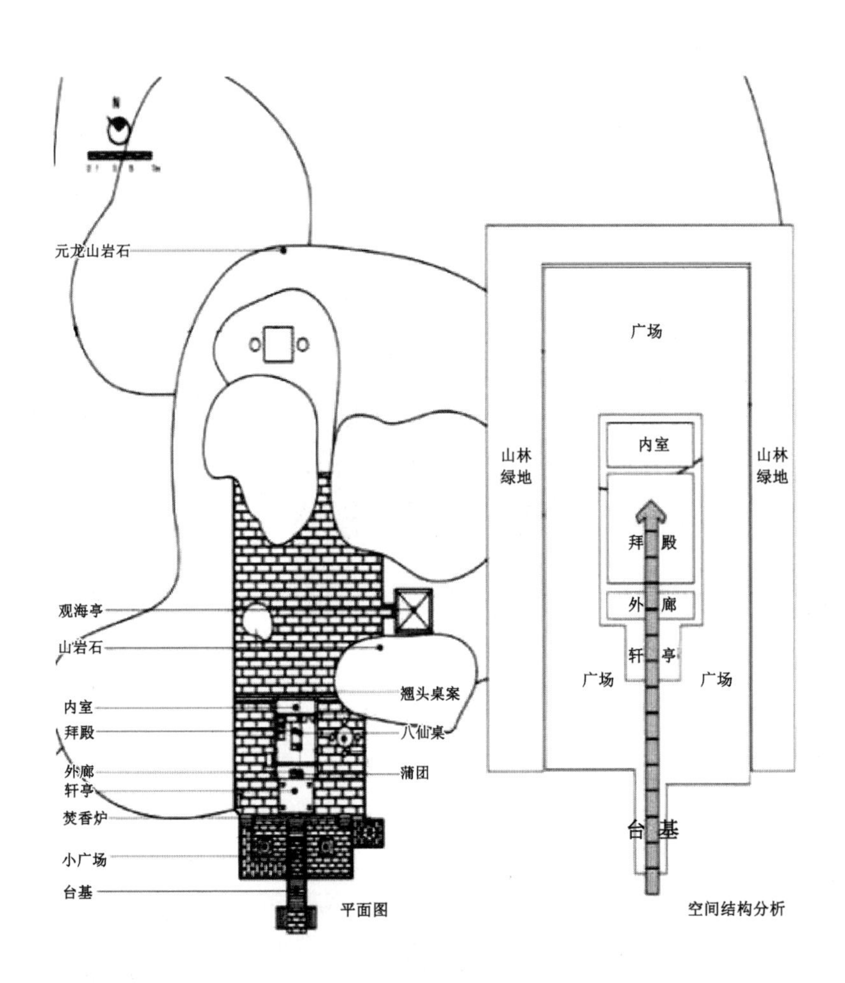

图 6-9 福全村元龙山关帝庙空间类型分析图

留从效庙位于南门东侧的高地上，整座庙宇居高临下，可以看到不远处的大海，同时可以鸟瞰溜江村。庙宇面朝大海、背靠林地，特色鲜明。在空间上，由踏步、广场、焚香炉、简易轩亭、外廊、拜殿、内室及其庙后的林地形成一条南北向的轴线，轴线空间序列清晰，层次明晰。沿小广场空间开敞，外廊与广场直接由台阶相连，而外廊与拜殿直接则由格栅窗相连。拜殿空间相对较大，层高较高，空间开敞，中央放置蒲团、八仙桌、翘头桌案，桌案边为马神，拜殿左右两边供奉广泽尊王神像，内室供奉留从效神像。整个殿宇地势较高，空间开敞，宗教氛围稍弱(图 6-10)。

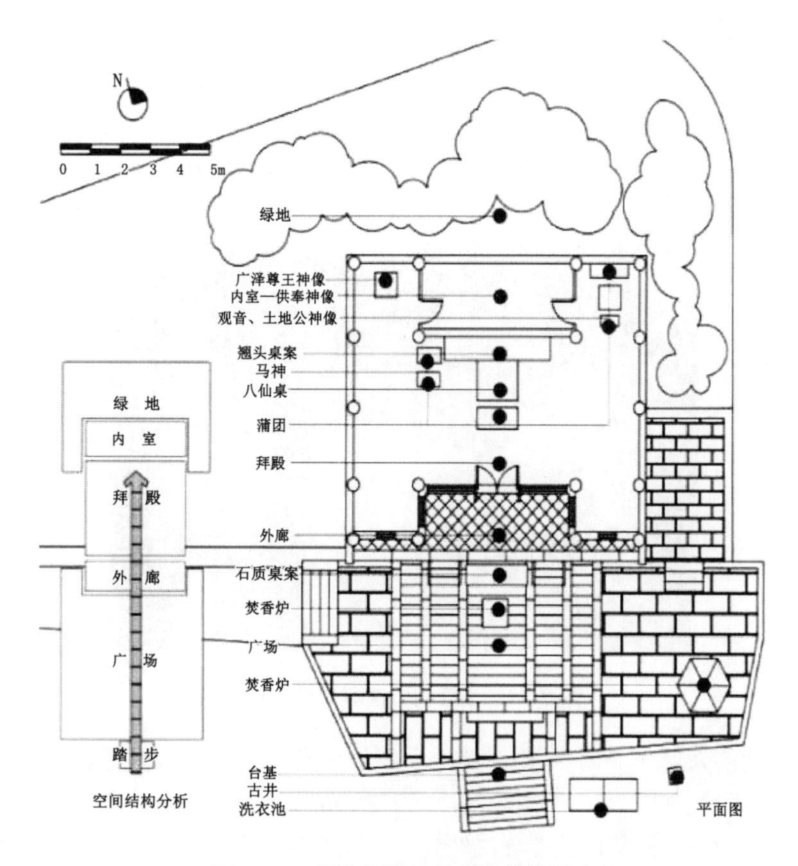

图 6-10 福全村留从效庙空间类型分析

6.1.2 三合院型

三合院型是指宫庙有院落、配殿、拜厅以院落为中心围合而成的合院建筑，该类型根据建筑的围合情况，又可以进一步划分为三合封闭式、开敞围合式、封闭围合式等类型。

6.1.2.1 三合封闭式

三合封闭式是指三合院围合得较为封闭的宫庙类型。该类型较为典型的如福全妈祖庙、晋江龙湖镇烧灰村灵鹫寺、安海洪邦村的洪慈寺、永春县一都镇龙卿村香岭岩(原名南湖岩)、安溪县龙涓乡呈祥村英显寺、永春蓬壶镇南幢村幢山庵、南幢回西寺及桃城镇环翠村白马寺等(图 6-11)。

香岭岩　幢山庵　南幢回西寺

图 6-11 三合封闭式宫庙

其中，永春南幢回西寺创建于清末，是蓬壶不多见的佛教寺院，旧与普济寺齐名。寺宇为两进，土木结构，有弘一法师所题楹联“皆得妙法究竟清净，广度一切犹如桥梁”。回西寺祀奉“西方三圣”，即阿弥陀佛、观世音菩萨、大势至菩萨，因寺中旧时驻有僧尼种植蔬菜，俗称“菜堂”。南幢回西寺黄公祖师讳名应星，黄昭提的第三子，法号慧泽，旧县志、旧州志称为“黄应”“僧慧泽”，生于南宋淳熙四年(1193 年)八月十六日子时，16 岁坐化成佛，民间奉他为黄公祖师。

永春桃城镇环翠村的白马寺为三合院带双护厝的复杂院落形式，其内部庭院空间丰富，由大小五个院落组成。整座宫庙背靠大鹏山，前为水塘，环境极佳。位于大鹏山东南麓，侨中旁的大山沟里。始建于唐大中年间，清康熙年间僧宗淑重建，有《重兴白马寺记》残碑，为康熙间永春县令郑功勋所撰。现存庙宇为近年重修(图 6-12)。

图 6-12　永春桃城镇环翠村白马寺

福全妈祖庙平面划分为外部广场与合院，其中合院部分有门房、内院、轩亭、外廊、主殿、配殿、护厝及其辅助用房等组成，门房、两侧配套与主殿围合形成三合院，两侧护厝又形成"一院、三深井"的格局，即中央内院、两侧护厝与主殿间形成两个深井，右护厝前后房间再形成一个深井。门房为院亘门式，硬山屋顶，板门上绘有门神，身堵、柜台柱雕刻精美，两侧院墙上开设竹节窗。门房后即内院，内院中央置轩亭，歇山式屋顶，中央供奉弥勒佛，并布置有香炉等。轩亭左右为二层配殿，二层屋顶上置亭阁式的钟鼓楼，钟鼓楼为二层建筑，一层为四坡式屋顶，二层为八角形亭式屋顶，二层屋顶相互交错，十二条屋脊均塑有丰富、精美的雕塑。主殿面宽三间，进深五间，面向轩亭通透而开敞，中央内室置妈祖神像，两侧供奉土地公、注生娘娘神像，左右山墙分别奉西方三圣佛、观音塑像与画像，并在每尊神像前置蒲团，供信仰者朝拜。整个拜殿空间开敞通透，气势宏大。庙宇规模较大，空间层次序列清晰，内容丰富，功能复杂，是整个古村落内规模最大、功能最丰富、空间最复杂的庙宇(图 6-13)。

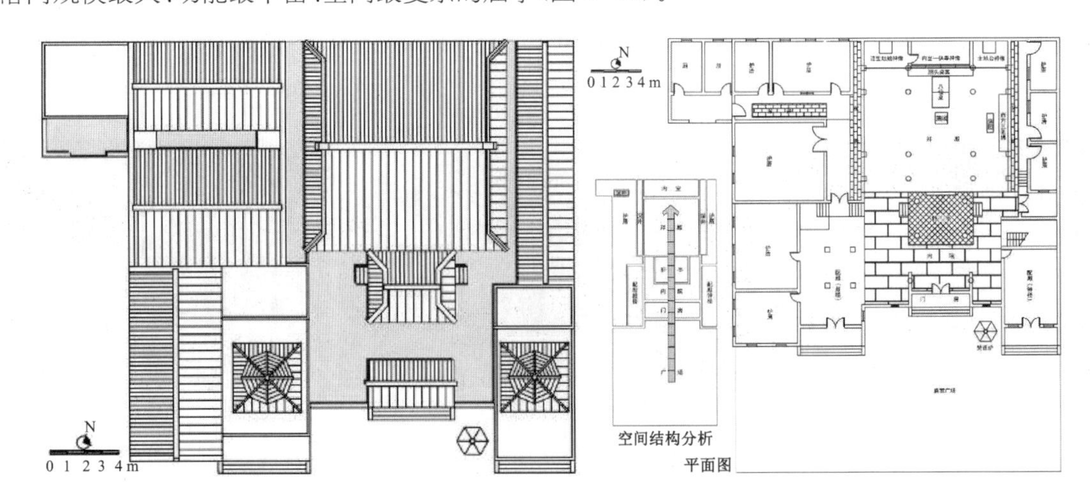

图 6-13　福全村妈祖庙空间平面与屋顶分析

6.1.2.2　开敞围合式

开敞围合是三合院的一种特殊的布局形式，它以松散的建筑来取代院墙、院门，进行非封闭的围合形成宫庙建筑空间。这类较典型的如福全城隍庙、南安天柱岩、南安洪濑镇都心村南无寺、大田济阳莲花庵、永春五里街仰贤村山尾真宝宫等。其中，莲花庵是大田济阳村的佛教建筑，位于济阳村半山腰；现在主祀三尊祖师即黄公祖师、真宗祖师、三代祖师，也祀奉观音菩萨。宫庙为五开间两边带伸手的开敞式三合院，整个建筑布局简洁，造型朴实(图 6-14)。

图 6-14　济阳村莲花庵

福全城隍庙由主殿、左右两大配殿及其轩亭等围合成空间相对开敞的空间场所。在空间序列上，由大型广场(公共开敞空间)，到简易轩亭，再到具有一定空间感的轩亭，再到外廊(灰空间)，再到带有格栅的拜殿(半公共空间)，最后到供奉神像封闭的内室空间(私密空间)，由此形成了一个具有层次与序列感的空间群。在这一空间群中，呈现了公共开敞到半公共半开敞，再到封闭私密的过程，这一空间的变换，与城隍神的威严、公正、肃穆的神明氛围相吻合。另外在建筑上，主体建筑城隍庙大殿为歇山式殿顶，殿面阔三间，宽 12 米，进深 8 米，大殿内部又通过格栅划分为内室与拜殿，内室供奉城隍神明像，两侧供奉着城隍夫人像与土地公神像，并供奉着马神、排公神像等，各神像前都设置桌案、蒲团，形成了一系列神明祭拜小空间。大殿外建有外廊，外廊直接与轩亭相连，在空间界定上，通过高差确定，轩亭外再置简易轩亭，并延伸至广场的入口处，这一处理方式加强了纵向的空间层次，同时在轴线的两侧栽种树木，配殿等进一步强调了其轴线的空间感。左右两侧的配殿，一是用于布袋戏的演出，二是用于焚香等，由此增添了整座庙宇的文化信仰氛围，并进一步渲染了感化民众与愉悦民众的双重作用(图 6-15)。

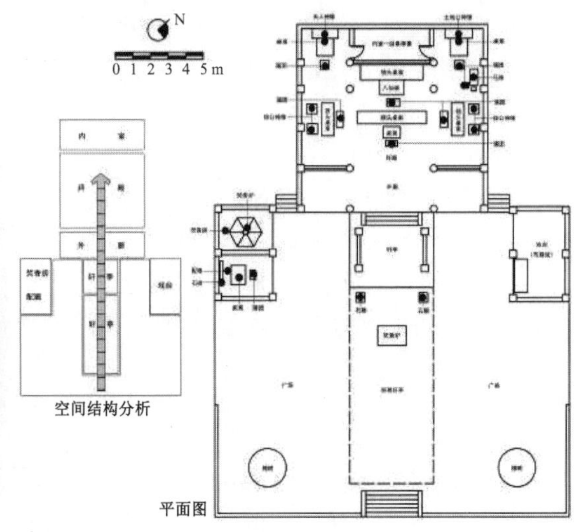

图 6-15　福全村城隍庙平面分析图

6.1.2.3　封闭围合式

封闭围合式是通过一系列的建筑进行围合，但建筑之间没有围合形成院落或者深井，通过外廊等辅助建筑形成围合，建筑群整体空间围合封闭，它是围合型的特殊子类型。其典型类型是晋江福全八姓王爷府、石狮永宁小东门赵帅府、南安洪濑镇的树德寺、龙岩市仙游县社硎乡外洋村洋灵境等(图 6-16)。

图 6-16 外洋村洋灵境

福全八姓王爷府位于北门街北段,三开间仿木结构。该庙宇由主殿、配殿及其轩亭围合而成。围合中没有形成院落或者深井,而是在主殿与配殿、轩亭间形成外廊,轩亭与配殿间形成类似于“一线天”的狭长空间,建筑相互之间通透,但整体围合空间封闭。整个庙宇的主入口通过轩亭进入,轩亭四周通透,直接与左右的配殿、轴线上的外廊相连,两侧配殿墙、屋顶上都绘有民间信仰的图案,山墙开设八边形的窗。主殿与配殿、轩亭间通过外廊联系,外廊两端开设外廊门,可以直接通向庙外,主殿入口处用栅栏及其栅栏门过渡,主殿内部则通过墙体分隔为内室与拜殿,内室供奉八姓王爷神像,拜殿左右分别供奉着土地公神像、夫人妈(王爷夫人)神像、马神及船王公。主殿内部光线昏暗,加上神像及其墙体上绘制的民间信仰图案,整个空间充满着肃穆、威严、压抑的气氛。庙宇在平面形态上呈现出封闭围合的特征。同时,轩亭除了屋顶外,其建筑的四面都非常通透;因此,轩亭内的“灰空间”,使得它类似于庭院,而两侧配殿类似于榉头间。由此,暗示出八姓王府庙的平面形态与民居三间张榉头止形制上的一致性。因此,从某种意义上可以说,八姓王爷庙的形制是民居三间张榉头止形制的改良,即在平面上将庭院改为通透的轩亭,在建筑立面上,通过轩亭的通透来突破院墙的围合,同时在空间上又营造出空间的存在——灰空间,屋顶上则将两坡改为歇山,并增设了庙宇所需要的诸多装饰,营造出源于民居又不同于民居的宫庙建筑特征(图 6-17、图 6-18)。

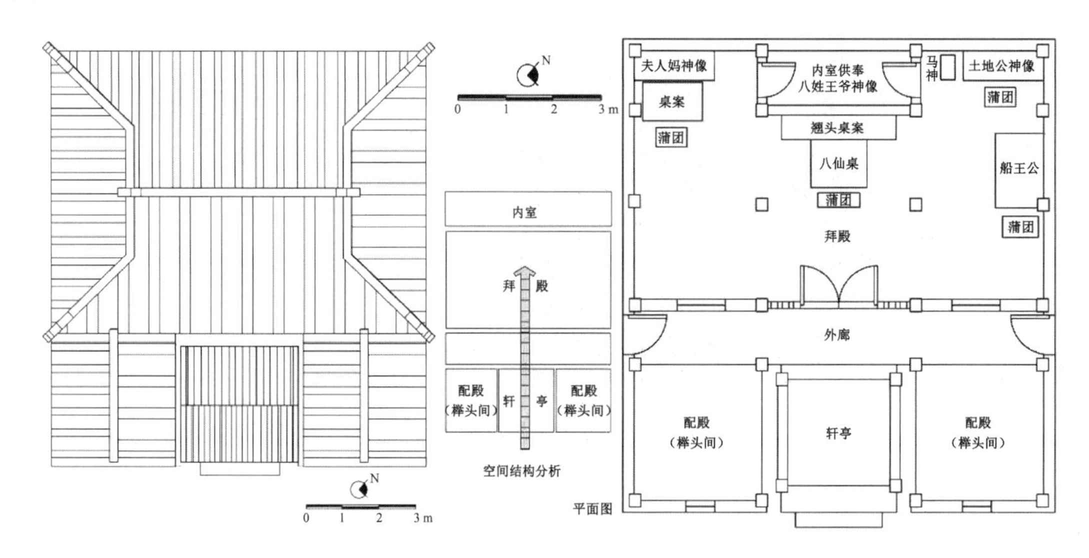

图 6-17 福全村八姓王府庙屋顶平面图、空间结构分析及其建筑平面图

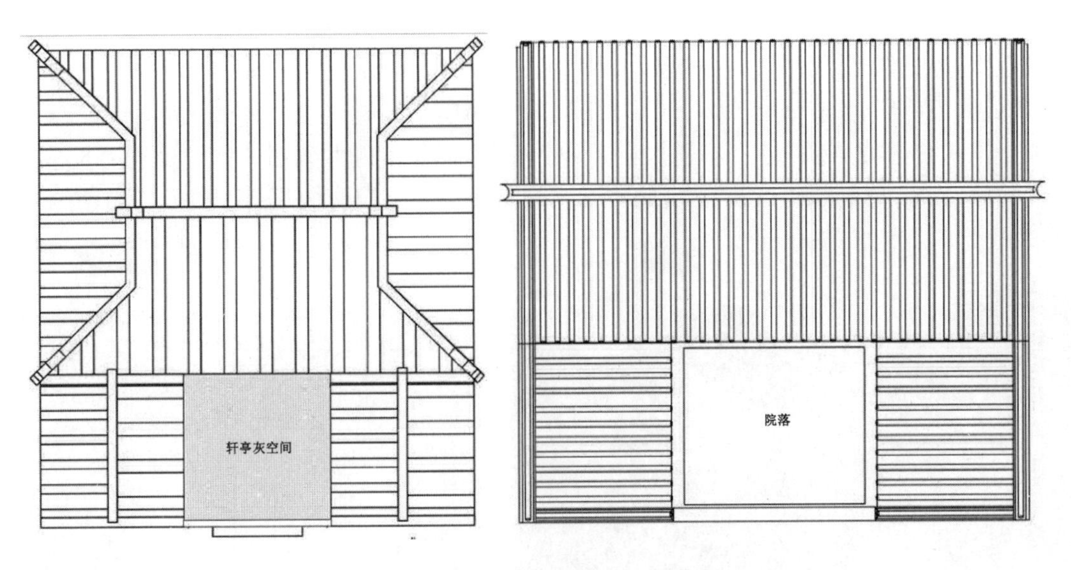

图 6-18　福全村八姓王府庙平面分析图

6.1.3　二进或多进型

6.1.3.1　二进型宫庙

二进或多进型是指宫庙由天井或院落组成，形成两落或者多落建筑群，类似闽海传统民居。但有些宫庙，其各进之间的天井较一般民居深井的面积要小，甚至没有，因此，这种类型的宫庙内部纵向空间往往较长，富有一定的层次，光线多昏暗。有些宫庙在二进或多进这一原型的基础上，在一侧或两侧添加护厝，形成二进(多进)单护厝或多护厝的类型，由此使得空间更为丰富；在空间层次上，二进式多为正殿—拜殿，三进式多为二正殿—拜殿，另外，也常在二进式加前拜亭或在宫庙旁加建一小建筑，金门称之为“室仔寺”，存放庙物工具、香油金纸等。还有宫庙主殿外常常置天公炉、广场形成一个具有强烈序列感的空间群，并由此形成一套传统的宫庙形制。

二进型院落式中庭院相对较小的宫庙较为典型的如漳州南靖下版村水尾庵，莆田市秀屿区山亭乡港里村的灵慈东宫，晋江英林埭边村鳌溪寺，晋江东石镇白沙村龙首庵，金门琼林古村落的万王爷宫与保护庙、忠义庙、浮济庙，金门水头古村落的灵济庙，水头古村落的惠德宫，台湾鹿港城隍庙，永春岵山镇岭头村的灵兴宫，岵山镇上的南山庵、泉州泉港区土坑村的白石宫，南安诗山镇鳌埔山村西碧岩(为附近几个村的本境神庙)等(图 6-19)。

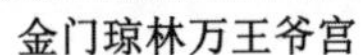
金门琼林万王爷宫　　南安鳌埔山村西碧岩

图 6-19　二进型宫庙

其中，南靖下版村水尾庵位于村口溪水边，也称“丰稔堂”，内供土地公及大小各路神仙几十位，以期保佑下版村年年五谷丰登，人人身强力壮。该庵平面为二进，内部天井只在厅堂两侧开设。天井狭窄，门厅间面阔三间，进深二间，大门两侧为格栅，悬山顶，燕尾脊，整个庵造型相对简洁。

港里村下灵慈东宫创建于南宋嘉定年间，元代被赐额“灵慈”；后又因其地处古码头的东侧，故名灵慈东宫，历代重修，主祀妈祖。灵慈东宫坐西北向东南，二进“工”字形平面，占地279平方米。中轴线上自东南向西北依次由前殿、廊道（两旁天井）、后殿组成。其中，以廊道连接上、下殿，形成“工”字形建筑布局，硬山顶搁檩式结构，正殿面阔三间、进深三间，明间为次间宽度的两倍多。入口处塌寿形成“凹斗”形大门，大门两侧倚柱为连础瓜楞形石柱，为比较稀存的闽南传统宋代遗构（图6-20）。宫中所祀妈祖神像沿袭古代帝王妃的红袍服饰。

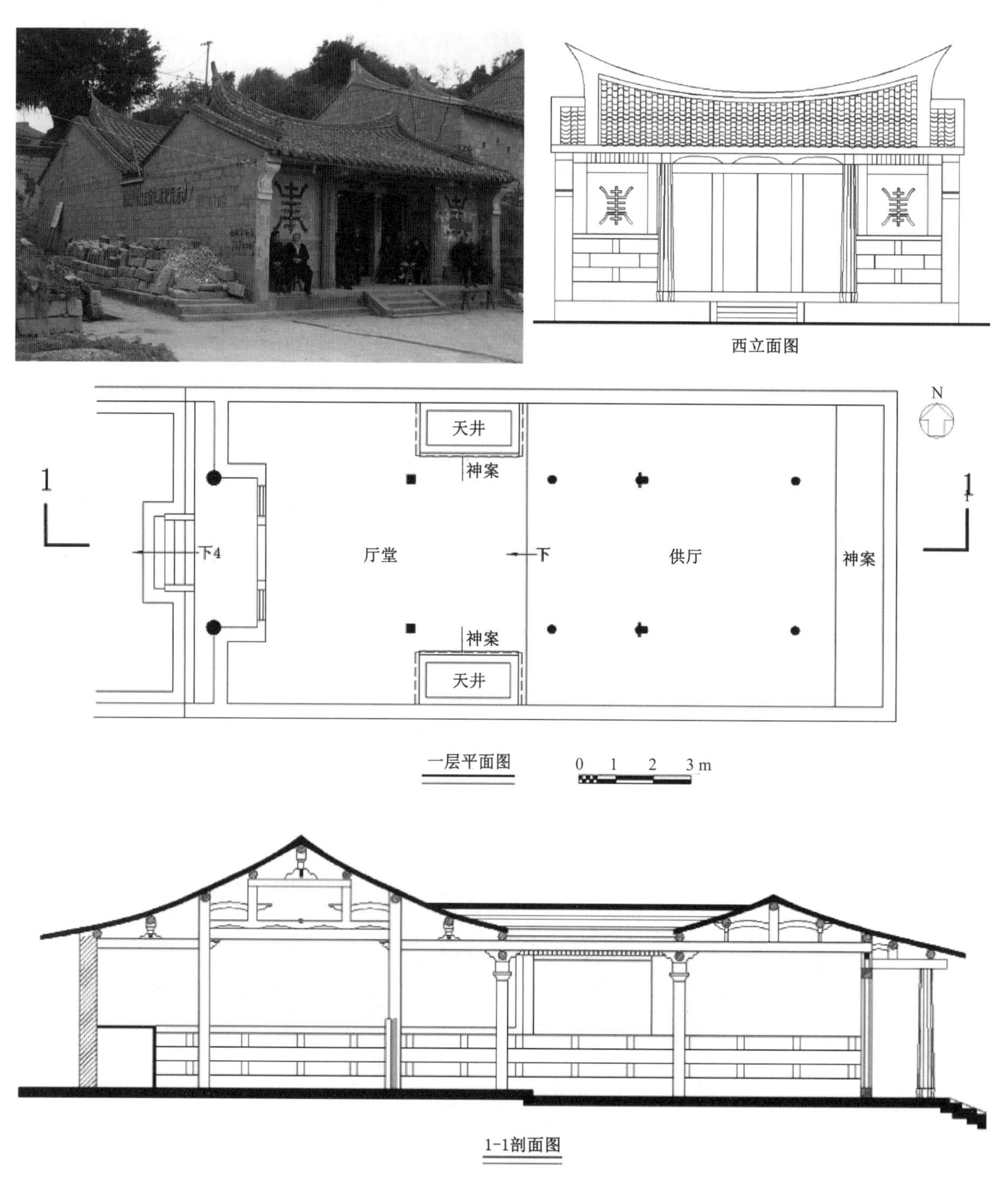

图6-20 港里村灵慈东宫（妈祖庙）

位于永春岵山镇岭头村的灵兴宫形制较为特别，是当地的本境神庙，主祀百丈岩三显真仙（仙妈），附祀王大司库、张公圣君。其平面布局为五间张两落古厝，其入口门厅位于榉头间处，顶厅前加拜亭，天井空间相对较小，光线较为昏暗。主殿为插梁式木构，红砖燕尾脊，整个宫庙气氛朴实庄严(图 6-21)。

图 6-21　永春岵山镇岭头村灵兴宫

岵山镇上的南山庵是二进庭院较小宫庙类型中空间较为复杂、空间层次较丰富的案例之一，该宫庙是由南山陈氏始祖(一世)校尉公(舜帝 106 世)肇基地的神庙。南山庵祀奉清水祖师、释迦牟尼、古平祖师、三代祖师、保生大帝、赵公元帅等，下厅附祀南山陈氏祖妈吴氏。整个宫庙为二进五间带双护厝的布局形态，入口处为三川门，屋顶为三川脊，与护厝屋脊、主殿屋脊一起都装饰有双龙戏珠或双龙护塔等装饰，整个宫庙装饰华丽。二进院落中央设置拜亭，拜亭联系门厅与主殿，形成工字形的空间形态；同时，庭院也由此变小，数量增多，整个宫庙内部空间形态复杂，层次丰富(图 6-22)。

图 6-22　永春岵山镇南山庵

天井空间相对较大的宫庙，如泉州市泉港区土坑古村落的白石宫、石狮永宁古卫城的鳌西古地晏公庙、永春大坪村垂云寺、永春达埔镇岱山石竹庙等。其中，垂云寺，又称"大鹏岩"，始建于唐代，今庙内尚有石质大水槽为唐代遗留物。该庙为二进带双护厝的布局形态，院落空间呈长方形，空间较大，开敞。庙中主供观音菩萨，右殿供奉达摩祖师，同时供奉其他神仙如玄天上帝、法主公等。龛额有清匾"高逼诸天"(图6-23)。

图 6-23 永春大坪村垂云寺

达埔镇岱山石竹庙，供奉南宋武德英侯(章府元帅)，是各地章侯祠的祖庙。章府元帅是闽南民间信奉的神明，后又传到台湾，成了两岸民众的共同信仰。海峡两岸有多处章侯祠，其祖庙都是永春达埔岱山的石竹庙。石竹庙历史悠久，现有二落闽南民居式宫庙，红墙黑瓦，燕尾脊。庙右前方立有高达 2 米的大石碑，上书"武德英侯"四个大字，另有小字注明为宋绍兴庚辰年(1160 年)奉旨敕封。明朝永历年间，闽南有陈姓乡亲渡海往台谋生，遂将章侯信仰带到台湾。至今嘉义县六脚乡有供奉武德英侯的"凤山宫"，规制也近于石竹庙，是台湾地方神庙之一(图 6-24)。

图 6-24 永春达埔镇岱山石竹庙

土坑村白石宫始建于明朝，经嘉靖年间倭寇浩劫及清初战乱，宫宇几近毁废。清乾隆二十四年(1759 年)重修白石宫，1998 年、2003 年陆续修缮，现为三间张二落古厝，整个建筑由月池、大埕、门厅、天井、庑廊与大殿组成，建筑面积 270 平方米，其中天井空间相对较大。大殿面阔三间，进深 19.9 米，中央主殿祀社稷神，左殿祀妈祖，右殿祀司马圣王张巡，神像神态逼真。两廊陈列神明出巡的仪仗，门厅墙上用瓷砖贴千里眼和顺风耳(图 6-25)。

6.1.3.2 多进型宫庙

三进(或多进)中较为典型的如莆田市秀屿区山亭乡港里村的灵慈西宫、泉州安海龙山寺、石狮永宁

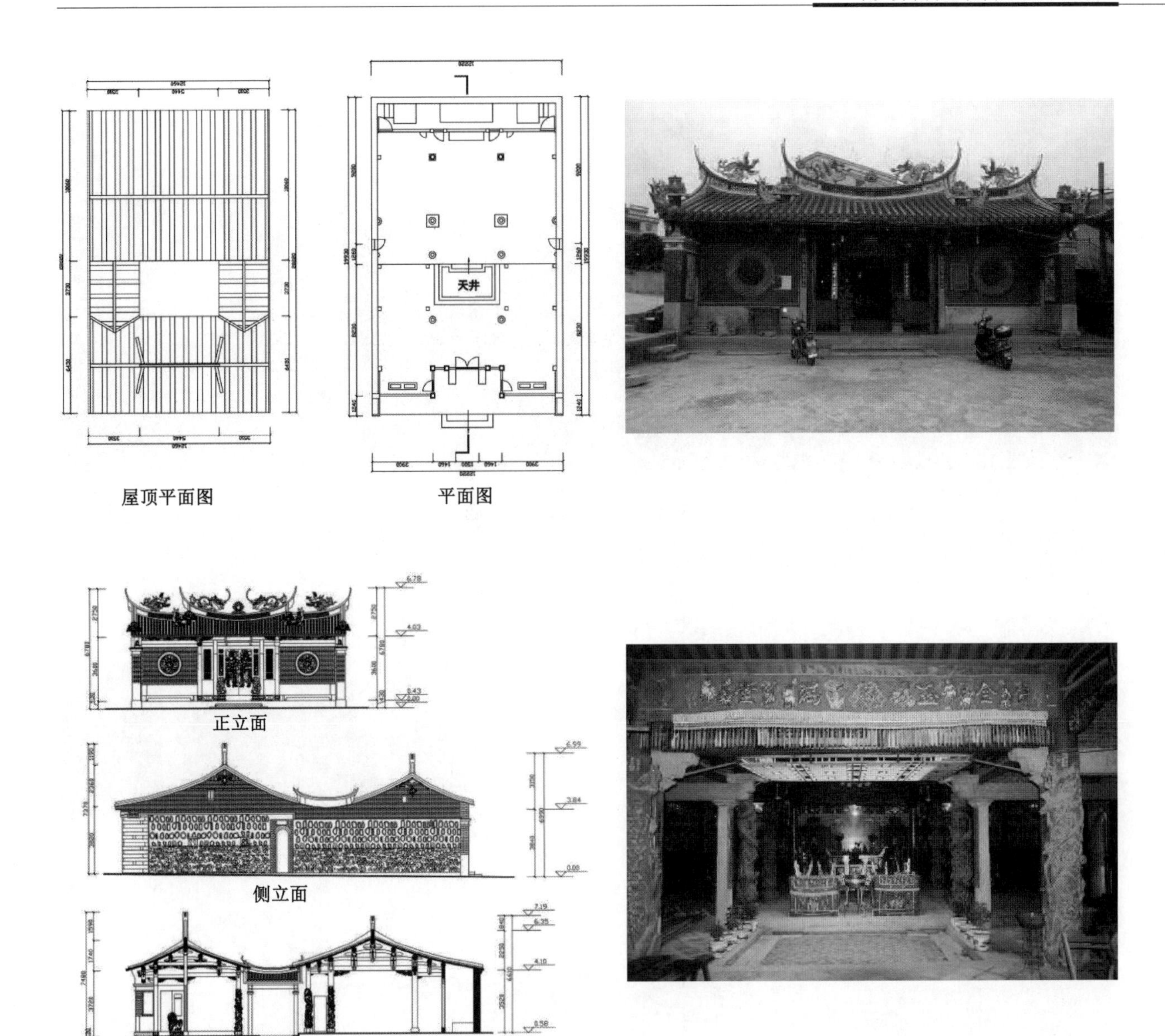

图 6-25 泉州市泉港区土坑村白石宫

城隍庙，以及金门金城水头村的金水寺与庵前村的牧马侯祠庙，以及金城北镇庙、澎湖天后宫等。其中，牧马侯祠庙为三落单护厝。北镇庙为金城镇北门境保护神庙，始建于清初，主祀道教中的真武大帝，木建构筑，曾多次修葺，现为20世纪90年代重修建筑，庙宇为三落入口带广场，并设戏台，戏台与入口相向布置，入口门厅为假四垂顶，戏台与门厅之间至天公炉，由此形成丰富的空间层次(图6-26)。

灵慈西宫位于莆田市秀屿区山亭乡港里村的港尾自然村，主祀妈祖，创建于宋代，元代毁，清复界时重建。灵慈西宫坐东北向西南，占地688平方米，为三进三开间布局，带两天井、连廊。进门第一进殿内左右各立千里眼和顺风耳神祇。二进殿墙上彩绘两个人物，一人手中拿一黑白花纹蛇，另一人手持黄色竹板，造型逼真，栩栩如生。三进大殿主祀妈祖，左右配祀文曹、武杀。该宫木梁架精雕细刻，神龛、斗拱、垂柱等部位木雕精细浓墨重彩，鎏金沥粉。建筑正立面石雕突出，门前双狮耸立，灵动俏皮；墙上大理石雕贴面，松鹤延年、禄竹争春、福禄寿等题材的石雕丰富多彩，表现手法多样；石雕盘龙双柱，采用浮雕、镂雕等手法相结合，栩栩如生(图6-27)。

下面再简介千年古刹——安海龙山寺。安海龙山寺位于泉州晋江安海镇型厝村，初名普现寺，又名天竺寺，俗称观音殿，该寺主祀千手千眼观世音菩萨。龙山寺是1983年国务院确定的全国重点佛教寺院

图 6-26 金门金城镇北镇庙

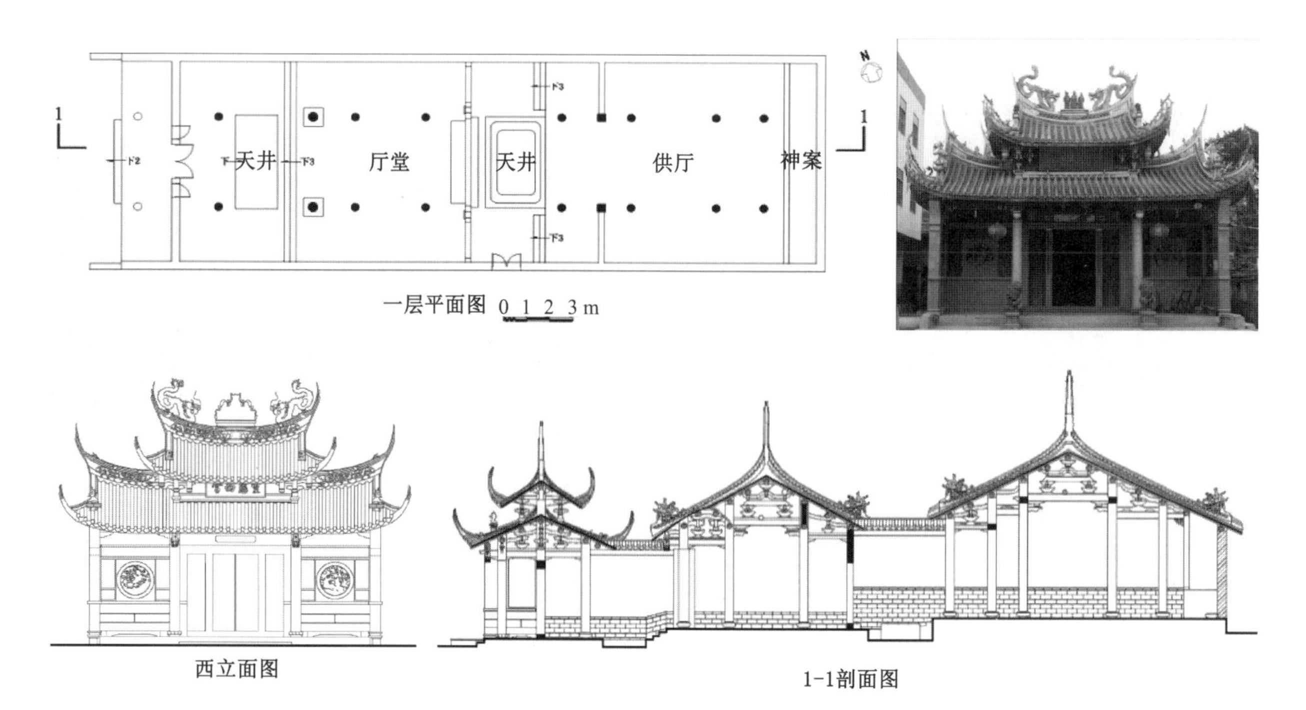

图 6-27 港里村灵慈西宫

之一。闽海仅有两座寺庙入选国家级文物保护寺庙，一座是开元寺，另一座是龙山寺，宗教文物价值极高。龙山寺始建于隋皇泰年间(618—619 年)，宋元明清几经损坏几经重修，佛寺历千余年，传布广远。现我国的台湾、菲律宾等地的龙山寺大多从安海龙山祖寺分香建设而成，神缘文化传承关系明晰。

安海龙山寺现存明清时期的主要遗构有：隋朝遗留的整株巨樟树木雕千手千眼观音立像一尊❶，明天启年间(1621—1627 年)御史苏琰所立“龙山宝地”石碑一块。清康熙二十三年(1684 年)靖海侯施琅等捐资建山门、华表、殿堂门、钟鼓楼等。道光十五年(1835 年)僧人捐建的正殿前青龙柱石刻一对等。

安海龙山寺坐北朝南，占地面积约 12 亩，主体建筑群为三进合院式布局，颇有魏晋隋唐时期的佛教“伽蓝七堂”建筑布局形制。龙山寺由外山门、华表(石牌坊)、照壁、前殿、正殿(圆通宝殿)、后殿(大雄宝

❶ 它涉及关于建寺的民间传说：相传隋开皇年间(或说是东汉永平年间)，天竺僧人一粒沙来到安平，看到一棵巨大的樟树浓荫盖地，夜发祥光，形似千手千眼佛，便认为这是一棵异树神木，故在此驻跸，传经说法。传说千年古樟的一部分被做成高 4.2 米、宽 2.5 米的千手千眼观音塑像，中间部分做成了每扇长 2.6 米、宽 1.1 米的大门，尾端则掏空制成直径 1 米多的大鼓。

殿)与藏经楼等形成中轴线,东西两侧还有钟鼓楼、祠庙、公德堂、斋厨、禅房、花园等❶。

寺外的前面有放生池(月池),与寺同时建。入外山门北拐即为华表,正面上镌“龙山古地”,背面上镌“天竺梵钟”,是安海八景之一。华表、照壁、戏台等组成的前埕引导空间是村民平时庙会活动的公共场所。进入由石板铺砌的露埕,两侧是对称的钟、鼓楼,楼平面呈方形,墙上嵌有数方石碑,重檐歇山顶。正门廊前有石狮、石鼓各一对,门额悬“一片慈云”木匾(图 6-28)。

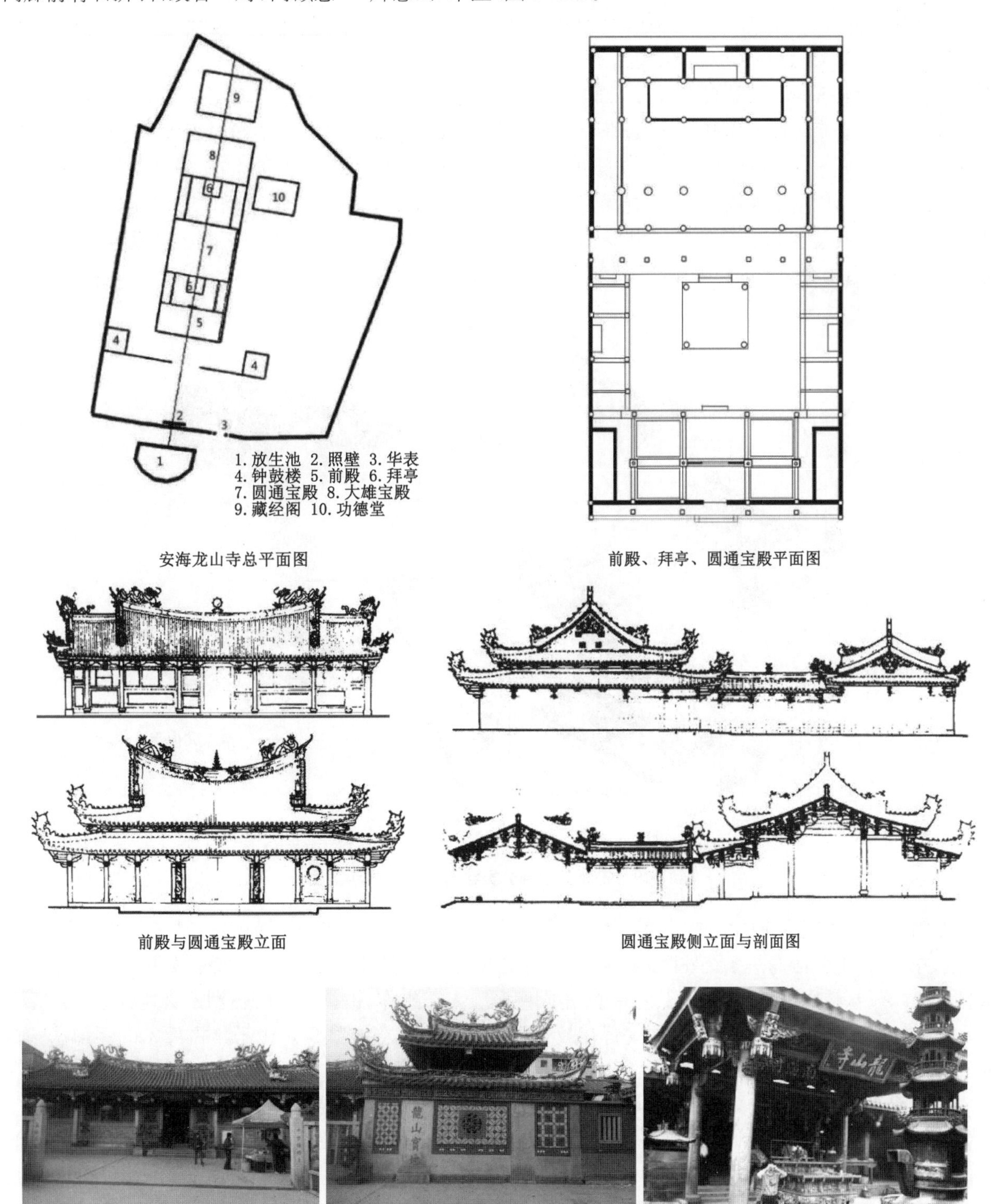

图 6-28 安海龙山寺圆通宝殿

❶ 雷娴.浅谈闽南涉台寺庙的价值及保护——以安海龙山寺为例[J].福建文博,2014(3):54-59.

龙山寺前殿面阔五间 22.8 米，进深三间 8.85 米。殿门外有青石制成的石狮一对，四面镌八骏马，门前东西两廊壁上各雕嵌十二堵青石石刻，殿内设两重门，左右供奉四尊巨大的泥塑金刚，殿后两侧长廊供奉伽蓝主神释迦牟尼与达摩祖师。抬梁式木构架，单檐歇山顶，明间、次间屋顶较梢间升高，脊的正中雕一颗火焰宝珠，两旁一对青龙奔向宝珠，喻双龙抢珠、激浪霖雨、降压火祥之意。正殿圆通宝殿面阔七间 22.8 米，通进深五间 16.8 米，殿外连以拜亭，成为善男信女摆设香案的地方。殿前檐下立有清重修时辉绿岩石浮雕龙柱一对，龙爪抓珠，为闽南独特的石雕工艺杰作。抬梁式木构架，不施藻井，重檐歇山顶。殿内供奉着千手千眼观音木刻立像，通高 4.2 米，矗立在石雕莲花台上。肩两侧向上或向前旁生出 1 008 只手，每只手掌心各雕一只慧眼，带镯，分别执书卷、钟鼓、珠宝、花果、乐器等多种多样物品，姿态各异，无一雷同，于身两旁呈半圆形展开，烘托着金灿灿的佛像，为闽南木雕之佳作。大雄宝殿面阔七间 22.8 米，通进深三间 11.8 米，殿外连以拜亭，地势较正殿高 1 米，抬梁式木构架，单檐歇山顶，殿内主祀三世尊佛。据相关部门统计，由安海龙山寺分炉到台湾的龙山寺达到 200 余座，例如，台南龙山寺、凤山龙山寺、彰化鹿港龙山寺、台北艋舺龙山寺、台北万华龙山寺、淡水龙山寺等。历代均有寺庙来此祖庙朝拜活动，故安海龙山寺是闽海神缘关系的重要实物见证(图 6-29)。

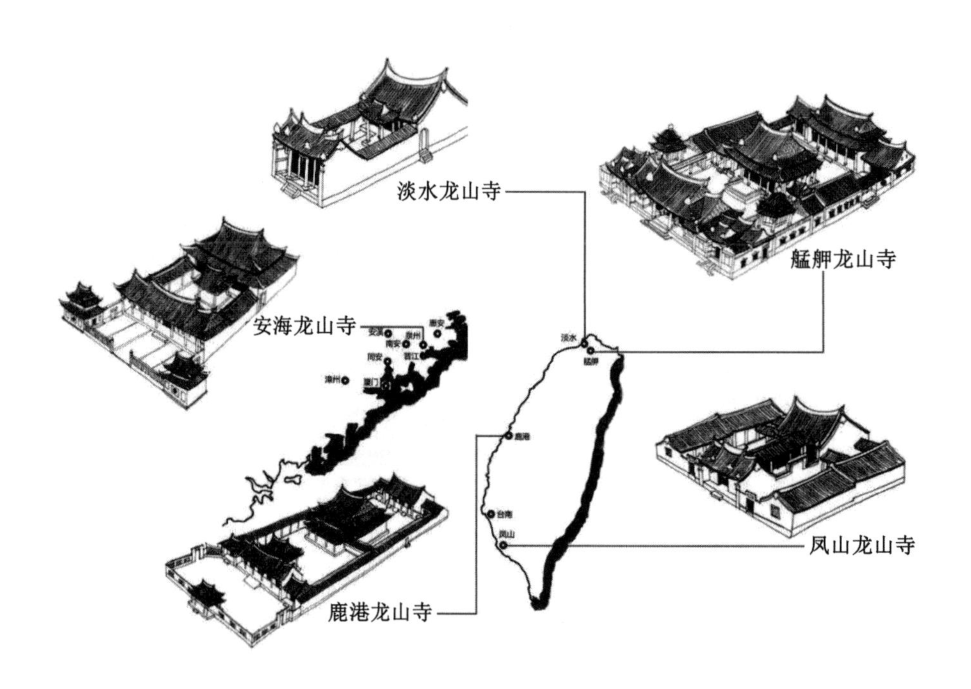

图 6-29 安海龙山寺分灵台湾宫庙样式示意图

龙山寺内有名扬天下的“三绝”：第一绝是千手千眼观音。第二绝是正殿前的一对青草蟠龙石柱，石柱为八角形，其上各雕有一条绕柱巨龙。两条龙的龙爪上，分别捧出一个磬、一个鼓。如果用细铁条轻轻敲打，磬显磬声，鼓则显鼓声，龙柱工艺高超，是闽南石雕工艺杰作，被誉为全国古刹四大龙柱之一。第三绝是正殿的大鼓和大门。大鼓现在被安置在鼓楼里，鼓面是牛皮的，鼓身是由千年古樟木的尾部凿空做成的，至今已经 1000 多年。

再如台北艋舺龙山寺，该寺建于清乾隆三年(1738 年)，由晋江潘湖黄氏移民会同三邑人(晋江、南安、惠安)共同倡议兴建，主祀观音菩萨，是从安海龙山寺“分灵”来的。后又由泉郊武荣的贸易商人出资增建后殿，形成院落型三大殿式格局。又几经重修，现存遗构为 1919 年至 1923 年重修之规模，正殿是 1959 年重建复原，独立于全寺的中央，四周被护室回廊及前后殿所包围，形成“回”字形平面格局(图6-30)。

台北艋舺龙山寺坐北朝南，地面铺石自北向南倾斜，出水口设于西南角，占地面积约 7.5 亩。寺庙中轴线由照壁、牌楼、前殿、钟鼓楼、正殿、后殿组成，前院两侧设有水池，多作放生池用。庙内供奉 20 多位

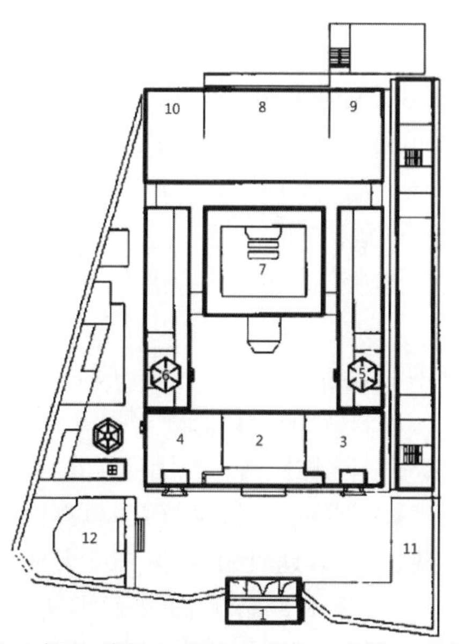

1. 山门 2. 前殿 3. 龙厅 4. 虎厅 5. 钟楼 6. 鼓楼
7. 圆通宝殿 8. 天上圣母殿 9. 文昌帝君殿
10. 关圣帝君殿 11. 净心瀑布 12. 喷泉水池

龙山寺总平面

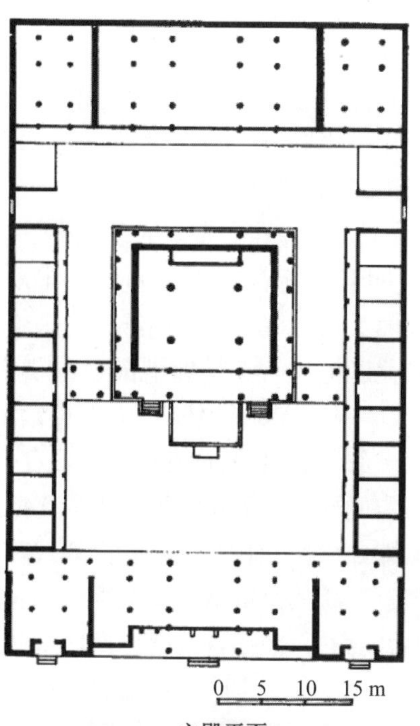

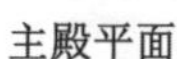

主殿平面

图 6-30　台北艋舺龙山寺

神祇，呈现出佛、道祭祀混合，多神共祀于一庙的先例❶。

艋舺龙山寺的前殿总面阔十一间 39.9 米，进深五间 9.5 米。其中，中央五间是主要的出入口，通面阔 19.7 米，明间为次间二倍多，殿门前有一对铜铸龙柱。采用抬梁式木构架，檐下设置直径为 3.84 米的八角形藻井，它是由 32 朵斗栱集向中心所构成，分成内外两圈，其间还穿插斜向的交叉栱，重檐歇山式燕尾脊，五间升起三间，中间较高，两侧较低，犹如牌楼，且有垂莲与花篮吊筒；两侧各有三间是次要的出入口，犹如一处小庙，檐下置斜格子平顶天花板，并以双向的计心斗栱托住，屋顶中间升起为燕尾脊，两边为马背硬山顶。前殿外墙上，嵌有许多人物及花鸟青斗石石雕，浮雕、透雕与阴雕集成，雕工极为精细，但圆拱石门及山墙具有西洋建筑的特征。

艋舺龙山寺的钟鼓楼建在护室之上，平面为六角形楼阁，屋顶采用三重檐盔顶式，为台湾建筑之特例。正殿建在石砌台基上，比露台高七阶，四周石雕栏杆呈花瓶形状，柱头为圆球，台基前面凸出放置香炉之月台，台阶设于次间之前及左右两侧连通护室。正殿平面面阔五间 16.9 米，进深六间 15.5 米，近似正方形，殿内地面铺以红砖，柱网由内外二圈柱组成，符合宋代《营造法式》中的“金厢斗底槽”，副阶周匝法式。正殿使用 42 根石柱，前面 6 根檐柱各雕有双龙，后面角柱也雕有云龙，正面不设门扇，直接面对中庭，信众可由寺外仰望观音坐像。殿内四根金柱顶部有一直径为 3.8 米的圆形螺旋式藻井，每一层斗栱都呈弯曲状“如意拱”，在内外槽柱之间均覆天花板。正殿屋顶为重檐歇山式，正脊两端以燕尾起翘，中央

❶　李乾朗. 艋舺龙山寺[M]. 台北：雄狮图书股份有限公司，1999.

为九层宝塔，两侧护之以双龙。翼角的屋脊上雕饰飞凤及螭龙装饰，屋檐下均布斗栱，柱头上作斜栱，起着装饰作用。

艋舺龙山寺的后殿通面阔十一间 39.9 米，进深三间 9.8 米。中央面阔五间 17.6 米，供奉天后、文昌及关帝等，采用重檐歇山顶，上下檐间用琉璃窗，做法简洁，两翼为单檐硬山顶❶。

(1) 复合围合型

复合围合型是指宫庙在多落的基础上，常由院落、配殿、主殿、戏台、门厅、拜厅等多元空间围合而成，各单体建筑之间组合相对复杂，空间层次丰富。这类宫庙较为典型的如彰化鹿港龙山寺、鹿港天后宫、澎湖天后宫、铜陵关帝庙等。

其中，彰化鹿港龙山寺是鹿港最早的佛寺，位于彰化县鹿港金门街 81 号，一般认为始建于清乾隆四十一年(1776 年)鹿港暗街仔(今大有街)，乾隆五十一年(1786 年)迁建于现址❷。该寺虽历经多次修建，但仍不失传统寺庙格局，现存建筑仍保存道光十一年(1831 年)的风格。龙山寺坐东朝西，占地约 7.8 亩，其建造所需的砖、石、福州杉等均由福建批运，并以巨资延聘闽南有名匠师兴建，总体仿照安海龙山寺祖庙的格局，即由山门、前殿(又称五门殿)、戏台、拜亭、正殿、后殿等建筑组成，并由此形成三个不同形式的院落，即三进二院式建筑格式。其中，山门建于清乾隆五十一年(1786 年)，面阔三间，进深四间，重檐歇山顶。山门后的第一个院落空间相对宽阔，在前殿两侧为惜字亭。前殿面阔七间，进深二间，两端伸出斜向的“八字墙”，中门绘有韦陀与伽蓝护法神，边门绘有四大金刚，五门殿后连着重檐歇山顶变体的戏亭，有演戏酬神之意，朝向正殿一侧的屋顶向上掀起成三重檐，有助于增加戏台内部的采光，戏亭平面为十根柱子围绕，其中两根与山门共享，近代为了加固，增加了四根较细的柱子。内部屋顶采用八卦形的藻井，对角跨径达 7 米多，由 16 朵斗栱五次出挑层层托起而成，斗栱多为八角斗，柱础有方有圆，雕刻精美。正殿面阔五间，进深六间，40 根石柱组成，两侧有八卦门。抬梁式木构架，重檐歇山顶，正殿前附有卷棚顶拜亭，面阔三间，且有龙柱一对。后殿面阔五间，进深三间，单檐硬山顶，左右各有一间硬山顶耳房连接庑廊❸(图 6-31)。

再如，澎湖妈祖庙，位于澎湖马公镇。相传建于明代万历十一年(1583 年)，为台湾最早的妈祖庙，清康熙二十三年(1684 年)改名为天后宫，随后在台湾各地竞相修建妈祖庙。该宫庙坐北朝南，总体布局在前低后高的地形斜坡上，构成四台三殿二院落的建筑群，宽 15.2 米，深 29.3 米，中轴线布置有照壁、前殿、正殿与清风阁。其中，前殿也称三川殿，建在高起前埕七级且为多角形的大石台基上，且为弧形，建筑平面通面阔三间 7.6 米，其中明间 3.2 米，两侧护厝紧联，不做过廊，直接在护厝上设门加以联系。前殿明间单檐硬山顶，檐柱为简洁的方石柱，中门两侧设抱鼓石，四扇螭虎槅扇门，左右有龙墙虎壁的泥塑图案，抬梁式木构架，屋架雕饰华丽，有层叠的斗栱，栱头雕龙首状，瓜柱以狮座代替，吊筒似花篮为潮州建筑传统造型；正脊明间较次间高出，呈燕尾脊，中央作“马负太极八卦”剪粘，屋脊两端置水龙与鲤鱼吐草。正殿高出前殿五级台阶，面阔五间 13.2 米，其中明间 4.35 米，进深三间 8.25 米。正殿主祀天后神像，殿前连拜亭，并与正殿合而为一，因此，内部空间相对较大。殿内使用棱柱，为宋代遗风，柱础如花篮，地面用红砖铺饰为八角形图案，巨大的木柱和大梁的木材来自南洋，质地坚硬。正殿为抬梁式木构架，屋架上月梁穿过童柱中间，桁梁下方直接以斗承托，中桁下再设桁木，构成重桁的构架，瓜柱成金瓜形，为典型的潮州建筑风格，屋脊明间较次间较稍间升起，呈燕尾脊，两端呈马背硬山顶。拜亭立柱上悬挂浮联，抬梁式木构架，其方形断面的梁与栱也具有潮州建筑风格，屋面正脊明次间较两端升起，呈燕尾脊❹(图 6-32)。

---

❶ 李乾朗. 台湾建筑史[M]. 台北：雄狮图书股份有限公司，1979.

❷ 涂嘉茹. 传统建筑在维护上所面临的灾害潜势——以台湾鹿港龙山寺为例[C]//陈建中，郑长玲. 聚落文化保护研究暨第三届两岸大学生闽南聚落文化与传统建筑调查夏令营论文集. 北京：文化艺术出版社，2018.

❸ 林从华. 缘与源：闽台传统建筑与历史渊源[M]. 北京：中国建筑工业出版社，2006.

❹ 林从华. 缘与源：闽台传统建筑与历史渊源[M]. 北京：中国建筑工业出版社，2006.

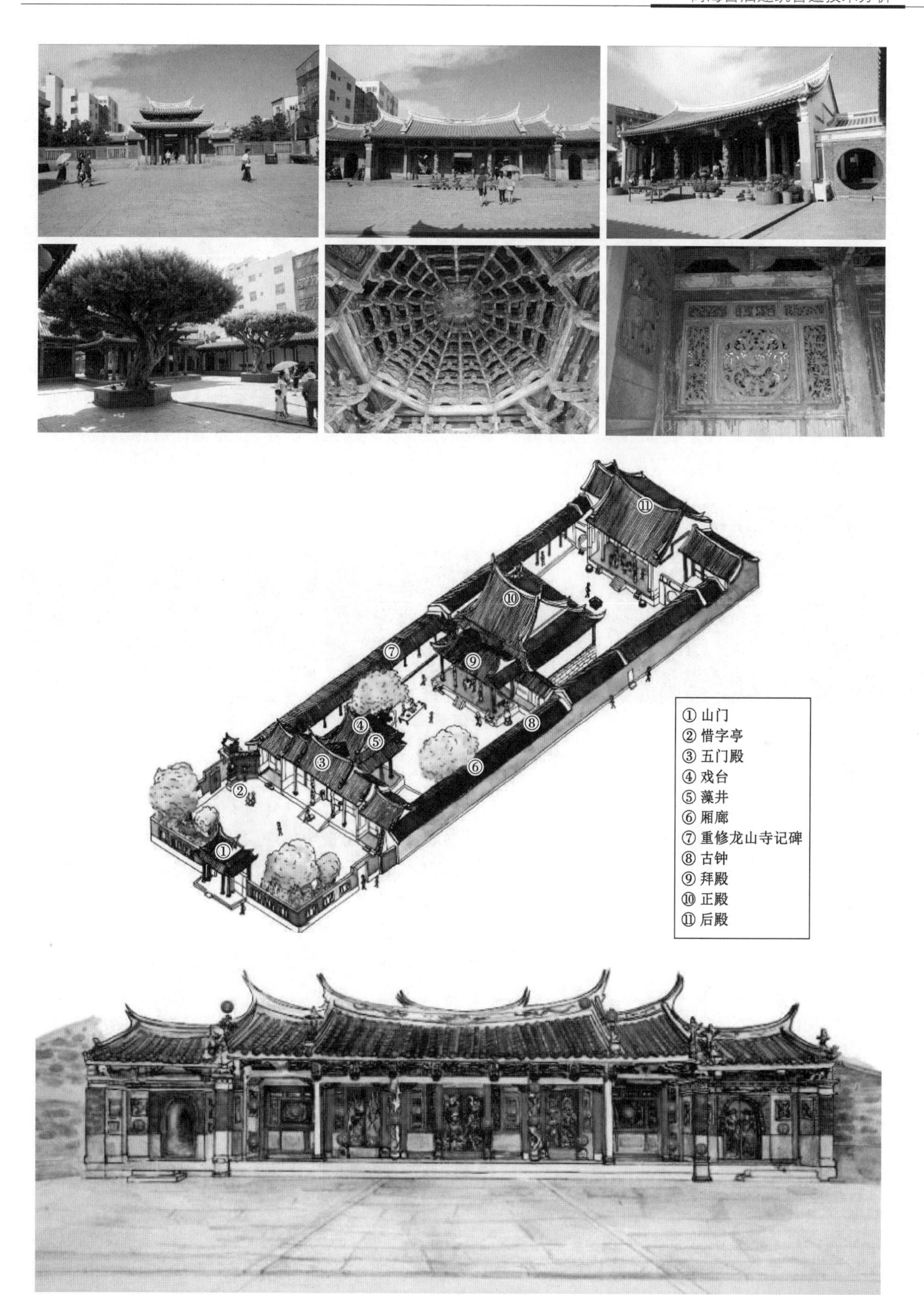

图 6-31　彰化鹿港龙山寺
（笔者翻拍、重绘寺庙内悬挂的照片）

图 6-32 澎湖天后宫

(2) 复合开放型

复合开放型庙宇是指整座宫庙规模较大，布局较为分散，空间相对较开放，主殿多建在地形较高的位置，如山林、高地上，视线开敞，宫庙周边多以绿地为主。该种类型较为典型的有南安洪梅镇灵应寺、永春天柱山天柱岩与魁星岩、晋江东石寨关夫子庙、安溪威镇庙、安溪蓬莱镇清水岩、泉港涂岭镇虎岩寺、惠安东岭镇护海宫、台湾佛光寺等(图 6-33)。

南安洪梅镇灵应寺

图 6-33 复合开放型宫庙

灵应寺原名紫帽岩，始建于五代后唐年间(923—936 年间)，距今已有 1 000 多年的历史，供奉的是肉身佛祖师公李文愈。据旁立石碑《唐神僧灵应祖师现化记》记载，李祖师被尊为闽南“三真人六祖师”之一，师字文愈，诞生于唐代仁宅李家，幼有孝行，家贫有志，博超群伦，福而有德，常现神爱事迹昭闻，如渡溪飞笠、立石朝天、播竹茁地等，坐化于山中“茄藤”。乡人就其肉身塑像，祀于紫帽岩中，尊为李公祖师。2002 年初兴建了大雄宝殿，供奉三生佛。红瓦建筑物是弘一法师纪念堂。在 1940 年 10 月到 1941 年 4 月，近代高僧弘一法师在灵应寺住持定眉法师的恳请下曾挂锡灵应寺，为重修灵应祖师真身塔撰写碑文，在他住锡期间，还写下了许多的佳联、诗文，留下了很多珍贵的墨宝。

东岭护海宫位于惠安东岭镇彭城港雅自然村。庙宇面对大岞山，背靠荷山，东临凤山，西濒阁仔山。依山傍海，环境宜人。宫庙始建于明嘉靖(1522—1566 年)年间，原址凤山南麓，后因长年被海潮冲击和白蚁蛀蚀，年久失修而倒塌。清道光二十七年(1847 年)，迁至离原址 300 米左右的海滨，按原貌重建。又历遭海潮侵袭，屡经重修。“文革”期间惨遭破坏，神像被焚毁，宫殿被改作他用。宫庙坐北朝南，建筑面积约 200 平方米，由山门、拜亭、两廊庑、主殿等组成，山门面阔三间，进深二间，抬梁式结构，硬山屋顶。主殿面阔进深均为二间，插梁式结构，硬山屋顶，整个宫庙面向大海，背靠山林，环境宜人，空间开阔，并与周边的山林绿化融为一体。

永春天柱岩位于永春仙夹乡与南安蓬华交界的天柱山上近蓬华一侧。天柱岩肇建于南宋咸淳九年(1273 年)，现存庙宇为近年重修，赵朴初题额。立体建筑有钟鼓楼、天王殿、正殿等。正殿主奉由缅甸进口的玉佛如来及诸佛，左右偏殿则为檀樾梓新郭公祠与施田檀樾省吾郭公祠，应为郭氏两位重要祖先的祠堂。庙宇还在不断增修扩建中。整个宫庙深藏于天柱山中，依山而建，自然环境较好，宫庙空间相对开敞，空间因地形关系而相对自由灵活，布局较为分散。而魁星岩，古称詹岩，取“文曲华世”“光昌文运”之意而名，位于石鼓镇的奎峰山麓，为全国仅有的两处供奉魁星的寺庙之一。这座寺庙始建于隋开皇九年(589年)，南宋乾道四年名僧圆觉重建，几经沧桑，现尚存有重檐悬山式的大雄宝殿、魁星殿、琢于五代的三尊摩崖造像以及历代文人墨客留下的书法篆刻等等。魁星岩隐匿于葱郁林木之中，相映成趣，风光秀丽，景色迷人。居此可远眺永春县城，山雾缭绕，丛林染碧，如织锦绣。

再如，灵应寺位于南安洪梅大帽山(六都)，主祀李公祖师。相传唐末天祐元年(904年)，有童子李文愈在大帽山枷吊藤上坐化，乡人奉以为神，塑肉身佛，20年后建寺，其时约在五代后唐间(923—936年)，后名紫瑁寺，清代改名灵应寺。整个宫庙由山门(新旧数处)、天王殿、祖师殿、大雄宝殿、观音阁、化身亭、以及肉身塔、弘一大师纪念堂、观音石像等组成，规模较大，布局分散，且结合山体自由布局，空间层次由此丰富而多变。寺中有清朝的匾、楹联多处，有清末状元林骚诗刻石等古迹，有弘一法师书联多对。加上山间树林茂密，清泉长流，有百年荔枝、千年杜杉等古树名木，使得整个宫庙古朴幽静、环境宜人。

众所周知，我国古代建筑是在以宗法血缘制为基础的君主专制社会以及由此而形成的等级森严的伦理秩序、礼仪制度中发展的。因此，古建筑中都透露出“上自天子下至庶民，上尊下卑界限分明，不可逾越”[1]的等级规制的气息。而民俗是民间传统的积淀和表现方式，传统文化观念折射在民间宫庙建筑上是历史的必然。闽海传统宫庙建筑在风格上承袭了传统的建筑美学，即以砖、石、木构架结构为主要结构方式，讲究严格的轴线，左右对称、注重平衡、遵循比例和等差。同时，不以外部的体量特征为神性象征，而是在充分考虑地形地貌及其地域社会、文化、经济及其技术的发展状况，以“间”为单位构成单座建筑物，再以单座建筑物筑成深井庭院，并由深井庭院构成建筑群。建筑群组平面有序、依次展开，相互配合、衬托，即把空间意识转化为时间过程。

6.2 闽海宫庙建筑造型分析

从宫庙建筑造型而言，单体建筑可分为台基、墙体、门窗、梁架、屋顶等。木构梁柱犹如人的筋骨，门、窗、墙是其身躯，高耸的屋顶则为其冠冕。因此，在外观上，屋顶成为整座建筑的视觉焦点。闽海传统聚落宫庙的特色正是如此，其特色一方面体现在建筑的屋顶上，另一方面则通过建筑的台基、墙体、梁架、门窗等上的雕、塑、镶、贴、砌、书、画、彩等来共同来体现浓郁的地方特色。而对于这一切，建筑匠师们并没有刻意去营造精致高雅的文人士大夫气质，也不去强调建筑空间的灵性和意境，更多的是直接地表现出自然、活泼甚至狂野的建筑气质，发展出有别于其他地区的宫庙建筑与装饰风格[2]，但仍能像中国古典园林设计那样，突出三境一体——物境、情境、意境的综合作用。

6.2.1 屋顶类型与特色分析

闽海传统聚落内宫庙的屋顶按照造型可以划分为平屋顶(或单坡顶)、硬山顶、歇山顶与混合顶等。其中平屋顶(或单坡顶)相对较少，主要局限在规模小的宫庙中，比较典型的如晋江福全南门土地庙、东门外祀坛宫等。其屋顶均是用条石块铺设而成的平顶，略有坡度，其屋顶造型粗犷简洁，没有装饰。

对坡屋顶而言，屋脊往往是装饰的重点，能彰显其特色所在。这些装饰多以剪粘的造型，即以铅线作骨架，搭成所需的形态，如龙身、人形、宝塔、花鸟等。其中，双龙戏珠、双龙护塔是最常见的主体造型，一般在屋脊的正中装饰火球或宝塔，两边各装饰一条头朝火球或宝塔的青龙。这样的装饰来源于民间相信龙能注雨以济苍生，有祈雨辟邪、压制火灾的作用。而卷草纹作为边饰，作成斜脊最末端的回卷形装饰，使脊线增加弯曲变化，看起来既像花草，又似浪花。另外，在屋脊的脊堵上，还有许多彩瓷雕塑，如花卉、喜鹊、八仙等吉祥动植物与人物故事造型，制作剪粘的材料多用五颜六色的瓷片，使得整个屋面充满了动态感。

---

[1] 郑镛. 论闽南民间寺庙的艺术特色[J]. 华侨大学学报(哲学社会科学版)，2008(4)：78-81.

[2] 康锘锡. 台湾古建筑装饰图鉴[M]. 台北：猫头鹰出版社，2012.

6.2.1.1 硬山顶的特色分析

硬山顶的宫庙建筑屋面仅有前后两坡，左右两侧的山墙与屋面相交，并将檩木梁架全部封砌在山墙内，单殿型、二进或多进宫庙其特色均较为凸显。其中较为典型的案例，如晋江福全下关帝庙、北门保生大帝庙、朱王爷庙、留从效庙；晋江英林镇东埔村灵坡寺、南安溪美镇开化洞、台湾鹿港凤山寺、泉港区界山镇界山村龙兴宫等；金门金湖镇下庄村恩主庙、金门金湖镇象德宫、金城北征宫等小型宫庙多采用这种类型的屋顶，且屋脊多装饰繁缛的彩瓷剪粘。

福全北门保生大帝庙屋顶为硬山顶，屋脊的脊堵上用彩瓷剪粘花草、喜鹊、鲤鱼、祥云等，脊背靠近燕尾脊附近则塑有金龙，形成双龙戏珠，即在屋脊的正脊及燕尾脊尾端，以玻璃、陶片、碗片等材料剪花粘塑图形装饰，在燕尾脊尾端装饰两条相对视的双龙，龙间置“火焰宝珠”，龙身呈 S 形，爪朝内似有抢珠、护珠、戏珠之态，其下脊堵即“下马路”饰有鱼、花草、祥云等饰物，以体现华丽富贵吉祥之气势，其中，双龙戏珠意味着吉祥、庆丰年之意，因龙能兴云作雨，立于屋脊有庇佑及防火的功能，而花草寓意着旺盛的生命力与对生活热切的期望，有如意、吉祥、幸福、延绵之意；鲤鱼则与“利”“余”谐音，且鱼多子，又传为龙的一个分支，故有多重吉祥如意的含义❶(图 6-34)。

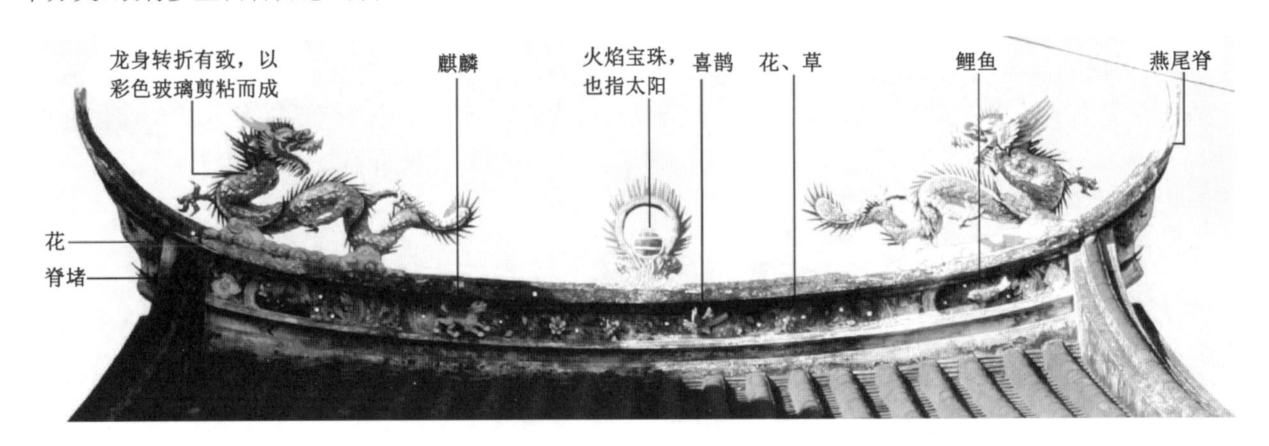

图 6-34 福全村北门保生大帝屋脊装饰分析图

留从效庙屋顶为硬山顶，整个屋顶装饰简单，屋脊两端为燕尾脊，其尾端加吻兽作为装饰，吻兽为绿色的陶饰，其形如龙，呈坐立状，寓意辟邪、防火。脊的中央为宝瓶，脊堵则采用了简易的“分三停”形式，即在三停线分界线处以实体的脊堵，其余则在束腰处以空透的红砖砌筑成“梳窗脊”。整个屋面铺设筒瓦与板瓦，即板瓦屋面、筒瓦做边的做法，檐口处铺设勾头与滴水，砖红色的屋面与宫庙的其余部分融为一体，屋面平缓，轻薄飘逸，朴实大方(图 6-35)。

图 6-35 福全村留从效庙屋顶分析图

❶ 康锘锡. 台湾古建筑装饰图鉴[M]. 台北：猫头鹰出版社，2012.

6.2.1.2 歇山顶的特色分析

歇山顶又称九脊顶，共有九条屋脊，即一条正脊、四条垂脊和四条戗脊，从外部形态看，上半部分为悬山顶或硬山顶的样式，而下半部分则为庑殿顶的样式，因此是庑殿顶与悬山顶或硬山顶的有机结合，即以下金檩为界可将屋面分为上下两段，上段具有悬山顶或硬山顶的形态特征，屋面分为前后两坡，山面两坡与檐面两坡相交形成四条脊。

这类比较典型的案例有晋江福全元龙山关帝庙、晋江东石镇海头宫、石狮永宁镇鳌西古地晏公庙、德化乐陶村龙图宫、安溪参内乡罗内村安山庙、安溪白云亭、澎湖天后宫主殿、鹿港天后宫等。

例如，在福全村内，大都以歇山卷棚顶的形式出现，即无正脊，屋脊部位形成弧形曲面，为歇山式屋顶之一，且这种歇山顶多与其他屋顶结合形成混合的屋顶类型。这些宫庙大多始建年代较早，且供奉的主神多受到历代朝廷的册封和官府的支持，在民间拥有较高的声誉，如妈祖庙的主殿建筑、轩亭都为歇山顶，城隍庙、观音宫、元龙山关帝庙等宫庙的轩亭也都为歇山顶。有些宫庙为当地供奉这类神明的开基庙，如北门八姓王府庙的主殿为歇山顶，这些宫庙采用这种具有帝王居所象征的屋面造型，以体现神的尊贵。

在一些传统聚落中，还存在以硬山为主，硬山与歇山混合式，即主殿为硬山屋顶，轩亭为歇山顶，较为典型的宫庙如福全元龙山关帝庙、城隍庙、观音宫、灵佑宫，南安官桥镇洪邦村的洪慈寺、金门金沙镇后浦头川德宫、金门水头灵济庙、蚶江龙头古地(龙显宫)、台湾大园许厝港福忠宫等(图 6-36)。

金门水头灵济庙

南安洪邦村洪慈寺

大园许厝港福忠宫

图 6-36 硬山与歇山混合式宫庙

福全元龙山关帝庙主殿为硬山顶，轩亭为卷棚歇山顶，主殿硬山屋脊为双龙护塔，塔顶置葫芦，因此也隐含着“双龙护葫”，脊堵上饰有凤凰、牡丹、麒麟以及花草、祥云等，代表着太平盛世好兆头，有光明美好、幸福美满、吉祥如意的含义。脊堵的装饰也是采用了简易的“分三停”形式，即整个脊堵划分为三段，中间枋心部分占据了整个脊堵的二分之一，两端各占四分之一；色彩上大胆地采用了琉璃、碗片、陶片等材料的色彩，因此色彩艳丽。再次，戗头部分采用了鲤鱼装饰。轩亭屋顶装饰相对简洁，在歇山戗脊采用了串角草花的饰物，檐口下梁上饰有双龙抢珠的图案，以增强关帝庙德配天德的等级(图 6-37)。

另一个典型的例子就是福全城隍庙。该庙主殿为硬山顶，双燕归脊，脊上塑有双龙护塔，双龙为金龙，且为龙回首相对，塔顶置葫芦，也寓意双龙护葫、脊堵处塑有凤凰、麒麟及牡丹、花草、祥云等。轩亭为歇山顶，正脊为燕尾脊，脊上塑有双龙护珠，脊堵上塑有金牛、喜鹊、牡丹等，寓意吉祥，轩亭山墙山花处绘有葫芦、毛笔等图案，戗脊翼角处为串头草。两侧配殿为硬山顶，基本没有装饰，简洁明了，以突出主殿建筑的威严(图 6-38)。

另，在一些传统聚落中，也有以歇山为主，融合硬山、卷棚等混合式宫庙，即主殿为歇山顶，配殿为硬山顶，轩亭为卷棚顶。较为典型的有晋江福全八姓王爷府庙、惠安崇武南门关帝庙、台湾新竹普天宫(关帝庙)、晋江池店镇清蒙村青龙寺、晋江东石镇东苏护国宫等(图 6-39)。

图 6-37 元龙山关帝庙主殿屋脊分析图

图 6-38 福全村城隍庙屋脊装饰分析图

惠安崇武南门关帝庙　　新竹普天宫（中与右）

图 6-39 歇山式宫庙

福全八姓王爷府庙的主殿与轩亭都为歇山顶，两侧配殿为硬山。主殿正脊为双燕归脊，脊上饰有双龙护塔，塔顶置葫芦，因此也寓意双龙护葫。另外，较元龙山关帝庙而言，宝塔下才有了莲花的式样，而非祥云。脊堵则为凤凰、麒麟及其花草等，寓意吉祥。戗脊翼角处饰有串头草，歇山山面山花归尖处采用灰塑，塑有狮嘴、祥云、双龙、花篮等，以辟邪安境为寓意。轩亭为卷棚式顶，檐口处用鳌鱼作为装饰，两侧配殿则装饰简洁，仅在山花处塑有三英战吕布。整个宫庙建筑屋顶四周饰有祥云花草规带，使得屋顶不同类型的组合十分巧妙、变化丰富，以主殿屋脊最高，两侧配殿最低，形成错落有致，层次分明，以此突出庙宇之中神明的威严与通灵(图 6-40)。

图 6-40　福全八姓王爷府庙屋脊装饰分析图

重檐歇山的屋顶形式，较为典型的宫庙如泉港南埔镇沙格村的灵慈宫、安溪蓬莱镇的清水岩、莆田市仙游县西苑乡凤顶村九座寺、厦门南普陀寺、漳州南山寺、平和县文峰三平寺、鹿港的天后宫等。其中，漳州南山寺坐南朝北，规模宏大。中轴线上自北而南依次为山门、天王殿、大雄宝殿、法堂；左右有喝云祖堂、陈太傅祠、石佛阁、德星堂、地藏王殿、福日斋。东侧还有城隍庙，后山有塔院等建筑。山门匾额“南山寺”三字，为明末乡贤、学者、名宦黄道周所书，是南山寺重要文物，南山寺为漳州八大名胜之一。其大雄宝殿为重檐歇山顶，屋脊装饰采用了双龙护塔，戗脊采用卷草的形式，整个宫庙装饰较为华丽(图 6-41)。

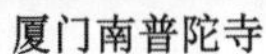

厦门南普陀寺

漳州南山寺

文峰三平寺

图 6-41　重檐歇山式宫庙

6.2.1.3 庑殿顶的特色分析

庑殿顶是指前后左右成四坡的屋顶，是屋顶中等级最高的一种，常常出现于宫殿与规格较高的宫庙中。因此，闽海传统聚落中宫庙采用庑殿顶的形式相对较少，而重檐庑殿顶就更少，少数宫庙的屋顶采用混合的形式出现，即庑殿顶与其他屋顶的混合形式。如台湾佛光山佛光寺即为混合式屋顶。该寺庙位于高雄市近郊佛光山上，是闻名中外的佛教圣地，有“台湾佛都”之称。佛光寺坐落的佛光山也是一座名副其实的佛光普照的圣洁之山，此山由五座形如佛国莲花瓣的小峰组成，地形就具备了佛国净土的特征。山上林海茂密，墨染幽深，古树参天，含烟蓄岚。山间紫气徐渡，林中瑞气静浮。该寺庙里的大雄宝殿等主殿采用了重檐庑殿顶，其他则有重檐歇山与庑殿顶、歇山顶等形式，整个庙宇的屋顶形式极其丰富，整体氛围肃穆、神圣、庄严。

6.2.1.4 攒尖混合式特色分析

攒尖混合式是指宫庙的屋顶由庑殿、歇山、硬山、攒尖甚至平顶混合式而成，且主殿多为歇山，配殿为硬山或平顶，攒尖顶主要用于钟鼓楼等，这类混合式宫庙功能多较为复杂，平面形态多为二进或多进院落式。较为典型的有惠安涂寨镇顶东村的安固石亭、晋江金井镇福全妈祖庙、晋江东石镇的五郎庙、鹿港天后宫、嘉义县番路乡龙隐寺等。

下面以台湾龙隐寺为例作简单分析。

龙隐寺位于台湾嘉义县番路乡触口村，始建于1980年，占地3公顷，坐东向西。寺里主要供奉李修缘师父，即济公禅师，整个寺庙采用了重檐歇山加六角攒尖顶的混合形式，且山门采用了牌楼门与山门建筑合院的处理方式，屋顶装饰极其丰富，寺内的龙柱、石狮、石堵，雕刻得栩栩如生、活灵活现(图6-42)。

图6-42 嘉义县番路乡龙隐寺

另外，福全村妈祖庙也属于这类形式，庙门入口门房为硬山顶，脊上用剪粘法砌筑“双凤牡丹”。双凤寓意高雅尊贵，牡丹寓意尊荣华贵，双凤飞翔寓意天下太平。脊堵中央塑有南极仙翁，两侧为八仙人物，整个脊堵人物生动，寓意吉祥、华丽高贵。屋脊山面山花为书、笔、祥云图案，书上刻有“天书”两字，寓意文化的传承、智慧的结晶。门房后为轩亭，轩亭为歇山顶，在戗脊翼角处采用了串头草，风吹嘴处塑有花篮加以装饰，正脊脊堵绘有花草图案，整个屋顶装饰相对简单。主殿为歇山顶，正脊塑有双龙护塔，塔顶置葫芦，因此也隐含着双龙护葫，整个主殿屋脊装饰简单。两侧护厝为硬山顶，也基本没有装饰，相对简洁。左右配殿为平顶，平顶上设钟鼓楼，钟鼓楼均为重檐八角攒尖顶，一层屋檐为四攒顶，二层为八角攒尖顶，顶部筑有宝塔，塔顶置葫芦；八条脊的翼角处均有串头草，风吹嘴处塑有仙童献桃的陶作(图6-43)。

整座庙宇屋顶层次清晰，主次明确，由入口硬山，经轩亭歇山，至主殿歇山，两侧护厝硬山，配殿平顶，其上为重檐八角攒尖顶的钟鼓楼，形成了一个形式丰富的屋顶群，以此反映妈祖庙在福全村中的地位。另外，妈祖庙背山朝海，遥望天际，保佑着在海上拼搏的人们，其屋顶形式无疑营造出了极具人文内涵的景观意蕴。

综上所述，闽海传统聚落中的宫庙建筑屋顶形式丰富，从平顶、硬山顶，到歇山顶、重檐歇山顶、庑殿顶，再到多种屋顶的组合形式，其种类丰富，色彩多为红色的板瓦，白色的规带、屋脊，与整个建筑的色彩协调。宫庙建筑传递着热闹喜气、人神和谐的精神气质，足以让参观者或祭拜者瞩目凝视良久而心向往之(图6-44)。

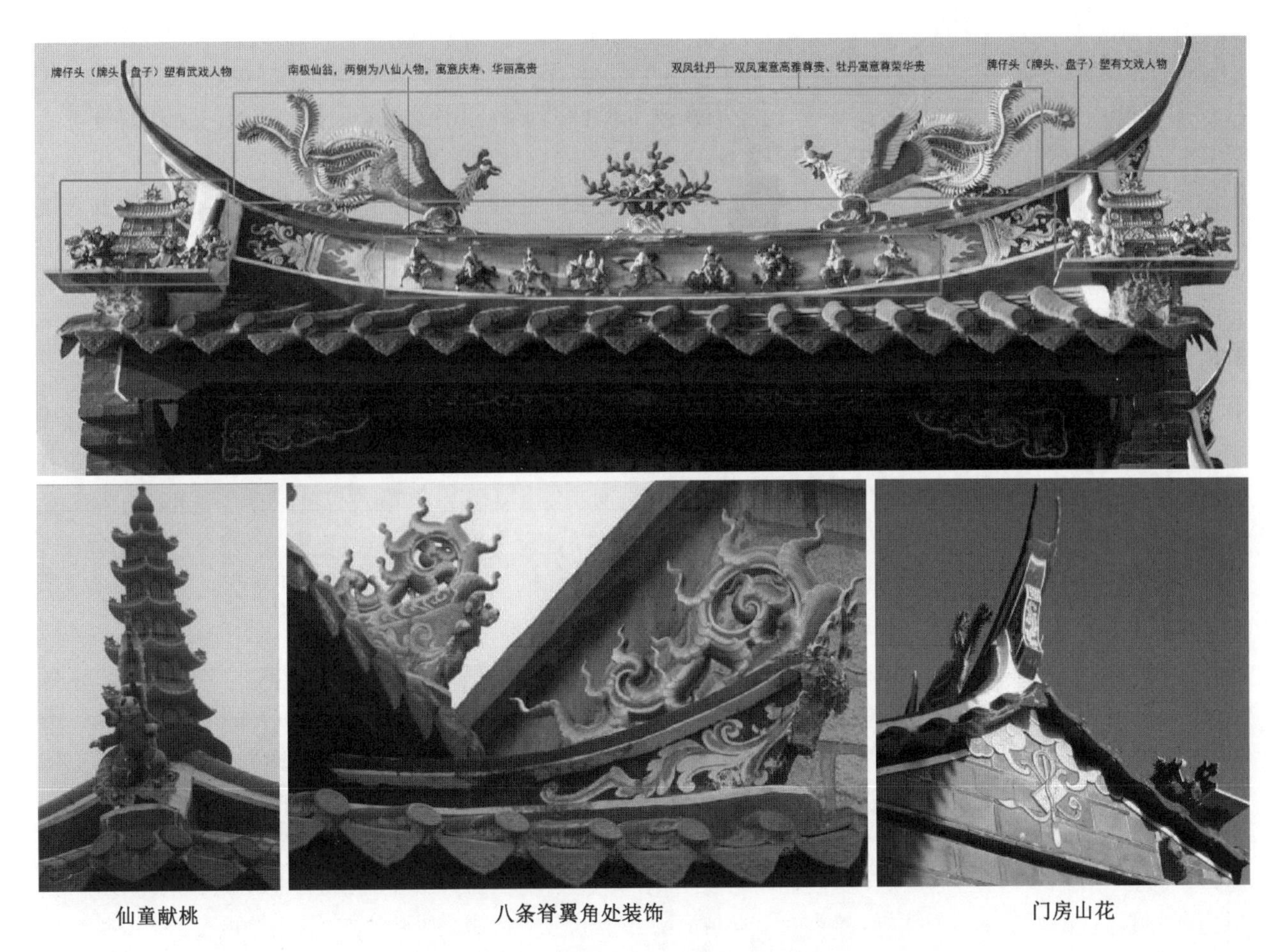

仙童献桃　　八条脊翼角处装饰　　门房山花

图 6-43　福全村妈祖庙门房屋脊分析

图 6-44　鹿港天后宫屋顶装饰

宫庙建筑的屋顶装饰也呈现出多样性，即由朴实性的土地庙到装饰繁杂、色彩丰富的妈祖庙等，其装饰正脊脊饰多为双龙与宝珠、葫芦或宝塔的结合，一般寓意为双龙戏珠、双龙护葫和双龙护塔等，其中，葫芦多与宝塔结合的形式出现，即往往都在宝塔上置葫芦，另外还出现各种人物，如关公、老寿星、济公、飞天、神童等等，栩栩如生。尤其是在歇山式庙宇屋顶脊端，一般以卷草或龙、凤交趾陶雕塑作尾端部处理，取卷草克火而又有龙凤呈祥的美意，将屋顶装饰得更加富丽堂皇。鹿港天后宫屋顶装饰具有代表性，无论是山门还是正殿屋脊，装饰题材内容和造型丰富，用色华丽、大胆，保持了典型的闽海宫庙装饰特征(图 6-44)。

对于硬山两坡顶，正脊双曲燕尾端，也以彩瓷或颜料精心装饰底部，并以凤凰、麒麟、喜鹊、牡丹等置于脊堵中，脊堵的构图均为变异的彩绘形式，即以鲤鱼为基础，结合彩绘的三停线进行变异，形成适合古村落民居信仰需求的脊堵装饰风格。垂脊端部的装饰也很讲究，称为“盘头”，一般为微缩亭台，放置人物典故或戏剧名段情境。

总之，宫庙建筑屋顶的形式及其装饰充分体现了闽海信仰空间的深厚地域文化底蕴。

6.2.2 建筑立面造型分析

在闽海传统聚落中，宫庙建筑的立面造型受到官式建筑的等级制约束相对较小，建筑立面相较民居更为自由。单体建筑立面包括外立面与内部立面两部分，外立面是指宫庙建筑的正立面，即主入口处或主殿的立面造型，该立面按照建筑从下到上的组成部分划分，可以分为台基、屋身、屋顶等三部分；内部立面是指包括带有深井内院的横向剖立面与纵剖面。我们以建筑外立面为主要观察突破口。根据闽海传统聚落现存宫庙建筑外立面的通透程度，可划分为封闭性立面、通透型立面、半通透型立面三大类。

6.2.2.1 封闭性立面特色分析

封闭性立面是指宫庙入口处立面相对封闭，这类立面造型的主要有：石狮永宁镇五显庙、三清宫、城隍庙、慈航庙、梅福寺、保生大帝宫、西门土地庙等；福全村北门瓮城土地庙、妈祖庙等；金门金城吴厝村的仰峰宫、琼林村的忠义庙、保护庙、鹿港凤山寺等。其中，土地庙外立面多采用主殿墙体围合，在外墙上仅仅开设庙门，外立面造型简洁，基本没有装饰，由此形成相对封闭的外立面造型。

福全村妈祖庙通过庙门房、院墙形成相对封闭的外立面，其门房采用民居的塌寿的变异做法，形成门房入口空间，入口身堵绘有秦叔宝、尉迟恭两大门神。龙边(左边)为秦叔宝，白面凤眼，貌不怒而威，头戴凤盔，足蹬云头战靴，身着文武袍，持锏，背插四面靠旗。虎边(右边)为黑脸怒目圆睛的尉迟恭，一手执鞭，威猛而不张扬。以此驱鬼辟邪，有迎新纳福、安宅镇殿之功能。顶堵绘有《隋唐演义》的故事，柜台脚处刻有浅浮雕螭虎对，以此寓意长久不断的吉祥之意。大门周边用石块围合，形成石箍，寮圆上刻有牡丹并进行鎏金，托木上则刻有鎏金的狮子、牡丹等，吊桶处刻有飞鱼等，寓意避凶迎宾、吉祥富贵。再次，在两侧的身堵上绘有“风调雨顺”四大天神的画像，顶堵则绘有丹凤朝阳、鹤寿松龄、青竹图案，以此寓意天下太平、富贵吉祥。门房两侧为红砖院墙，墙上开设竹节窗，装饰简洁，以突出门房。主殿与轩亭连为一个整体，面向内院开敞，主殿面宽三间，进深五间，主要檩条为木质，梁与柱子为石柱，屋架为典型的穿斗与台梁的结合形式，即插梁式，檩条上绘满了凤凰牡丹、祥云、飞天以及鲤鱼、瑞狮等。在钟鼓楼的枋与檩上也绘有卷草叶，塑有鎏金瑞狮、鲤鱼等。整个妈祖庙内部装饰华丽(图 6-45)。

6.2.2.2 通透型立面特色分析

通透型立面是指宫庙的主入口立面不做围合处理，直接面对外面，属于该类的宫庙有福全杨王爷庙、庙兜街土地庙、南门街土地庙，石狮永宁镇的小东门土地庙，泉港区后龙镇土坑村的路东土地庙，台湾鹿港的三山国王庙等。该类庙宇的外立面为或简洁或复杂的多种形式，但其宫庙布局一般都较简单，多为墙体直接承重，宫庙规模较小，面阔多为一间，内部装饰有简单的也有复杂的，但总体较封闭型的简洁。

6.2.2.3 半通透型立面特色分析

半通透型立面是指在宫庙的主入口立面进行适当围合，但较封闭型立面而言，其通透性增加，这类立面往往采用低矮的格栅、格栅门分隔空间，或者采用在墙体开对称的窗户来分隔内外空间，如福全朱王爷庙、北门保生大帝庙、下关帝庙等；石狮永宁的四位王府、鳌城三王府、鳌西古地晏公庙、溪源藩王府、金甲代巡等；金门金城象德宫、水头灵济庙；鹿港城隍庙、天后宫等。

其中，采用低矮格栅的立面，其立面装饰多集中在屋顶上，屋身、台基等相对简单，如福全北门街保生大帝庙，其外立面采用了低矮格栅的形式，使得立面内外通透，格栅门上方的挂落采用了螭虎对的形式，格栅的上方额枋，绘有八仙的图案，还塑有喜鹊与鲤鱼，以寓意吉祥、富贵，山墙顶堵处绘有青龙白虎壁

福全村妈祖庙门房风调雨顺四大天神

妈祖庙门房柜台脚

钟鼓楼檩坊上的瑞狮、鲤鱼等装饰

图 6-45　福全村妈祖庙立面造型艺术分析

画。殿内为墙体承重的结构形式，两侧山墙上绘有封神演义、隋唐演义、三国演义以及佛教类的故事，内部隔断采用挂落的形式，将拜殿与内室分开，挂落两侧为侧门，侧门上布置有螭虎窗。整个宫庙外部立面通透，内部立面壁画丰富，均为村民捐钱请人绘制，充分反映了村民对保生大帝的虔诚信仰(图 6-46)。

福全北门街保生大帝庙水车出景及其八仙图案

福全两侧山墙上的壁画

图 6-46　福全北门街保生大帝庙宇造型装饰艺术分析

6.3 闽海宫庙建筑技术形态特征解析

6.3.1 闽海传统聚落宫庙建筑技术形态基本特征

首先，闽海的宫庙建筑类型丰富，空间形态与布局自由、灵活，各类宫庙的空间特色较为鲜明。主祀同一神明诸如关羽、观音、王爷等的宫庙，可以形成不同的平面布局形态，建筑规模可以大，也可以小到1～2平方米，建筑风貌也随着平面形态的变化而呈现出或朴实或华丽的风格。

其次，以供奉的神明为研究对象，宫庙多为泛神与专神崇拜类寺庙，对于泛神崇拜类寺庙，其正殿多分为三部分，中央供奉主神，两侧供奉次神，或者中央上方供奉主神，下方供奉次神。如闽南大多数聚落中的观音庙，以两列木柱或石柱相隔。正中为主祀，有上下供桌，两侧副祀。

再次，从民间信仰的基本活动角度进一步剖析，民间信仰是以主祀神的殿堂与宫庙前埕相连所围合的庭院空间而展开，因此，建筑平面类型可进一步归纳为：

（一）单殿平面。即只有一个正殿，三开间或五开间，类似于民居建筑，是各类宫庙最基本的形式，是组成三合院、四合院、殿堂式等宫庙的基础与原型。在其前增加拜亭是该类型的衍生形态。这种型制的宫庙多出现于广大乡村，其供奉的神明神格一般较低，建筑规模较小，造型多较为朴实。

（二）三合院平面，也称单轴双向型。只有一正殿，三开间或五开间，左右两廊（又称护龙或护室，或厢房）所围合的三合院式平面。它是由上述单殿原型发展而来，其衍生型也是在正殿前增一座拜亭，这种型制的寺庙大多分布在乡村，城市民宅中也有相同形式出现。

（三）合院平面，在单殿或三合院前面再布置房屋，构成前殿、正殿两进或多进的平面形态，或者构成前殿、正殿及两者间用廊道或拜亭相连的四合院式平面。这种型制的寺庙在乡村及其城市都广泛存在。其衍生型由两廊之外侧再配置护室或护龙，除了三川门入口，还有两翼的过水门联系，可称为“两殿两廊两护室”，该衍生型宫庙是一种很成熟的平面形态，如永春岵山铺上的南山庵、台湾艋舺清水岩、淡水鄞山寺等。

（四）殿堂独立式平面，也称核心四向型，由前殿、正殿和后殿组成。其平面布局呈“回”字形，殿堂独立居中，面阔九间或十一间，屋顶多为重檐歇山顶，整个寺庙空间开敞，殿堂的前后院相通，深度感强，光线充足，庙貌极为壮观。这种寺庙祀奉等级较高的神祇，以官建宫庙居多。其衍生型可发展成众多配祀的神像供在左右前后的殿宇中，成多轴相交之形态，反映移民社会多种神祇信仰的组合方式，如泉州天后宫、开元寺，漳州龙海角美白礁慈济宫、鹿港龙山寺、天后宫，艋舺龙山寺，台北保安宫等。

（五）合院并连式平面，也称并置型。其平面布局呈“曲”字形，一般将两座或三座不同性质的建筑相连，形成各自的前殿与正殿，而庙宇之间也有门廊相通，构成众多天井相互联系的院落空间形式。这种形式多用于不同神明共祀一庙的情形，如北港朝天宫、漳州文庙等。其衍生型如台南南门路的孔子庙，以大成殿（庙）、明伦堂（学）、文昌阁形成三条不同的轴线布局形式，形成“三教合一”的综合性祭祀空间[1]（图6-47）。

[1] 台南孔子庙是台湾最早的文庙。主体建筑大成殿建于明永历十九年（1665年），也是郑成功收复台湾后创建的第一所文庙，有“全台首学”之美名。它的建立意味着儒家文化进入台湾的一个里程碑，中国传统文化教育在台湾岛上传播开来。台南孔子庙殿宇恢宏，气氛肃穆，格局完整。大成殿坐南朝北，是效仿古代宫殿而修建，传统的歇山飞檐屋顶，淡黄色的琉璃屋瓦，房脊起翘。孔子庙庙门上横匾题写的“全台首学”四字，字迹雄浑有力。另外还有启圣祠、土地祠、礼门、义路等。

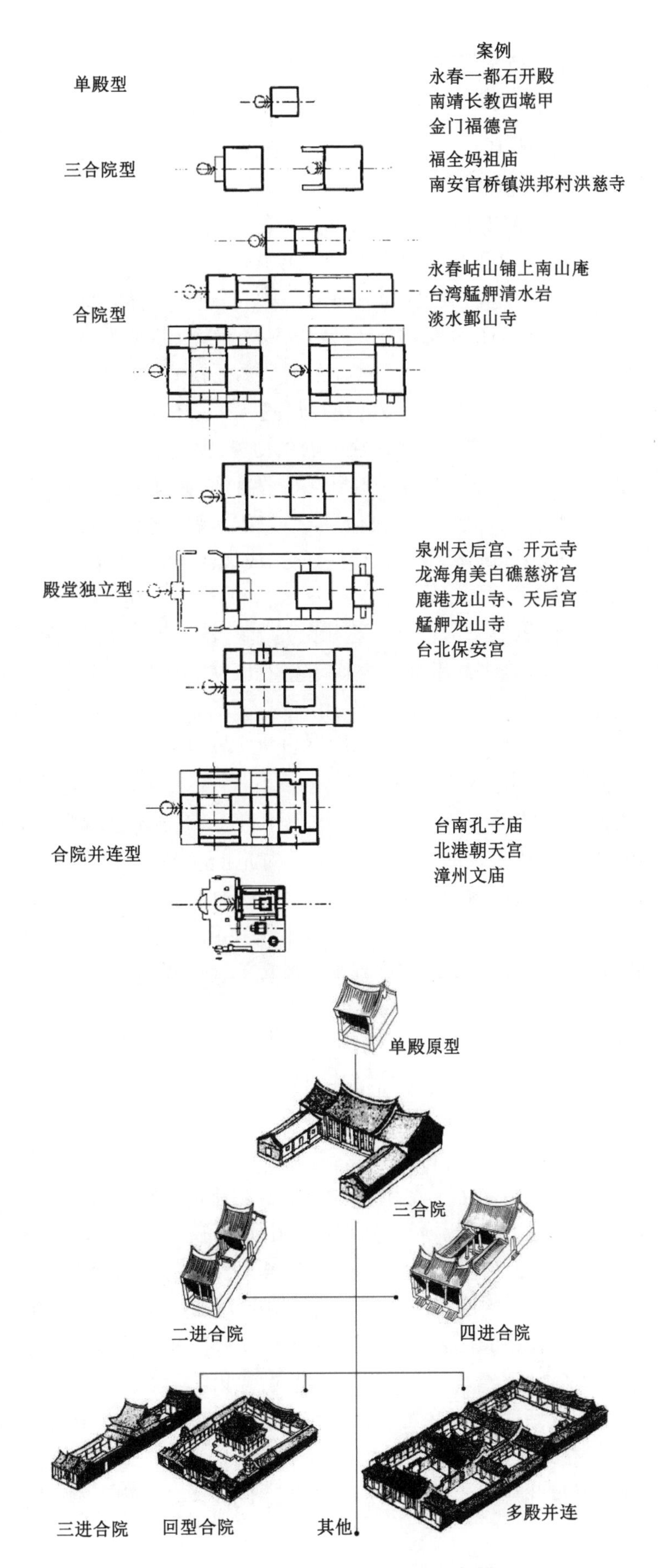

图 6-47 闽海宫庙平面与空间形态归纳

6.3.2 闽海传统聚落宫庙建筑技术形态的历史渊源再解读

闽海传统聚落中的宫庙建筑有着密切的关联性，台湾的宫寺建筑布局与风格多承袭自闽、粤地区。特别是闽南地区著名的宫庙，如莆田广化寺，泉州开元寺、延福寺、承天寺，漳州南山寺、白礁慈济宫、东山关帝庙等为台湾清代所建佛寺之蓝本。

闽海宫庙建筑布局又多遵循中原地区宫庙的制度，各殿以合院方式配置，成为院落式布局。通常南方宫庙的布局以中轴对称为原则，从前面安排照墙、水池、牌楼、山门、天王殿、弥勒殿、大雄宝殿及法堂等，左右安排回廊及钟鼓楼，中轴线之左侧配置香积厨(厨房)，右侧配置禅房及方丈室等。

随着移民入台定居，福建传统宫庙的营造技艺也相继传入台湾，形成闽海许多共同的建筑形式与工匠艺术。台湾移民初期的宫庙与其他传统建筑一样，无论是平面布局、空间构成、院落组合，还是构造材料等，多源于大陆，因此，从本质上沿袭福建原乡的建筑形式。尤其在开发台西平原时，与当地高山族人还未融洽，不敢贸然使用当地建材，只能靠两岸来往中输入物资，由大陆返回时船只顺带运回建筑材料或压舱石，一般梁柱木头多采用福州杉，石材多采用泉州惠安青斗石，砖瓦多购自漳、泉、汀地区等。

大陆移民定居后，为了缅怀先人开台或神明庇佑而兴建较具规模的宫庙，期间多聘请闽南漳泉匠师，这些匠师或应聘而来，完工后再返回闽南；或融入台湾社会，成为台湾的新移民。

台湾宫庙建筑大都受到闽南匠师的影响。如台北淡水镇的福佑宫，建庙的一石一瓦多从福建船运到台湾，庙中的圆形、八角形、正方形的石柱，门口的石狮以及大门墙壁上道光十九年镌刻的壁画等都来自福建。而台北新庄市的慈佑宫，建造者利用舟船往来大陆之便，从闽海将石材、砖瓦、杉木船运到台湾，盖起了宫庙；之后随着时代变迁而不断翻修，每次都聘请闽海工匠前来修建，宫庙中各类神像均出自泉州匠师之手。台中大里市的福兴宫，始建于清嘉庆十六年(1811 年)，于 1992 年 11 月重新修建，重建时不论石砖雕、绿釉、斗砌、画栋，都是从莆田湄洲直接定制，先由福建匠工粗加工，再运到台湾进行细琢。澎湖县马公市的天后宫，曾多次整修，1923 年大整修时从泉州、漳州聘请来的两班木雕师傅，他们现场竞技，所雕出的各式作品精益求精。桃园县大溪镇的普济堂，其主祀的关庙帝君、孚佑仙祖、九天司令，左右偏殿各祀的延平郡主、文昌帝君，皆出自福建雕刻名家林其凤之手，距今已有 90 多年历史，系采用陶土脱坯方式雕塑而成。台南的延平郡王祠，为一座福州式庙宇建筑，不仅其工匠林恩培聘自福州，土木工匠亦从福州请来。祠为“圭”形山墙马背，屋脊燕尾起翘，整个建筑以厚重的琉璃瓦与低矮的墙身、高峻的照壁与外墙合而为一。

对台湾寺庙建筑风格影响最大的主要有三大匠师，即北派掌门陈应彬、漳州派大师叶金万、溪底派大师王益顺。这三位大师，或吸收闽派建筑特点而推陈出新，或本人从闽渡台而精益求精，都与福建关系密切。

陈应彬于 1864 年出生于台北板桥、中和一带，祖先来自漳州南靖，1944 年去世。他的寺庙建筑承续了漳州派的风格，但也有自己的创造。台湾学者李乾朗在《台湾建筑阅览》中指出：“陈应彬的著名标志即是金瓜形的瓜筒与弯曲形的螭龙拱，这两种特别造型虽是由漳州派蜕变出来，但都加入了陈应彬自己的创作。易言之，他有承先，也有启后。他提升了台湾近代寺庙以斗拱与瓜筒为主的装饰程度，将力学的美感表现出来。”[1]陈应彬将建筑装饰与结构紧密结合，如台北指南宫的藻井、朝天宫的藻井与嘉义溪北六兴宫的藻井等，都是他的杰作。陈应彬的代表作为北港朝天宫、澳底仁和宫、台北保安宫等。

叶金万的祖先来自漳州，本人于台湾出生，工匠风格属漳州派，他的瓜筒形态修长，细部雕琢纤巧。其代表作为桃园八德三元宫、北埔姜祠、竹东彭宅、中坜叶氏宗祠、屏东宗圣公祠等，被称为台湾近代寺庙宗师。

王益顺于 1861 年出生于泉州惠安崇武溪底村，因家贫习木艺。18 岁时，承建惠安县山霞镇青山王

---

[1] 李乾朗. 台湾建筑阅览[M]. 台北：玉山社出版事业股份有限公司，2000.

庙；23岁时，承建闽南一带宅庙，并修建泉州开元寺；56岁时，承建厦门黄培松武状元宅；1918年，受台湾辜显荣之邀设计艋舺龙山寺；1919年，率侄儿及溪底匠师等10多人抵台北，开始建艋舺龙山寺；1923年，抵台南设计代天府；1924年，应新竹郑肇基之聘，设计建造新竹都城隍庙；1925年，受聘设计台北孔子庙；1929年，回泉州设计建造厦门南普陀寺及大悲殿，至次年逝世。王益顺在台停留时间长达10年，并带来家乡许多匠师，包括雕花匠、石匠、泥水匠、陶匠与彩绘师等，所以他的匠师群被人称为溪底派。王益顺对台湾建筑产生了深远的影响，其代表作品有台北龙山寺、新竹城隍庙、台北孔庙等，被称为台湾近代宫庙文化的新里程碑❶。

总之，这一时期，闽南漳州、泉州的匠师技艺成为台湾宫庙传统建筑营造的主要流派，使其建筑多具有闽南特色，如台湾宫庙建筑中的殿堂多采用单檐或重檐歇山顶，山门的屋顶形式多采用“升庵式”，即中央三间屋盖较高，两侧屋盖降低，或采用“重脊”的屋顶装饰，系中央三间在同一屋檐的当心间顶上，突起另一条燕尾式的屋脊，两旁前后各加一条垂脊，既非重檐，又无山尖墙，这是台湾一种富有变化的建筑形式，外墙及屋面多用闽南的青石、红砖与红瓦，构成了与闽南地区相一致的独特的“红砖、白石文化”❷。

台湾传统聚落中的宫庙建筑与其他传统建筑一起开创了“对场”与“拼场”❸的营造方法，揭开了台湾建筑竞筑斗技的序幕。在传承闽南传统建筑的基础上，强化建筑细部装饰，追求均衡对称的美和图案的吉祥象征意义。随着台湾的进一步发展，宫庙建筑也在持续地增修、改建，在延续传统的同时，不断涌现出新的建筑形式，呈现出建筑文化的多样化。

6.3.3 闽海宫庙建筑的地域性特征

从建筑学角度，通过建筑平面布局、结构、材料、装饰、色彩及与地理环境结合方式等方面分析闽海建筑的地域性特征。

一是建筑平面、结构形式类型多样。以建筑物为主要研究对象的源于西方近现代考古式建筑类型学是建筑学的重要学术分支和学术分析方法，类型学主张将事物剥离为表象与原型进行观察、剖析，建筑类型学主要通过时间和空间等维度的建筑形式与特征比较，找出其相同和相异之处，从而对特定地域的建筑进行分类。对特定地域的建筑的分期和类型研究是复杂多样的，建筑形式随时间的演进呈现一定的规律，这是类型学对建筑划分的依据，而其规律的形成，主要取决于技术传承、文化崇尚、政治形态和宗教信仰等诸多因素的合力作用。基于以上认知，建筑类型学应当重视揭示建筑类型形式划分所蕴含的内在原因，即重在探讨作为建筑实体的物与人、物与社会、物与环境之间的关系❹。

闽南宫庙建筑多为“坐北朝南”或“坐东向西”的“单座式”“街屋式”建筑。现今闽南村庙多为古代村社庙宇制度演化的产物，特别是明清时期的居多，当代即使重建仍采用闽南传统建筑材料工艺和模式，保留着浓厚的闽南传统信仰建筑的特色。闽南建筑选址一般位于村头或村中比较核心的位置，在风水选择上喜欢接近河、溪、海边等水域位置，这是因为古代福建水路交通比陆路交通发达，使得村庙建筑处于出行方便的显要位置。村庙门口留有一定的空地，空地前方一般设置戏台，戏台在平时大多不用，重大节日时才使用，成为村落重要的公共空间。

二是建筑材料、装饰繁复绚丽。闽海宫庙建筑材料、装饰繁复绚丽。以闽南为例，宫庙建筑装饰使用了大量石材、木材及配以雕刻做大门及其两侧重点装饰部位，包括石狮❺、龙柱、格门、花窗、楹柱、柱础、门枕石、木石砖雕等。檐下是另一重点装饰部位，主要着力于斗栱、雀替、斗座、瓜筒等，再配合泥塑、彩绘、

---

❶ 曹春平，庄景辉，吴奕德. 闽南建筑[M]. 福州：福建人民出版社，2008.

❷ 林从华. 缘与源——闽台传统建筑与历史渊源[M]. 北京：中国建筑工业出版社，2006.

❸ 对场是指凡是两派或两组匠师共同建造一座建筑，以中轴分金线为界对垒情形施工；拼场是指凡是采取前后殿分开的个别施工的情形。

❹ 汪丽君. 建筑类型学[M]. 天津：天津大学出版社，2005.

❺ 狮子是百兽之王，体型高大、凶猛威严。东汉狮子入华是中西文化交流的重要见证，作用从贡狮到舞狮。此后，石狮造型出现于帝王陵墓、佛教寺庙、石窟和府衙等地，具有辟邪祈福的功用，是使用者身份高贵的象征。

剪碗、交趾烧等装饰性配件。闽南村庙红砖红瓦也是一大色彩表现，屋脊都弯成弧线，不少为两端斜入高天的长燕尾形，工匠师傅会依风水需求与房主个人喜好，在屋脊正中置宝葫芦或宝塔或龙珠，两端装饰飞龙及八仙人物或祥瑞物；水车堵也是闽南村庙装饰的另一个重点，多采用泥塑灰塑彩绘表现吉祥福瑞的道教装饰。村庙内部墙壁多绘有以传统戏曲如《三国演义》《八仙》或有关供奉神像的故事为题材的装饰画。从外观看，闽南村庙造型优美，色彩鲜艳，燕尾脊和飞龙带给人一种向上飞起的动感。从色彩看，底部是白石壁脚，上面是红砖红瓦，红白对比，明艳动人。细部装饰精雕繁复，万紫千红，绚烂至极。

闽南建筑材料、装饰上的这些特征，一是体现人的信仰本真虔诚。建筑装饰上的繁复绚丽是神居和神性的双重呈现，通过建筑师的设计之手反映信仰者的本真和笃信。无独有偶，在西方 20 世纪 50 年代，作为人类聚居学者、雅典建筑师季米特里斯·皮吉奥尼斯(Dimitris Pikionis)在面对神圣的国家的文化遗产象征——雅典卫城修复和环境改造时，他设计了通往雅典卫城及费洛帕波斯山遗址的步行道(Philopapou hillside park)。这项工程的主要目标就是把原有的直接进入的机动车道改为迂回的机动车道和径直的人行通道。他本着尊重历史和尊重地形的态度来完成这一设计，将人工设计的内容融入原有的地景之中，从而加强了这个希腊特殊历史地区的文化特征。皮吉奥尼斯的设计是对这一特殊历史场所极佳的现代诠释。正如肯尼思·弗兰姆普顿所说："整个公园与其说是一个设计，不如说是一种拼贴，它是对场所精神的重新诠释……"[1]。二是反映人的世俗价值需求。闽商自古爱拼炫富，形成了闽南一带的攀比风俗。在当代，经济浪潮中富裕起来的福建人再次将炫富的心理投射在了村庙的建设中。在闽中、闽南地区，既有同一村落社区乡民之间的攀比，也有村庙与村庙之间的暗中竞争，一座村庙的建筑经费从几十万到百万、千万不等，有的宫庙历经多年的陆续建造和空间拓展。这种炫富也造成了外界对闽南村庙"俗艳"的看法。

我国乡村是民族文化及集体记忆的重要组成部分。每个村落都有自己的历史和特色，书写着一部厚重乡村发展史，凝聚着乡村的文脉与记忆。随着城市化进程的加快，受商业化、模式化的影响，乡村的历史人文环境受到城市化极大的冲击和破坏，村民的记忆断层，情感空间消失，使原本丰富多样的乡村生活和乡村文明黯然失色。乡村缺少文化景观，宫庙建筑、民居、宗祠构成乡村旅游主要人文景观。尊重乡村历史、自然和文脉，诸多学者和设计师投身于如何更好地发掘乡村文脉，延续乡村记忆的思想与方法探索中。自党的十九大、二十大以来，国家对乡村振兴的重视和乡村的规划设计提出了更高的要求，乡村不仅要体现与时俱进的时代性，更要具备历史文化气息与可识别性，乡村"慢生活"成为现代城市人对田园和异乡的精神渴求。

[1] [美]肯尼思·弗兰姆普敦. 建筑文化研究：论 19 世纪和 20 世纪建筑中的建造诗学[M]. 王骏阳，译. 北京：中国建筑工业出版社，2007.

7 余论

7.1 闽海民间信仰文化具有同一性特征

我们认为，闽台民间信仰具有同根同源、密不可分的联系。当然，在交流互动过程中闽台民间信仰受到一些人为的阻隔，交流过程中出现过中断，也有过繁荣时期。闽台民间信仰的形成有着其独特的复杂的历史传统、地理、经济等要素，这些造就了闽台间民间信仰种类丰富、互动频繁，使得闽台民间信仰既具备神秘性和功利性等共性，又具备闽海民间信仰的杂糅性、海洋性、放任性、外向性等特征❶。

归纳起来，闽台民间信仰表现出明显的同一性，大致有以下几个方面的原因：

一是中国历代较为宽松的宗教政策，为各种信仰提供了生存空间。在中国，一直都是世俗政权一枝独秀，牢牢控制着整个国家的经济、政治、文化思想。尽管道教、佛教都曾在一段时期对中国政治产生影响，但它始终是附属于国家政权而存在，而不是掌控国家政权。一旦超出这一界限，宗教将遭到国家的严厉打击，历史上的几次毁佛事件就说明了这一点。正是国家对社会控制能力的自信，同时为了避免一种宗教独大，威胁国家政权，中国各个历史时期对各种宗教都采取宽松的政策，这为多元化的信仰提供了生存空间。

二是各种宗教本身具有包容共生的特性。佛教自传入中国内地后，在其长期的发展与传播过程中，“逐渐适应中国社会，受中国政治、经济、文化思想的影响而中国化”❷。按笔者的理解，佛教的这种“中国化”，包括改变印度佛教时期排斥异教的特点，变得更具有包容性的过程。在佛教传入后的相当一段时间内，道教与佛教冲突不断，但在经过几次交锋、论战之后，也逐渐接受了佛教的一些思想和科仪。直至后来，佛、道文化与儒家文化一起，成了中国传统文化的主体部分。佛、道两教本质上已非相互排斥的关系，而是包容共生。

三是闽海文化具有海洋文化的特征❸。海洋文化具有一定开放性。远古历史以来，海洋充满未知和神秘，人类与海洋就形成了各种互动关系，如神格化的海洋与人类的认同与臣服、人类对海洋的探索与物质需求、征服海洋过程中人性的突破与挣扎等。滨海人群在长期的海洋劳作生活方式中形成的民间信仰是对向海而生、敬畏海洋的一种文化表达，也是海洋文化建设与传播的一种重要参与和在场见证。当代，海峡两岸因台湾单方政治原因不能开展民间自由往来和文化交往，也是对闽海完整文化的背离。

四是各路神明神性功能的多样性满足了闽海民众的精神慰藉和生活实用的双重需要。按照马克思的说法，“宗教是对现实生活的歪曲的反映”，多元化的民间信仰也是闽海底层社会实际生活境况的一定反映。人们为了获得生活各方面的庇护，将各种神明都纳入自己的信仰体系，以使“各路神仙，为我所用”，起到趋吉避祸价值最大化。尽管神明神通广大，但各种神明仍然存在功能上的分工和局限：如佛教中的观音尽管法力无边，但对家禽家畜的瘟疫却是束手无策；道教中的姜子牙可保佑六畜兴旺，却管不到人们的衣食温饱和五谷丰登。在民间信仰、民俗氛围浓厚的闽南地区，给诸多神明绕境进香、献戏娱神是虔诚而又平常之事，尤其是在神诞日举行的庙会活动更多。

---

❶ 成正，熊必军. 闽台民间信仰的形成、演进、特征研究[J]. 福建省社会主义学院学报，2020(2)：48-54.

❷ 周燮藩，牟钟鉴，等. 中国宗教纵览[M]. 南京：江苏文艺出版社，1992.

❸ 刘登翰. 中华文化与闽台社会：闽台文化关系论纲[M]. 福州：福建人民出版社，2002.

宫庙建筑空间涉及跨学科研究，将建筑学、历史学、人类学、地理学、宗教学等学科结合起来。在以宫庙建筑为中心的闽海民间信仰仪式活动中，多伴随有民间社区庙会、香会及文化节、物资贸易会等。庙会是乡民公共生活和休闲的重要方式，庙会不是一般的民间集会，它必须以庙宇为中心，没有庙宇就无所谓庙会。庙会期间，不同地域、社区间的人际往来陡然频繁，空间距离的缩短，物质交流加快，人际关系自然加强。“会期前的殷殷期待和会期后的袅袅余韵与会期心情相连缀，大大减少了人们的孤立和隔膜感受。”❶社群仪式是民众思维和行为方式的本质展现，庙会仪式作为传统社会宗教生活中最具稳定性的要素，是求解乡民历史与文化的一条可能途径❷。因此，闽海民间信仰具有多元信仰，共生共存，是有其特定社会基础的。

基于上文，本书的研究意义大如下：

其一，在福建被定位为“21 世纪海上丝绸之路核心区”的背景下，促进福建聚落宫庙建筑文化空间的保护与更新，增强民众个体的精神信仰认同和文化空间体验感、获得感。

民间信仰空间从宫庙建筑空间到聚落建筑文化景观，再到区域社会景观的建构，可以为我国城镇和乡村更新和建筑空间规划和设计提供思考，促进一些获得社会公认的、稳定的信仰成为中国民众的神缘身份识别符号之一。从象征人类学的角度来看，宫庙空间是一种可以从文化角度加以描述的物体，能够表现出某一社会的具有代表性的象征性体系，它的标识符号、颜色、布局、装饰物等，充满了象征意味。

宫庙建筑文化可转化为新时代的乡村聚落文化生产力。通过宫庙建筑文化感知本土文化的力量与合理性，找到个体和社区在国家中的定位，增强中国人民应对未来挑战的信心。其中，提升人民群众对本土文化的感知水平，是增强文化自信、实现文化繁荣的逻辑起点。文化获得感，特别是文化空间获得感，成为新时代人民美好生活的一大重要表征。充分把握闽海宫庙建筑文化空间的形成机理、影响因素以及各影响维度与影响因子之间的逻辑关系，回答空间内部文化功能和民众文化体验如何呼应历史、人性需求等本质问题。从宫庙建筑文化空间视角切入当代地方文化的空间感知和景观塑造问题，既有利于回应当代如何增强人民群众文化获得感、幸福感问题，又可以为提升当前聚落空间公共资源配置效率的现实问题提供新思路和新方法。

闽海宫庙建筑空间是重要的地域文化景观，是人类在自然区域中长期生产、生活逐步形成的文化形态。西方文化地理学界的伯克利学派代表人物索尔认为，在人地关系中起决定作用的不是自然要素，而是人的文化，更强调人或文化对自然地理的影响。在文化景观的谱系中，既包括了物质文化中的饮食文化、服饰文化，也包括了非物质文化中的方言、宗教信仰、音乐、戏曲、舞蹈等。建筑景观更能标识出一个地域的特质，而这一部分也成为闽海信仰建筑空间建构自身主体性的重要元素。

英国学者迈克·布朗在《文化地理学》中指出，文化地理学不仅研究文化在不同地域空间的分布情况，同时也研究文化是如何赋予空间以意义的❸。借助文化地理学的理论资源，可从景观建构、地域认同等角度分析闽海民间信仰的文化景观。闽海宫庙建筑空间可书写“故乡情结”。“故乡情结”的本质内核是“家”，家人和故土构成了故乡地缘的两大基因。当代，宫庙建筑空间保护与展示可对远离故乡的华侨、乡民怀旧、乡愁等情感寄托而形成地域文化认同。乡村建筑景观已然不是单纯的地理空间，而是在政治理性与自然地理、人文景观交织下重塑的空间，折射了宏大时代背景下不同文化主体对空间的再生产。

人的个体对文化空间需求满足的感知即为文化空间获得感，其中包括个体从单纯认知空间布局到感知公共文化空间价值，最终从空间中获取文化和精神滋养的整个过程。当代的聚落规划中需要审视个体的文化空间获得感，理解人民群众对美好生活的文化感知和追求，以文化空间作为人们获得文化感知的重要显性单元，发现闽海宫庙建筑空间感知的形成机理与获得路径，把空间规划设计应用到日常文化场景之中，增加人民群众的获得感和幸福感。

---

❶ 小田.休闲生活节律与乡土社会本色——以近世江南庙会为案例的跨学科考察[J].史学月刊，2002(10)：47-51.

❷ 小田.庙会仪式与社群记忆——以江南一个村落联合体庙会为中心[J].民族艺术，2003(3)：45-49.

❸ [英]迈克·布朗.文化地理学[M].南京：南京大学出版社，2005.

其二，通过闽海聚落宫庙建筑文本解析，优化民间信仰祭祀仪式活动空间，为闽海聚落发展、本土特色文化创新实践服务，弘扬中国民间信仰文化裨国助民的积极作用。

宫庙建筑属于物质文化遗产，个体通过体验建筑空间中的地域文化、感知地域文化精神、获得地域文化享受的系列行为提取建筑空间中的文化价值，最终通过建筑空间体验，例如，现场感知或借助虚拟现实技术上的云参观、云体验等，来实现建筑空间的文化价值增量。

建筑文本阅读一般可分为建筑形式(结构)、功能与场所精神三者的分解阅读，三者又是相互影响的，民间信仰建筑空间大多开放外向，装饰华丽，具有浪漫色彩，充分满足公共性的人们活动的需求，产生多元、包容、情感饱满的场所精神。正如舒兹所说的那样："浪漫式建筑的多样化由某种基本的气氛所统合，这种气氛符合特殊的造型原则。因此，浪漫式建筑是最具有地方味的。"❶闽海民间信仰建筑因神圣而愉悦的信仰仪式活动，形成了特殊的场所氛围，成为独特的地方文化景观。

当前，我国文化空间亟待摆脱的一大困境，是在城市化和城市更新中已经出现的"千城一面"同质化困境，这种同质化如何在乡村更新中有效规避，这需要我们把握不同地域文化空间历史脉络，整合文化空间多维资源，进而增进空间与个体在文化和精神层面的融合。

民间信仰祭祀活动归属非物质文化遗产，非物质文化遗产并非孤立的文化事象，对它的原真性和完整性保护和活态传承，离不开其赖以生存的历史传统、共时环境、现场和社会文化背景的文化情境❷。我们需要充分发掘闽海地域文化和地方性知识，在空间的生产和优化中重视民众的参与和实践主体性，尊重他们在参与活动的过程中自发形成的社会空间和社会文化。

"非遗"保护与开发中民众的空间参与问题较易被文化组织者和政府管理者忽视。比如，对于祭祀活动，中国古代先贤常把祭祀看作社会风气的一个重要表现，因为祭祀是感恩的仪式，祭祀进行得越认真、越庄重，祭祀的对象越有德行，就越能引导社会风气趋于淳厚。祭祀如果进行得敷衍、祭祀对象混乱，社会风气就会趋于败坏。故观祭祀可知社会风气之优劣、人心之厚薄。当代社会实用主义盛行，有的人烧香拜佛的心态是花钱买福报、花钱达成个人愿望；有的民间活动官方主导过多，民众参与不足，活动缺少文化底蕴和历史传承等问题。不少学者已关注到这些问题，郑硕夫以川西元通古镇清明会中的"祭祀祈福与城隍巡游"活动为例，指出在该活动空间设置中存在官方过分主导仪式空间、民众与活动现场区隔明显、活动缺少文化底蕴和历史传承等问题，地方政府可以通过整合社区和基层组织的力量，对非遗活动空间进行更加人性化的改良，妥善处理现代与传统的关系，让结合了地域和时代特色的民间信仰文化渗透进人们的日常生活和精神世界，为新时代下非物质文化遗产等优秀传统文化的保护、传承和宣传积累有价值的地方经验❸。

其三，通过闽海民间信仰空间研究，促进闽海地域社会组织和神缘社会重构。

现代性逐步改造着全球的观念，正如哈贝马斯的"公共领域"理论、历史人类学家萨林斯提出的"本土化的现代性"即服务于本土文化复兴的新文化❹，尊重世界文化的差异性和同质性共存，让我们的民间文化更多一份自信，同时思考民间信仰在当下的新意义和新变化。民间信仰与社会权力的关系，正如高丙中在其《一座博物馆：庙宇建筑的民族志——论曾为政治艺术的双名制》文中的研究，他探讨了民间信仰如何建构自身在现代社会中的合法地位❺。民间信仰在现代社会中的价值与作用具有二重性，我们在批判其落后、有害观念的同时，也要加强发挥其对社会的积极作用。提倡信仰文化消费新风尚，让中华的神明助中华民族文化健康成长。

中国传统文化在不断的实践过程中逐渐内化成一种心智模式，外化成一种生活方式。它应该"以文载道"，引领人心合于正道。唯有人心合道的文化才是引领人回归本我的文化，这就是中国传统文化的源

❶ [挪]诺伯舒兹．场所精神：迈向建筑现象学[M]．施植明，译．武汉：华中科技大学出版社，2010.

❷ 黄涛．论非物质文化遗产的情境保护[J]．中国人民大学学报，2006(5)：67-72.

❸ 郑硕夫．非遗活动的民众参与和空间障碍——以元通清明会为例[J]．广西民族研究，2021(2)：82-89.

❹ [美]马歇尔·萨林斯．历史之岛[M]．上海：上海人民出版社，2003.

❺ 高丙中．一座博物馆—庙宇建筑的民族志——论成为政治艺术的双名制[J]．社会学研究，2006(1)：154-168.

头。民间信仰是一种通俗文化、大众文化。如何保持民间信仰质朴、本真、虔诚的精神面貌？民间信仰本真与祛魅具有双重性。民间信仰文化消费中，物质与精神是一体两面的，农村社区文化的传播有多种方式，主要依靠人际社会行动交往。民间信仰文化消费是当代重要的大众文化消费现象，信仰文化生产需要满足这种消费需求。

2016年，习近平总书记提出"文化自信"建设。党的十九大报告指出，我国社会主要矛盾已经转化为人民日益增长的美好生活需要和不平衡不充分的发展之间的矛盾。2020年9月20日，习近平主持召开教育文化卫生体育领域专家代表座谈会强调："满足人民日益增长的美好生活需要，文化是重要因素。没有社会主义文化繁荣发展，就没有社会主义现代化。"文化消费成为满足人民对美好生活需要的重要支撑点和发力点。文化消费属于发展型、享受型消费，是消费结构升级的重要方向。某种意义上讲，孕育了数千年中华文明的神明也需要自信，思考如何像基督教信仰那样，走向世界成为普世的信仰。

现代人如何到达心灵神圣与诗意栖居？一个民族的文化生活由个体在自然与社会的实践中创造和发展出来，并在社会生活中得以运用。近代以来，科学代替宗教成为人们"衡量万物的尺度"，原来所赋予事物的一切价值似乎都可以在科学的评判标准之下重新定义。"但理性告诉我们，一些事物我们是无法理解的，因为它们超出了理性的边界"❶，即必须承认因为人类种群自身的渺小与局限，致使人类自身认识的有限与反复，人类也因此丢失了共同的价值标准。随即而来产生了新的问题——在不同价值之间每个人都有自己的道理，摆脱了宗教的蒙昧，却又陷入价值观念冲突产生的混乱迷茫的泥沼之中，甚至无法自拔。再加上现代工业和官僚体系的发展，每个个体"成为工业链条上一条可以磨损的零件"，人缺失了关怀而化身为工具，孤独感与个人主义势必趁虚而入。"价值体系的历史发展与主体价值抉择终将服务于民族国家政治统治从而保障利益主体的现实利益"❷，在对待中国传统文化的态度上，应当坚持"取其精华，去其糟粕，批判继承，古为今用"原则，中国文化的表达方式具有极其丰富多样的载体，神话传说、民间信仰、文艺、文学创作中诗书画等皆可为其用，它可以是大禹治水或精卫填海，也可以是李清照"生当作人杰，死亦为鬼雄"，还可以是鲁迅"灵台无计逃神矢""我以我血荐轩辕"的慷慨激昂，这些都映射了漫长历史发展时期华夏民族儿女对社会和未知领域的人格化表达和知识构想。

闽海民间信仰的每一场盛大仪式的演绎，背后寄予的是人们对神明的虔诚崇敬；每一场仪式喧嚣过后，留下的是对人们新生活的期盼和祝福。宫庙建筑的作用，用一句话来概括，就是"建筑从属于诗意，它的目的在于帮助人定居"❸。站在世界历史的十字路口处，人类个体犹如一颗滚石被时光洪流裹挟其中，思想、观念的碰撞与冲突在所难免，面对日益激烈的文化价值冲突，唯有强基固本，溯本清源，守住本民族的那片精神家园才能在面对多元价值的抉择时做出正确的符合自身命运抉择的决定。

改革开放以来，中华文化的生命力被再度激活，民族文化价值认同和民族自信心拥有了坚实后盾。人民群众文化需求集中表现在文化的空间沉淀与个体的空间行为层面，这需要我们从根本上把握文化服务与管理的底层逻辑，更好地在文化形式和内容上推陈出新。

7.2 闽海民间信仰文化空间再生产

7.2.1 闽海民间信仰文化空间再生产研究

文化空间概念是当代一个全新的综合性知识概念体系，文化空间研究与世界文化遗产保护运动相关，更集中关注非物质文化空间的保护与利用。但是，我们认为，文化空间具有广阔的研究领域，它既不限于物质文化空间，也不限于非物质文化空间。文化空间的概念"旅行"本身是整合了建筑学、社会学、历

❶ [美]诺桑·亚诺夫斯基.理性的边界[M].王晨，译.北京：中信出版集团股份有限公司，2019.

❷ 王丽荣，杨玢.传统文化价值认同的现实诠释[J].贵州社会科学，2016(5)：79-83.

❸ [挪]诺伯舒兹.场所精神：迈向建筑现象学[M].施植明，译.武汉：华中科技大学出版社，2010.

史学、地理学、人类学等多学科的知识，具有现代性、生产性、革命性和全球性等意义。谢纳定义“文化空间再生产”为：“文化空间再生产是指运用文化的象征、想象、意指、隐喻等手段，建构空间文化表征意义的过程。”❶文化空间主要分析对象：民间信仰象征空间，具有明显的符号性。

闽海民间信仰空间是闽海聚落社区重要的公共活动场所。甘满堂在《村庙与社区公共生活》中精心建构了两个概念：村庙和村庙信仰，认为村庙是传统社区居民的公共生活空间，村庙信仰是一种社区性、群体性的民间信仰，具有制度化色彩；村庙信仰与传统社区可从横向整合❷。当代闽海民间信仰文化保护成就显著。例如，近年来，福建省各级地方政府积极推动对文化遗产的保护与传承，推动申报世界文化遗产和非物质文化遗产。其中，与民间信仰文化相关的值得关注的大事件有如下三件。

第一件，“妈祖信俗”于 2009 年 9 月 30 日被列入世界非物质文化遗产，成为中国首个信俗类世界遗产，也是莆田市第一项世界级遗产，使湄洲获得了一张世界名片。发源于福建湄洲的妈祖信仰，经过一千多年的世代传播，如今已经传遍祖国大江南北、海峡两岸和五大洲华人社会，形成了普及万方的中国妈祖信仰文化圈。在这个信仰文化圈里，无论身居世界何处的华人信众，都尊奉湄洲妈祖庙为祖庙；各地民间举办何种形式的“妈祖祭典”，都遵循湄洲祖庙千百年传袭下来的祭典遗规。对妈祖的共同信仰，把海峡两岸和海内外中华儿女的心联系在一起，每年召唤着成千上万的妈祖信众千里迢迢来到祖庙祭拜，又将妈祖信仰的精神魅力带回祖国各地和世界各国，从而使这个信仰文化圈更加根深叶茂。妈祖信仰已经是中华民族文化认同的一种精神源泉。

第二件，福建的王爷信仰在 2020 年以“送王船”项目与马来西亚联合入选为世界非物质文化遗产，开拓了福建民间信仰的跨国、跨地区保护与文化交流互动。

第三件更可喜的大事是 2021 年在第 44 届世界遗产大会上“泉州：宋元中国的世界海洋商贸中心”项目申遗成功，正式获准列入世界文化遗产名录。泉州的 22 处世界遗产点中包括了九日山祈风石刻、天后宫、泉州文庙及学宫、开元寺、真武庙、六胜塔和万寿塔等信仰类文化遗产，泉州成为举世瞩目的新晋世界遗产城市，这将为泉州的文化遗产保护与创新掀开新的历史篇章。

历史上的泉州是闽海民间信仰发展的重镇。20 世纪 20 年代，厦门大学国学研究院的教授们开了泉州学研究风气之先河，庄为玑、吴文良是泉州学研究的代表学者❸。泉州宗教文化早期研究以 50 年代吴文良的《泉州宗教石刻》立下筚路蓝缕之功。他指出如宋元时代，泉州有两座以上清净寺，现存的一座清净寺，始建于南宋绍兴元年(1131 年)，后在元代重建。该寺的平面布局和门、墙式样都保存了较多的外来影响，寺门在南，由青绿色石砌成；门楣作葱式尖拱三重，高度自外向内递减：门上建垛堞及平台，原塔已毁。元代泉州不但有天主教堂，还有景教、摩尼教、婆罗门教寺院和祭坛等❹。在海外交通鼎盛的宋元时期，泉州是“濒海通商，民物繁伙，风俗错杂”❺，多宗教、多种族聚集的世界都会。因此，早在 700 多年前的元代，意大利人马可・波罗旅行至泉州，称其为“光明之城”而享誉欧洲。当代兴起的泉州学成为继中国西部敦煌学之后又一个以地域命名的国际性学术领域。闽籍学者王铭铭指出，宋元泉州有一个文化多元主义时代，泉州学“强调的正是这种开放而启蒙的文明史在中国历史上的存在。或许是因为这里强调的那种文明史观恰好符合一个更大的中华开放古国的论点”❻。

当代泉州是我国经济发展水平位于前列的历史文化名城，是我国首个东亚文化之都，是联合国教科文组织唯一认定的海上丝绸之路的起点，是列入国家“一带一路”倡议的 21 世纪海上丝绸之路先行区。泉州是全国 18 个改革开放典型地区之一。

❶ 谢纳. 作为表征实践的文化空间再生产[J]. 社会科学辑刊，2019(4)：197-201.

❷ 甘满堂. 村庙与社区公共生活[M]. 北京：社会科学文献出版社，2007.

❸ 陈桂炳. 泉州学 80 年[J]. 泉州师范学院学报，2006(3)：38-42.

❹ 庄为玑. 晋江新志[M]. 泉州：泉州志编纂委员会办公室，1985；吴幼雄. 泉州宗教文化[M]. 福州：福建人民出版社，1998；吴文良，吴幼雄. 泉州宗教石刻(增订本)[M]. 北京：科学出版社，2005.

❺ [南宋]朱熹. 朱熹集[M]. 成都：四川教育出版社，1996.

❻ 王铭铭. 逝去的繁荣：一座老城的历史人类学考察[M]. 杭州：浙江人民出版社，1999.

以上这三件大事也是闽海民间信仰文化空间在新时代焕发出新生命力和文化活力的典型表现。

我们需正视民间信仰文化出现了资源化和遗产化的动态演变过程。

闽海民间信仰中包含的"非遗"是人类宝贵的精神文明财富，也是重要的宗教文化旅游吸引物，并且有助于形成乡村旅游场所氛围。我们认为，乡村旅游开发应该向旅游者提供纯粹的乡村原汁原味的体验，包括能够代表"乡村风格"的餐饮与住宿。乡村旅游者对于乡村文化的关注，主要是文化传承、文化保护和风俗习惯。在乡村"非遗"旅游开发策略中，应重视真实性，权衡娱乐性、教育性和猎奇性等，运用文化创意和技术手段对"非遗"旅游产品进行创新性开发等❶。因为，旅游吸引物既是客观事物和现象，也是社会建构的文化符号。旅游研究表明，旅游吸引物是一个系统，它往往是人为建构的结果。而旅游吸引物之所以成为吸引物，不仅因为它具有某种特殊的客观属性，同时还因为它具有人为建构的符号属性。在分析旅游吸引物的符号属性的基础上，提出旅游吸引物的概念内涵，并从社会建构的角度对其符号化过程进行分析，社会学视角下的旅游吸引物建构的过程实质上是意义和价值建构的过程，同时也是旅游吸引物的符号化过程。这一过程随着社会主流价值与理想的变化呈现出不断变化的动态特征。对吸引物的符号意义和价值的编码存在着一种社会选择机制，需根据主流价值观进行社会建构，以符合社会心理取向和游客兴趣❷。张进福进一步指出，旅游吸引物在旅游系统中扮演着基础性作用，旅游吸引物兼具自然属性、社会属性和符号属性等多重属性，吸引力特性是其本质属性❸。在当下火热的乡村旅游实践中，对守护乡土景观和文化也有特殊意涵。旅游吸引物不仅为弘扬和培育社会主义核心价值观提供了良好的媒介或载体，还有利于抵制和消除西方意识形态对社会主义核心价值观的干扰和破坏，巩固社会主义先进文化的主导地位。以社会主义核心价值观为内容，创新旅游吸引物标志，挖掘地方传统文化资源，创造新的旅游吸引物以及营造良好的旅游吸引物环境氛围，是弘扬和培育社会主义核心价值观视角下旅游吸引物建构的重要途径❹。

当代大规模旅游业的发展对闽海人在20世纪后期的日常生活中重新定位民间寺庙、民间信仰、民俗活动等发挥了关键作用。乡村旅游为当地带来了巨大的经济潜力，在亚洲地区，像日本、韩国、泰国和马来西亚等国家都在积极地宣传自己的历史文化来吸引游客，这一过程有效地强化了这些民间信仰遗址及祭祀活动在这些国家文化建构中的形象。反映古代东方国家制度特色的闽海乡村聚落与宫庙建筑，可成为我们的一笔十分宝贵的文化遗产。

文化遗产活化不仅涉及建筑类物质遗产，还涉及非物质文化遗产，而后者的活化更具有复杂性和挑战性。吴必虎从文化遗产的原址性地理学解释、遗产活化涉及的特许经营、历史场景的活化呈现等角度，探讨了国家立法、管理规定等方面的顶层设计问题❺。随着全球化、现代化和城市化进程的不断推进，传统民间社会的"规范共识"逐渐被社会转型所解构，植根于其间的非物质文化遗产的存续面临各种挑战。非物质文化遗产本身蕴含的深厚社会价值和经济价值，提醒我们对非物质文化遗产资源进行知识产权保护势在必行。2011年，《非物质文化遗产保护法》出台，非物质文化遗产保护工作开始有法可依。《"十三五"国家知识产权保护和运用规划》指出，"要强化传统优势领域知识产权保护，加强对优秀传统知识资源的保护和运用"。推进非物质文化遗产知识产权保护的时代已经来临，引入知识产权制度对非物质文化遗产进行保护具有多方面的积极意义。加强规范非物质文化遗产价值转化，激发非物质文化遗产保护的内生动力。很多非物质文化遗产本身具备明显的经济价值。以屋顶装饰艺术为例，它是利用灰塑、剪碗及交趾陶等工艺创造出地域色彩浓厚的装饰艺术，题材多样、寓意吉祥，包含了实用功能、美化功能、慰藉功能及教化功能等，蕴含了海洋文化和中原文化等文化内涵。宫庙建筑的龙柱装饰艺术，也是闽海石雕艺术一绝。传统技艺与文化表达的权利归属、权利转让及交易过程的监管等工作都需要以现有知识产权

---

❶ 李彬. 闽南非物质文化遗产旅游吸引力基因识别研究[J]. 淮海工学院学报(人文社会科学版)，2018(11)：97-100.

❷ 马凌. 社会学视角下的旅游吸引物及其建构[J]. 旅游学刊，2009(3)：69-74.

❸ 张进福. 旅游吸引物属性之辨[J]. 旅游学刊，2020(2)：134-146.

❹ 吴德群. 弘扬和培育社会主义核心价值观视角下的旅游吸引物建构[J]. 百色学院学报，2017(1)：105-108.

❺ 吴必虎. 中国旅游发展笔谈：文化遗产旅游活化与传统文化复兴[J]. 旅游学刊，2018(9)：1.

制度为依托，规范其商业使用，确保价值转化的有序性。通过知识产权对商业性开发利用过程中产生的利益进行分配，可以激发非物质文化遗产所在地社区居民以及管理人的内在保护动力。

我们也需加强涉及民间信仰场所和活动的乡村规划和媒体宣传的正确导向。重塑基于传统社区的主体性，进而在当代语境中搭建起新的合作互补型交往共同体，实现民间信仰保护与可持续发展。在媒体宣传和正确导向上，除了传统媒体外，自媒体的盛行也有利于民间信仰影响的扩大。自媒体环境下，"每一个公众只要有手机或网络，都可以将文字、图片、视频、音频传送出去，而接收者同时又可以是下一个发送者，新闻的生产者、发送者与接收者不再有身份区别"❶。外来者在参与活动后，将相关照片、文字及短视频等以微博、微信等方式在网络发布。看到这些微博、微信内容的人，又可以进行关注、转发，民间宫庙及活动的名气由此传扬到千家万户。

7.2.2 通过景观设计重塑地方与再造民众精神世界

当代景观设计所研究的对象以外部空间设计为主。由于人是一切空间活动的主体，也是一切空间形态的创造者，因此，景观设计不能脱离身处于其中的人的行为。而环境行为学是一门以人类行为为课题的科学，涵盖社会学、人类学、心理学和生物学等，通过研究人的行为、活动、价值观等问题，为生机蓬勃和舒适怡人环境的生成提供帮助。

20 世纪 40 年代法国现象学者梅洛-庞蒂在空间问题上提出了身体空间的思路。他认为除了可测量的维度空间和思维构建的几何空间，还有第三种空间性——身体空间 ，身体可作为我们感觉世界的一个媒介。

20 世纪 50 年代美国堪纳斯大学心理学家贝克(Baker)在美国米德威斯特建立了心理学实验场，重在研究真实行为场景对行为的影响，并在不同国度之间作了比较。另外一位对环境行为心理作了系统性分析的美国人类学家爱德华·霍尔(E. T. Hall)在 1959 年所著《无声的语言》和 1966 年所著的《被隐藏的维度》中认为，空间距离和文化有关，它就像一种沉默的语言影响着人的行为，同时他提出"空间关系学"的概念，并在一定程度上将这种空间尺度以美国人为模板加以量化：密切距离(0～0.45 米)、个人距离(0.45～1.20 米)、社交距离(1.20～3.60 米)、公共距离(7～8 米)等❷。

霍尔受梅洛—庞蒂空间理论的影响，在其《知觉问题：建筑现象学》(*Questions of Perception*：*Phenomenology of Architecture*)一书中，质疑道："我们生活在被物质包围的构造空间里。但是，……我们是否能够充分体验它们相互关系的现象，从我们的感知中获得快乐?"可以发现，在此后霍尔的建筑实践作品中，色彩、光影、时间等与身体感知相关的要素在空间中越来越多地被有意识的表现。

20 世纪 60 年代以后，这种作为心理学前沿的学科开始直接对设计学起到指导作用。挪威建筑学教授舒尔茨(Christain Norberg Sehulz)撰写了《存在、建筑与空间》一书，对于空间的理解和分析比过去前进了一大步。不同的空间感知概念如下：

(1) 空间气泡

空间气泡的概念最初是由霍尔提出的，它指个人空间。任何活的人体都有一个使其与外部环境分开的物质界限，同时在人体近距离内有个非物质界限。人体上下肢运动所形成的弧线决定了一个球形空间，这就是个人空间尺度——气泡❸。人是气泡的组成部分，也是这种空间度量的基本单位。

(2) 场所

舒尔茨在《场所精神：迈向建筑现象学》中认为"场所是有明显特征的空间"，场所依据中心和包围它的边界两个要素而成立，定位、行为图示、向心性、闭合性等同时作用形成了场所概念，场所概念也强

---

❶ 周晓虹. 自媒体时代：从传播到互播的转变[J]. 新闻界，2011(4)：20-22.

❷ Hall, Edward T. The Silent Language[M]. New York：Anchor Books，1959.

❸ [美]爱德华·霍尔. 无声的语言[M]. 何道宽，译. 北京：北京大学出版社，2010；在《无声的语言》中，霍尔创造了"历时性文化"的概念，用以描述同时参与多个活动的个人或群体，与之对应的是"共时性文化"，用来描述有序地参与各种活动的个人或群体。在该书中，他把正规清晰的语言交流和非正规形式的交流进行对比，认为"注意观察对方的脸或其他肢体动作语言，有时会比说话得到更多的信息"。

调一种内存的心理力度,吸引支持人的活动:例如公园中老人们相聚聊天的地方、广场上儿童们一起玩耍的地方。人类栖居只有当认同环境并在环境中定位自己时才具有意义。要使栖居过程有意义,就必须遵从场所精神。因此,设计的本质是显现场所精神,以创造一个有意义的场所,使人得以栖居。那么,怎样的场所是有意义和可栖居的呢?即如何才有场所性?结论是认同和定位。认同是对场所精神的适应,即认定自己属于某一地方,这个地方由自然的和文化的一切现象所构成,是一个环境的总体。通过认同人类拥有其外部世界,感到自己与更大的世界相联系,并成为这个世界的一部分。定位则需要对空间的秩序和结构的认识,一个有意义的场所,必须具有可辨析的空间结构,这便是林奇的可感知印象景观。

"场所精神"描述的景观由一系列场所构成,而每一场所主要由两部分所构成,即场所的性格(Character)和场所的空间(Space)。性格是所有现象所构成的氛围或真实空间(Concrete Space),空间是构成场所的物理现象(Things)之三维组织,两者是互为表里、互相依赖又相对独立的。因此,人类创造了各种景观:浪漫的景观——天、地、人互相平衡,尺度适宜,氛围亲切;宇宙的(Cosmic)景观——天之大主宰一切,可感受自然之神秘与伟大,使人俯首相依;经典的(Classic)景观——等级与秩序将个性化的空间联系起来。

(3) 领域

领域一词最早出现在生物学中,指自然界中不同物种占据不同的空间位置,如"一山不容二虎"就说明这个概念,如一只老虎一般活动出没的范围约为 40 平方公里,这一范围内一般不会出现第二只老虎,这40 平方公里就是这只老虎的活动领域。这一概念引入心理学中来,人类的行为也往往表现出某种类似动物的领域性来,人类的领域行为与动物既有相似点,也有区别。人类的领域行为大概分为以下四个层次:公共领域(Public)、家(Home)、交往空间(Interaction)和个人身体(Body)。气泡也可以认为是领域空间的最小单位。人类的领域行为具有四点作用,即安全、相互刺激、自我认同(Self-identity)和管辖范围。

由此可知,空间(气泡)对应英文 Space,是由三维空间数据限定出来的;场所对应英文 Place,也是由三维空间数据限定的,但是限定得不如空间那么严密精确;领域即 Domain,它的空间界定则更为松散。空间、场所和领域三者给人的感觉是不同的,空间是通过人的生理感受限定的,场所则是通过人的心理感受限定的,领域则是基于人的精神方面的量度。因而,设计的时候就要根据不同特点进行考虑,如建筑设计的边界界面多以空间为基准,景观规划设计的边界限定则要以场所和领域为基准。

如何通过景观设计重新认识地方、重塑地方文化?试以妈祖信仰为例。当代,闽海妈祖民间信仰不仅是地方政府将之作为地方旅游名片打造,地方民众也围绕妈祖遗存文物以生动的口述故事讲述妈祖参与区域开发的历史记忆,其背后隐含着"土—客/庙宇—信众"的双重意义结构。这一结构中"庙宇"是物质客体和空间,与"庙宇"相对应的"信众"包含"土民"与"客民"两个主体群体,作为"庙宇"承载着土、客民共同创造地方历史和文化认同的记忆。在各种宗教和非宗教因素的交互之下,"庙宇"则被塑造成一个富有地方意义的神圣景观空间。因此,加强闽海民间信仰非物质文化场景保护与开发迫在眉睫。

借鉴当代文化地理学和文化消费理论提出闽海民间信仰文化场景旅游开发理念,结合"清新福建"旅游宣传口号,提出民间信仰场景旅游开发策略。从闽海宗教文化旅游开发利用角度,对宫庙建筑遗产旅游提出体验式、重内涵、重协调、重生态等几点旅游经营思路和建议。闽海宫庙之间的交往是通过人与人之间的交往来实现的,这种神缘关系也是一种拟亲属化。在闽海民间,母女、姊妹、邻里、朋友等亲属称谓被广泛使用于庙际关系中,庙际关系被拟亲属化,渗入了家族亲属之间特有的人伦温情。"民间信仰中庙宇与社区的人群关系,常常借着亲属家族派衍的比喻来拉近关系,借神的长幼投射到社区的长幼。"[1]如台

[1] 王嵩山.进香活动看民间信仰与仪式[J].民俗曲艺,1983(25):61-90.

中市大甲镇澜宫每年都组织信仰者到云林县北港朝天宫进香，北港人称大甲进香为“回娘家”，并称大甲妈祖为“姑婆”。大甲妈祖和北港妈祖由此形成了一种建立在“分灵—进香”纽带上的拟母女关系。再如西螺吴厝里朝兴宫、清水镇下浦里朝兴宫、丰原镇慈济宫等妈祖庙，在大甲妈祖进香路过时，均以姊妹礼节相待❶。这些都反映出了同祀神明宫庙之间的拟亲属化，应是对拟血缘关系的一定认同。中国人相信缘分，缘分不仅促使宫庙从互不相识到彼此交往，而且这种交往有可能比宫庙之间的拟母女、拟姊妹、拟邻里关系更为热烈持久。前述台中保安宫和五条港安西府由于进香途中的一场特殊缘分而亲密往来的例子就极为典型❷。

❶ 张绚.妈祖信仰在两岸宗教交流中表现的特色[C]//灵鹫山般若文教基金会国际佛学研究中心.两岸宗教现况与展望.台北：学生书局，1992.

❷ 范正义.试析闽台庙际关系的多重形式[J].台湾研究集刊，2012(3)：81-90.

参考文献

一、中文著作

[1] 杨庆堃. 儒教思想与中国宗教之间的功能关系[C]//费正清,等. 中国思想与制度论集. 台北:联经出版社,1976.
[2] 张光直. 连续与破裂:一个文明起源新说的草稿[C]//张光直. 中国青铜时代. 北京:生活·读书·新知三联书店,1982.
[3] 洪性荣. 全国佛刹道观总览[M]. 台北:桦林出版社,1987.
[4] 刘枝万. 台湾之瘟神信仰[C]//刘枝万. 台湾民间信仰论集. 台北:联经出版社,1983.
[5] 蔡相辉. 台湾的王爷与妈祖[M]. 台北:台原出版社,1984.
[6] 庄为玑. 晋江新志[M](上下册). 泉州:泉州志编纂委员会办公室,1985.
[7] 乌丙安. 中国民俗学[M]. 沈阳:辽宁大学出版社,1985.
[8] 黎清德,辑. 朱子语类[M]. 王星贤,点校. 北京:中华书局,1988.
[9] 朱天顺. 妈祖研究论文集[M]. 厦门:鹭江出版社,1989.
[10] 蒋维锬. 妈祖文献资料[M]. 福州:福建人民出版社,1990.
[11] 泉州历史文化中心. 泉州古建筑[M]. 天津:天津科学技术出版社,1991.
[12] 林美容. 台湾民间信仰研究书目[M]. 台北:台湾地区研究院民族学研究所,1991.
[13] 王沪宁. 当代中国村落家族文化:对中国社会现代化的一项探索[M]. 上海:上海人民出版社,1991.
[14] 马书田. 全像中国三百神[M]. 南昌:江西美术出版社,1992.
[15] 林国平,彭文宇. 福建民间信仰[M]. 福州:福建人民出版社,1993.
[16] 徐晓望. 福建民间信仰源流[M]. 福州:福建教育出版社,1993.
[17] 金荣华. 中国的民间信仰与孝道文化[C]//民间信仰与中国文化国际研讨会论文集. 台北:汉学研究中心,1994.
[18] 乌丙安. 中国民间信仰[M]. 上海:上海人民出版社,1995.
[19] 刘锡诚. 中国民间信仰传说丛书[M]. 石家庄:花山文艺出版社,1995.
[20] 郑土有. 关公信仰[M]. 北京:学苑出版社,1994.
[21] 李亦园. 人类的视野[M]. 上海:上海文艺出版社,1996.
[22] 陈支平. 福建宗教史[M]. 福州:福建教育出版社,1996.
[23] 冯尔康,阎爱民. 中国宗族[M]. 广州:广东人民出版社,1996.
[24] 肖立. 礼失求诸野:论钟敬文的民俗学研究[C]//儒学与二十世纪中国文化学术讨论会论文集,1997.
[25] 李乾朗. 台湾妈祖庙与闽台妈祖庙建筑之比较[C]//财团法人北港朝天宫董事会,台湾省文献委员会. 妈祖信仰国际学术研讨会论文集,1997.
[26] 王鲁民. 中国古典建筑文化探源[M]. 上海:同济大学出版社,1997.
[27] 王铭铭. 村落视野中的文化与权力:闽台三村五论[M]. 北京:生活·读书·新知三联书店,1997.
[28] 吴幼雄. 泉州宗教文化[M]. 福州:福建人民出版社,1998.
[29] 彭一刚. 建筑空间组合论[M]. 北京:中国建筑工业出版社,1998.
[30] 王铭铭. 逝去的繁荣:一座老城的历史人类学考察[M]. 杭州:浙江人民出版社,1999.

[31] 张小林. 乡村空间系统及其演变研究:以苏南为例[M]. 南京:南京师范大学出版社, 1999.
[32] 傅朝卿,廖丽君. 全台首学:台南市孔子庙[M]. 台南:台湾建筑与文化资产出版社,2000.
[33] 陈昭英. 台湾儒学[M]. 台北:正中书局,2000.
[34] 牟钟鉴,张践. 中国宗教通史[M]. 北京:社会科学文献出版社,2000.
[35] 石万寿. 台湾的妈祖信仰[M]. 台北:台原出版社,2000.
[36] 陈寅恪. 金明馆丛稿初编[M]. 北京:生活·读书·新知三联书店,2001.
[37] 段德智. 从全球化的观点看儒学的宗教性:兼评哈佛汉学家的世界情怀[C]//刘海平. 文明对话:本土知识的全球意义:中国哈佛—燕京学者第三届学术研讨会论文选编. 上海:上海外语教育出版社,2002.
[38] 吕大吉. 宗教学纲要[M]. 北京:高等教育出版社,2003.
[39] 林美容. 妈祖信仰与汉人社会[M]. 哈尔滨:黑龙江人民出版社,2003.
[40] 黄国华. 妈祖文化[M]. 福州:福建人民出版社,2003.
[41] 郑振满,陈春声. 民间信仰与社会空间[M]. 福州:福建人民出版社,2003.
[42] 林国平. 闽台民间信仰源流[M]. 福州:福建人民出版社,2003.
[43] 容世诚. 戏曲人类学初探:仪式、剧场与社群[M]. 桂林:广西师范大学出版社,2003.
[44] 王铭铭. 走在乡土上:历史人类学札记[M]. 北京:中国人民大学出版社,2003.
[45] 李亦园. 宗教与神话[M]. 桂林:广西师范大学出版社,2004.
[46] 王铭铭:社会人类学与中国研究[M]. 桂林:广西师范大学出版社,2005.
[47] 吴文良,吴幼雄. 泉州宗教石刻增订本[M]. 北京:科学出版社,2005.
[48] 汪丽君. 建筑类型学[M]. 天津:天津大学出版社,2005.
[49] 连心豪,郑志明. 闽南民间信仰[M]. 福州:福建人民出版社,2008.
[50] 吕大吉. 关于宗教的本质、基本要素及其逻辑结构问题的思考[C]//当代中国民族宗教问题研究(第3集). 北京:民族出版社,2008.
[51] 赵勇. 中国历史文化名镇名村保护理论与方法[M]. 北京:中国建筑工业出版社,2008.
[52] 李乾朗,阎亚宁,徐裕健. 台湾民居[M]. 北京:中国建筑工业出版社,2009.
[53] 冯尔康,常建华,朱凤瀚. 中国宗族史[M]. 上海:上海人民出版社,2009.
[54] 罗春荣. 妈祖传说研究:一个海洋大国的神话[M]. 天津:天津古籍出版社,2009.
[55] 郑镛. 闽南民间诸神探寻[M]. 郑州:河南人民出版社,2009.
[56] 费孝通. 费孝通全集[M]. 呼和浩特:内蒙古人民出版社,2009.
[57] 吕大吉. 宗教学通论新编[M]. 北京:中国社会科学出版社,2010.
[58] 连横. 台湾通史[M]. 北京:人民出版社,2011.
[59] 段凌平. 闽南与台湾民间神明庙宇源流[M]. 北京:九州出版社,2012.
[60] 陈勤建. 当代民间信仰与民众生活[M]. 上海:上海世纪出版集团(锦绣文章出版社),2013.
[61] 张杰. 海防古所:福全历史文化名村空间解析[M]. 南京:东南大学出版社,2014.
[62] 鲁春晓. 新形势下中国非物质文化遗产保护与传承关键性问题研究[M]. 北京:中国社会科学出版社,2017.
[63] 文军. 西方社会学理论当代转向[M]. 北京:北京大学出版社,2017.
[64] 姜守诚. 中国近世道教送瘟仪式研究[M]. 北京:人民出版社,2017.
[65] 陈祖芬. 城厢妈祖宫庙概览与研究[M]. 上海:上海交通大学出版社,2017.
[66] 庞骏,张杰. 闽台传统聚落保护与旅游开发[M]. 南京:东南大学出版社,2018.
[67] 何绵山. 闽台五缘简论[M]. 郑州:河南人民出版社,2018.

二、外文和中文翻译著作

[1] [日]吉冈义丰. 道教经典史论[M]. 东京:道教刊行会,1955.

[2] Robert Redfield. Peasant Society and Culture[M]. Chicago:Chicago University Press,1956.

[3] [日]柳田国男. 木棉以前的事[M]. 岩波书店,1979.

[4] [美]基辛. 当代文化人类学概要[M]. 北晨,编译. 杭州:浙江人民出版社,1986.

[5] [法]罗兰·巴特. 符号学原理——结构主义文学理论文选[M]. 李幼蒸,译. 北京:生活·读书·新知三联书店,1988.

[6] [英]艾略特. 基督教与文化(1949)[M]. 杨民生,陈常锦,译. 成都:四川人民出版社,1989.

[7] [英]麦克斯·缪勒. 宗教学导论[M]. 上海:上海人民出版社,1989.

[8] [德]雅斯贝斯. 历史的起源与目标[M]. 魏楚雄,俞新天,译. 北京:华夏出版社,1989.

[9] [美]奥格本. 社会变迁:关于文化和先天的本质[M]. 王晓毅,陈育国,译. 杭州:浙江人民出版社,1989.

[10] [美]邓迪斯. 世界民俗学[M]. 陈建宪,彭海斌,译. 上海:上海文艺出版社,1990.

[11] [挪]诺伯格·舒尔茨. 存在·空间·建筑[M]. 尹培桐,译. 北京:商务印书馆,2018.

[12] [英]雷蒙德·威廉斯. 文化与社会[M]. 吴松江,张文定,译. 北京:北京大学出版社,1991.

[13] [美]欧大年. 中国民间宗教教派研究[M]. 刘心勇,周育民,译. 上海:上海古籍出版社,1993.

[14] [加]丁荷生(Kenneth Dean),郑振满. 福建宗教碑铭汇编[M]. 福州:福建人民出版社,1995.

[15] 孙周兴. 海德格尔选集[M]. 上海:生活·读书·新知三联书店,1996.

[16] [美]大卫·哈维. 地理学中的解释[M]. 高泳源,刘立华,蔡运龙,译. 北京:商务印书馆,1996.

[17] [法]福柯. 权力的眼睛:福柯访谈录[M]. 严锋,译. 上海:上海人民出版社,1997.

[18] [德]费尔巴哈. 基督教的本质[M]. 荣震华,译. 北京:商务印书馆,1997.

[19] [美]艾伦·柯尔孔. 建筑评论选:现代主义和历史变迁:1962—1976 论文集[M]. 施植明,译. 台北:田园城市出版社,1998.

[20] [德]尤尔根· 哈贝马斯. 公共空间的结构转型[M]. 曹卫东,译. 上海:复旦大学出版社,1999.

[21] [美]克利福德·格尔茨. 文化的解释[M]. 纳日碧力戈,等,译. 上海:上海人民出版社,1999.

[22] [美]韩森. 变迁之神:南宋时期的民间信仰[M]. 包伟民,译. 杭州:浙江人民出版,1999.

[23] [美]史华慈. 论孔子的天命观[C]//武汉大学哲学系和宗教学系. 世纪之交的宗教与宗教学研究. 林同奇,译. 武汉:湖北人民出版社,1999.

[24] [美]汉娜·阿·伦特. 人的条件[M]. 竺乾威,等,译. 上海:上海人民出版社,1999.

[25] [法]鲍德里亚. 消费社会[M]. 刘成富,全志钢,译. 南京:南京大学出版社,2001.

[26] [美]葛兰言. 古代中国的节庆与歌谣[M]. 赵丙祥,等,译. 桂林:广西师范大学出版社,2005.

[27] [美]威廉·A 哈维兰. 文化人类学(第十版)[M]. 瞿铁鹏,张钰,译. 上海:上海社会科学出版社,2006.

[28] [美]艾伦·科洪. 建筑评论:现代建筑与历史嬗变[M]. 刘托,译. 北京:知识产权出版社,2005.

[29] [法]居伊·德波. 景观社会[M]. 王昭风,译. 南京:南京大学出版社,2006.

[30] [法]莫里斯·梅洛-庞蒂. 眼与心[M]. 杨大春,译. 北京:商务印书馆,2007.

[31] [美]史蒂文·卢克斯. 权力:一种激进的观点[M]. 彭文斌,译. 南京:江苏人民出版社,2008.

[32] [英]王斯福. 帝国的隐喻:中国民间宗教[M]. 赵旭东,译. 南京:江苏人民出版社,2008.

[33] [法]鲁尔·瓦纳格姆. 日常生活的革命[M]. 张新木,等,译. 南京:南京大学出版社,2008

[34] [法]罗兰·巴特. 罗兰·巴特随笔选[M]. 怀宇,译. 天津:百花文艺出版社,2009.

[35] [德]施寒微. 富裕、幸福与长寿:中国的众神与秩序[M]. 苏尔坎普:世界宗教出版社,2009.

[36] [法]罗兰·巴特. 神话修辞术:批评与真实[M]. 屠友祥,温晋仪,译. 上海:上海人民出版社,2009.

[37] [德]马克斯·韦伯. 中国的宗教:儒教与道教[M]. 康乐,简惠美,译. 桂林:广西师范大学出版

社，2010.
[38] [日]柳田国男. 民间传承论与乡土生活研究法[M]. 北京：学苑出版社，2010.
[39] [意]曼弗雷多・塔夫里. 建筑学的理论和历史[M]. 郑时龄，译. 北京：中国建筑工业出版社，2010.
[40] [挪]诺伯舒兹. 场所精神：迈向建筑现象学[M]. 施植明，译. 武汉：华中科技大学出版社，2010.
[41] [美]戴维・哈维. 正义、自然和差异地理学[M]. 胡大平，译. 上海：上海人民出版社，2010.
[42] [英]雷蒙德・威廉斯. 政治与文学[M]. 樊柯，王卫芬，译. 郑州：河南大学出版社，2010.
[43] [法]鲍德里亚. 物・象征・仿真：鲍德里亚哲学思想研究[M]. 孔明安，译. 合肥：安徽师范大学出版社，2010.
[44] [美]华琛. 神明的标准化：华南沿海天后的推广(960—1960)[C]//刘永华. 中国社会文化史读本. 北京：北京大学出版社，2011.
[45] [美]罗伯特・芮德菲尔德. 农民社会与文化：人类学对文明的一种诠释[M]. 王莹，译. 北京：中国社会科学出版社，2013.
[46] [英]雷蒙・威廉斯. 乡村与城市[M]. 韩子满，刘戈，徐珊珊，译. 北京：商务印书馆，2013.
[47] [美]汉娜・阿伦特. 极权主义的起源(1951)[M]. 林骧华，译. 北京：生活・读书・新知三联书店，2014.
[48] [德]阿莱达・阿斯曼. 回忆空间：文化记忆的形式和变迁[M]. 潘璐，译. 北京：北京大学出版社，2016.
[49] [法]亨利・列斐伏尔. 日常生活批判(1946)[M]. 北京：社会科学文献出版社，2018.
[50] [美]诺桑・亚诺夫斯基. 理性的边界[M]. 王晨，译. 北京：中信出版集团，2019.

后 记

全书行文至此，适逢新旧更替时节，笔者心里又是一番感叹。

在前现代时期，中国文化成功地在亚洲传播，例如汉字、汉语、茶道、花道、武术、儒释道三教等传播，绵远久长。在当代，中国也有美食、书法、孔子学院等走向世界各地的成功文化传播实践。闽海文化传播的主要方式有移民传播、文化输出、文化旅游吸引物等。例如，泉州祥芝斗美宫三王府信仰随着华侨的足迹远播到南洋群岛，泉州非常著名的信仰地标之一是马来西亚晋江会馆所敬奉的“斗美宫三王府”。除了耳闻目睹闽海民间信仰的盛况外，从研究者角度，我们则需继续思考的问题是如何从民间信仰角度弥缝传统文化与现代文化之间的断裂。

著名文化学者玛格丽特·米德从历史角度将人类代际之间的文化传承划分为前喻文化、并喻文化和后喻文化三种基本形态❶。前喻文化是指在农业文明时代，文化和知识经验是由长辈向晚辈代代传授下去的，“既延续了生命也维系了文化”的文化积淀状态，而并喻文化和后喻文化是以“平等交流”和“文化反哺”为基本特征的工业社会和信息化时代的文化传承形态。文化的延续或断裂归根到底是人与人之间社会关系的延续或断裂，某种文化的延续或断裂的表征和倾向，能从不同人群对民间信仰和节日的反应中得以窥探。正如笔者在乡村调查中发现，年轻一代对待传统信仰多是一种被动参与和保持一定距离的观望，如果能带来一些实际利益并不排除任何信仰，老一代人对民间信仰多是有一种情结和情怀。笔者也注意到，与有的民间信仰衰微不同，随着市场经济发展，关帝信仰反而复兴；与近三年的全球抗击新冠疫情相关，医疗救助神明也得到民间更多的关注，基层社会的公共卫生和公共治理更是摆在执政者和社会治理者面前的一道大题，科学昌盛、神明繁荣，民本与民主等思想也逐渐深入人心。马克思曾说“宗教是人民的鸦片”❷，若细究之，世间何物不是鸦片？名利权情何尝不是鸦片？人心与外物二者的根本区隔，或许只在个体心灵感知和精神悟证上。

我们一贯地相信民间信仰多是传递生命的善意和希望，也许信仰的形式和内容会变，但那种祈佑人生平安、家国安康的初心永远不会变。无论个体或群体，“如有神助”就直接传递着吉祥、美好。至于仙宫圣境，信仰与否，还是那句老话，信则灵，如此而已。

由于中国民间信仰历史悠久，内涵博大精深，仅闽海区域民间信仰表现就非常复杂，加之个人时间和水平皆有限，本书在写作中难免挂一漏万。希望这本书能够抛砖引玉，使更多同仁参与到中国民间信仰的学术研究中来，共同迎接中华优秀传统文化的复兴。需要感谢的师友自是很多，就不一一致谢了。

书稿得以最终付梓，深谢我们多年的朋友东南大学出版社的杨凡编辑，她耐心细致地审稿，并为我们提出了修改建议。

记于全家三阳康复，时值驱除瘟疫，玉兔即将正位之吉日吉时——2023 年元旦。

庞骏　张杰
于沪上
2023 年元旦

❶ [美]玛格丽特·米德. 文化与承诺：一项有关代沟问题的研究[M]. 周晓虹，周怡，译. 石家庄：河北人民出版社，1987.

❷ 马克思.《黑格尔法哲学批判》导言[Z]//马克思恩格斯文集(第一卷). 北京：人民出版社，2009.